工业和信息化普通高等教育“十二五”规划教材
21世纪高等教育计算机规划教材

COMPUTER

Visual FoxPro 程序设计

Visual FoxPro Programming

■ 于晓鹏 主编
■ 董延华 周福恩 邹晓辉 逯洋 副主编

人 民 邮 电 出 版 社
北 京

图书在版编目（CIP）数据

Visual FoxPro程序设计 / 于晓鹏主编. -- 北京 : 人民邮电出版社, 2014.1(2018.3重印)
21世纪高等教育计算机规划教材
ISBN 978-7-115-33977-5

Ⅰ. ①V… Ⅱ. ①于… Ⅲ. ①关系数据库系统－程序设计－高等学校－教材 Ⅳ. ①TP311.138

中国版本图书馆CIP数据核字(2014)第005632号

内容提要

全书分为9章，主要内容包括：第1章介绍了Visual FoxPro基本概念；第2章介绍了数据库和表的基本操作；第3章介绍了SQL查询语言；第4章介绍视图；第5章介绍了数据基本运算；第6章介绍了程序设计基础知识；第7章介绍了表单及控件；第8章介绍了菜单的操作；第9章介绍了报表的使用。

本书可作为高等学校非计算机专业本科生的计算机教材，也可作为计算机相关专业的程序设计入门教材，计算机技术的培训教材或者作为全国计算机等级考试的考试用书。

◆ 主　　编　于晓鹏
副 主 编　董延华　周福恩　邹晓辉　逯　洋
责任编辑　许金霞
责任印制　彭志环　杨林杰
◆ 人民邮电出版社出版发行　　北京市丰台区成寿寺路11号
邮编　100164　　电子邮件　315@ptpress.com.cn
网址　http://www.ptpress.com.cn
北京九州迅驰传媒文化有限公司印刷
◆ 开本：787×1092　1/16
印张：15　　　　2014年1月第1版
字数：391千字　　　　2018年3月北京第4次印刷

定价：36.00元

读者服务热线：(010)81055256　印装质量热线：(010)81055316
反盗版热线：(010)81055315

前言

Visual FoxPro是目前常用的微型机数据库管理系统之一，广泛应用在各个行业和部门，并且随着数据库技术的不断发展和完善，成为现代计算机基础教育的一门重要课程。为使高等学校培养的人才适应现代化建设的需求，加强人才培养的针对性、应用性和实践性，许多院校将Visual FoxPro作为非计算机专业学生的必修课程。

本书以应用为目的，通过具体实例，由浅入深地讲解了Visual FoxPro数据库的设计及应用。包括Visual FoxPro中表达式和函数的应用；创建数据库和表的操作方法和命令格式；如何建立表，对表进行添加、插入、删除、更新记录等操作；如何定位表中记录，恢复表中数据等操作；如何为多个表之间建立关系，设置相关属性和数据有效性规则；视图和查询的创建方法、SQL查询语言的使用等。最后通过实例介绍表单和报表的使用方式，使学生可以通过报表方便地设计、显示和打印数据。

全书分为9章，主要内容包括：第1章介绍Visual FoxPro基本概念；第2章介绍数据库和表的基本操作；第3章介绍SQL查询语言；第4章介绍视图；第5章介绍数据基本运算；第6章介绍程序设计基础知识；第7章介绍表单及控件；第8章介绍菜单的操作；第9章介绍报表的使用。

本书由长期从事计算机教学工作的老师编写，他们具有丰富的教学经验。在内容的选择上考虑计算机学科发展快的特点，力图反映新内容，使之具有先进性；在教材的编写过程中则注重理论与实践相结合，注重实用和具有可操作性的原则；在知识点的选取方面注重从日常学习和工作需要出发并以实际操作为主。

本书由于晓鹏主编，董延华、周福恩、邹晓辉、逯洋任副主编。参加编写的有英昌盛、李闯、王晓雪、齐长利、任秀丽。其中，第1章和第2章由李闯编写，第3章由王晓雪编写，第4章由于晓鹏、董延华、周福恩、邹晓辉、齐长利、任秀丽编写，第5章由王晓雪编写，第6章和第9章由逯洋编写，第7章和第8章由英昌盛编写。

由于编者水平和经验有限，书中难免有不足之处，为便于以后教材的再版修订，恳请专家、教师及读者多提宝贵意见。

编　者

2013年12月

目 录

第 1 章 Visual FoxPro 概述

Visual FoxPro（简称 VFP）是由 Microsoft 公司推出的 Xbase 家族中的新一代关系数据库管理系统，是 FoxPro 和可视化程序设计相结合的产物。

在关系数据库中，从 dBASE 到 FoxBASE、FoxPro、Visual FoxPro，XBASE 家族始终占重要地位。

20 世纪 70 年代末期，美国 Ashton-Tate 公司研制成功了 dBASE II，后者即成为当时最为流行的关系数据库管理系统。后来 Ashton-Tate 公司又陆续推出了 dBASE III 和 dBASE III+，它们继续独占鳌头。1987 年，美国 FOX 公司开发了与 dBASE 兼容的 FoxBASE+。1989 年，又开发了 FoxPro 1.0 和 FoxPro 2.0。后来，Microsoft 公司收购 FOX 公司，又推出了 FoxPro for Windows（2.5 版）和 FoxPro 2.6 版。1995 年，Microsoft 公司首次将可视化程序设计思想引入了 FoxPro，即发布 Visual FoxPro 3.0。随着操作系统的不断发展，VFP 又推出 Visual FoxPro 6.0 版本，从而大大提高了处理速度、运算能力和存储能力。

本章主要介绍 VFP 6.0 版本的主要特点，安装、启动与退出方法，用户界面的构成，项目管理器的使用以及辅助设计工具(向导、设计器和生成器)等基础知识。

1.1 VFP 6.0 的主要特点

VFP 6.0 继承了以往该系列所有版本数据库管理系统的功能，并且扩展了对应用程序的管理和在 Internet 上发布用户数据的功能，使得用户开发数据库的工具更加完善与快捷，并成为当时功能最为强大、可靠的关系型数据库管理系统。

VFP 6.0 可用于开发 Windows 环境下的各类数据库应用程序，具有语言简单、易学、易用的优点，是一个完全地将面向对象程序设计技术与传统的面向过程的结构化程序设计模式相结合的开发环境。它建立在事件驱动模型和可视化程序设计语言的基础之上，对网络和数据库的编程有良好的支持，拥有完全的中文界面和帮助系统，给程序的开发提供了极大的灵活性。要真正掌握 VFP 6.0，并使用它开发专业级的应用程序，就必须首先透彻地理解面向对象的程序设计思想，以及事件驱动模型，并把它们完美、紧密地结合起来，只有这样才能创建真正高效、功能强大、灵活性强的 VFP 6.0 数据库应用程序。

具体来说，VFP 6.0 主要有以下几个特点。

1. 可视化的设计工具

VFP 6.0 提供了大量的可视化设计工具，把 Windows 界面设计的复杂性“封装”起来，程序开发人员只需按照程序界面的设计要求，利用 VFP 6.0 提供的各种设计工具便可进行数据库应用程序设计。例如：利用项目管理器对整个数据库应用程序进行统一管理；利用数据库设计器设计数据库；利用表设计器设计表结构；利用查询向导创建查询；利用视图向导创建视图；利用程序向导创建程序文件；利用表单设计器创建表单等。

2. 面向对象的程序设计

VFP 6.0 除了继续使用传统的面向过程的程序设计外，还支持面向对象的程序设计方法，把程序和数据封装起来视为一个对象，并为每个对象赋予了应有的属性，以控制对象的特征。在设计对象时，开发人员不必编写描述对象的程序代码，只需利用 VFP 6.0 提供的工具把对象画到程序用户界面上，VFP 6.0 会自动生成对象的程序代码并将它们封装起来，每个对象都是可视的。由于 VFP 6.0 预先定义和提供了一批基类，用户可以在基类的基础上定义用户自己的类和子类，以加快软件的开发过程。

3. 事件驱动的编程机制

VFP 6.0 中程序代码的执行是对对象事件的响应。VFP 6.0 为每个对象规定了它所能响应的事件，一个对象可能会有多个事件，程序运行过程中，每一事件的发生都会驱动一段程序的运行。进行 VFP 6.0 程序设计时，只需为相关事件编写相应的程序代码即可，用户的动作即事件控制着程序运行的流向。

事件是可以由表单或控件识别的操作。在响应事件时，事件驱动应用程序执行指定的代码。事件可以由用户操作触发，也可以由来自操作系统或其他应用程序的消息触发，甚至由应用程序本身的消息触发。这些事件触发的顺序决定了代码执行的顺序。因此，在事件驱动应用程序中，每次运行时所执行的代码和所经过的“路径”是不一样的。

VFP 6.0 的每个窗体和控件都有一个预定义的事件集，当其中的某个事件发生，并且在相关联的事件过程中存在代码时，将执行这些代码。

尽管 VFP 6.0 中的对象能自动识别预定义的事件集，但必须通过代码判定它们是否响应具体事件以及如何响应具体事件，代码（即事件过程）与每个事件对应。为了让表单或控件响应某个事件，必须把代码放入这个事件的事件过程之中。

对象所能识别的事件类型有很多种，但多数类型为大多数对象所共有。例如，大多数对象都能识别 Click 事件，即单击事件。如果单击表单，则执行表单的单击事件过程中的代码；如果单击命令按钮，则执行命令按钮的单击事件过程中的代码。此外，某些事件可以在运行期间触发，有些事件可能伴随其他事件发生。

4. 结构化的程序设计语言

VFP 6.0 具有结构化程序设计的控制结构，接近自然语言和人类的逻辑思维方式，其语句简单易懂。1966 年，Bohra 和 Jacopini 提出了结构化程序设计的 3 种基本结构，即顺序结构、选择结构和循环结构。这 3 种基本结构是 VFP 6.0 程序设计的核心，将在以后的章节中详细介绍。

5. 强大的查询和管理功能

VFP 6.0 拥有近 500 条命令，可以写在命令窗口或程序代码中，实现各类功能。另外，提供了 200 余种标准函数。VFP 6.0 还具有强大的存储能力和查询功能，并扩大了对 SQL 语言的支持，在一个数据库中可以存放多个表和视图，每个数据库表中又能存放多条记录，并能够从数据库表中迅速查询出满足条件的记录。另外，VFP 6.0 中提供了“项目管理器”，可以集中高效地管理与项目相关的所有文件，使得项目的开发和维护更加方便。

6. 支持网络功能

VFP 6.0 既支持单机环境，又适用于网络环境。在网络环境下，VFP 6.0 支持 C/S 模式，用户既可访问本地计算机数据库表中的数据，又可访问远程服务器的不同数据库表中的数据，VFP 6.0 支持用户通过本地视图或远程视图访问数据、更新数据。此外，VFP 6.0 还可以控制对数据的共享，既允许不同用户共享数据，又可以限制部分用户访问特定数据。

1.2 VFP 6.0 的安装、启动与退出

本节主要介绍 VFP 6.0 的安装和启动过程，并介绍如何退出 VFP 6.0 环境。

1.2.1 VFP 6.0 的安装

VFP 6.0 是 Visual Studio 套装软件中的一员，它可以和 Visual Studio 一起安装，也可以单独安装。运行安装光盘中的 setup.exe 文件，按照安装向导给出的提示，即可以完成 VFP 6.0 的安装。本书介绍的操作假定所使用的 VFP 6.0 是单独安装的。

1.2.2 VFP 6.0 的启动

在计算机上安装 VFP 6.0 后，单击“开始”菜单，选择“程序”菜单下的“Microsoft VFP 6.0”，然后再选择其下的带狐狸标志的“Microsoft VFP 6.0”项即可，如图 1-1 所示。

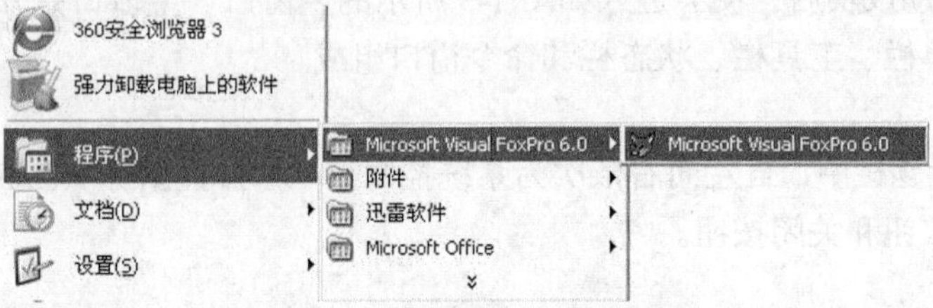

图 1-1 在开始菜单中启动 VFP

第一次启动 VFP 6.0 时，将弹出如图 1-2 所示的欢迎屏。如果在欢迎屏上单击“关闭此屏”按钮，可以直接打开系统的主界面。当选中欢迎屏左下角的“以后不再显示此屏”复选框之后，再单击“关闭此屏”按钮，以后再启动时便会直接进入主界面，如图 1-3 所示。

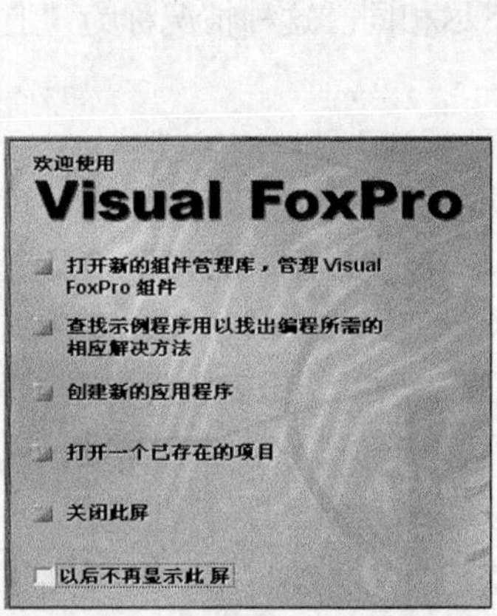

图 1-2 第一次启动 VFP 的欢迎屏

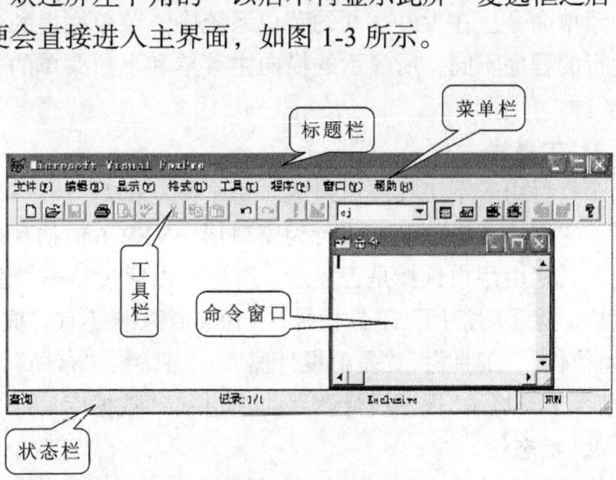

图 1-3 VFP 的主界面

1.2.3 VFP 6.0 的退出

退出 VFP 6.0 的方法有很多种，用户可任意选取下列方法之一退出系统：

（1）在“命令”窗口输入 QUIT 命令，按回车键。

（2）从“文件”菜单中选择“退出”选项。

（3）单击主窗口左上方的狐狸图标，从窗口下拉菜单中选择“关闭”。

（4）直接按 Alt+F4 组合键。

（5）单击标题栏右侧的“关闭”按钮。

（6）双击标题栏的狐狸图标。

（7）右击任务栏中对应的最小化按钮，在弹出的快捷菜单中选择“关闭”。

1.3 VFP 6.0 的主界面与操作

VFP 6.0 的用户界面和其他 Windows 环境下软件的用户界面很相似，也是由标题栏、菜单栏、工具栏、状态栏等构成，但也有其特色部分。本节主要介绍 VFP 6.0 的主界面、工具栏的使用和如何建立工作目录与搜索路径。

1.3.1 VFP 6.0 的主界面

VFP 6.0 系统启动成功后，便会进入如图 1-3 所示的主窗口。主窗口是开发应用程序的起点，主要由标题栏、菜单栏、工具栏、状态栏和命令窗口组成。

1. 标题栏

在 VFP 6.0 的标题栏中，自左向右依次为系统控制菜单（狐狸图标）、VFP 应用程序名称、最小化按钮、最大化按钮和关闭按钮。

2. 菜单栏

VFP 6.0 主界面顶端的菜单栏实际上是各种操作命令的分类组合。其中显示 VFP 6.0 系统菜单（主菜单）中的各个菜单选项，供用户选择，从左至右依次为：文件、编辑、显示、格式、工具、程序、窗口、帮助。任何菜单选项被用户选中后，下方会弹出一个子菜单，列出该菜单所包含的菜单命令。在 VFP 6.0 的菜单系统中，菜单栏里的各个选项不是一成不变的。也就是说，当前运行的程序不同，所显示的横向主菜单和下拉菜单的选项也不尽相同。这种情况称为“上下文敏感”。

3. 工具栏

工具栏由若干工具按钮组成。每个按钮都对应着一项特定的功能。VFP 6.0 可提供十几个工具栏，它们或者为条形，或者为窗口形。VFP 6.0 初次启动时，一般仅显示“常用”工具栏，其余的工具栏由用户选择是否显示。用户可以通过单击“显示” 菜单下面的工具栏按钮选择所需的工具栏。除了“常用”工具栏外，VFP 6.0 系统还有“报表控件”工具栏、“报表设计器”工具栏、“表单控件” 工具栏、“表单设计器” 工具栏、“布局” 工具栏、“查询设计器” 工具栏、“打印预览” 工具栏、“视图设计器” 工具栏、“数据库设计器” 工具栏、“调色板” 工具栏。

4. 状态栏

状态栏位于 VFP 6.0 主界面的最下端，位于开始菜单和任务栏之上，用于显示当前系统的状态。

5. 命令窗口

命令窗口是一个标题为“命令”的小窗口。它的主要作用是输入和显示 VFP 命令。用户可以在命令窗口中输入命令，以进行交互操作。另外，当用户选择界面操作方式时，系统会自动把与该操作相对应的命令显示在命令窗口中。命令窗口可以任意改变大小。

1.3.2　VFP 6.0 的界面操作

1. 菜单操作

菜单系统是在交互方式下实现人机对话的工具。菜单分为下拉式菜单和快捷菜单。下拉式菜单即主菜单，显示在菜单栏中。快捷菜单平时不在屏幕上显示，仅当使用时再弹出。VFP 6.0 主界面顶端的菜单栏实际上是各种操作命令的分类组合。VFP 6.0 系统的人机界面十分“友好”，了解系统功能以后，大多数操作均可以通过菜单方式进行。用鼠标左键单击菜单项，下拉子菜单出现在屏幕上，单击所选择的项目，则激活与之相关的操作。

使用菜单时，用户会发现有些选项的颜色暗淡（灰色），这表示该选项在当前状态下无效。有些选项后带有省略号“...”，它表示选择该选项后，系统将通过对话框向用户询问更多的信息。对话框是一种特殊的窗口，要求用户输入信息或做出进一步的选择。菜单项名称中带有下划线的英文字母，代表该菜单项的访问键。菜单项名称前带有选择标记（✓），表示该菜单项提供的功能当前有效。有些子菜单后面有一个向右箭头，表示它还有下级菜单。

在 VFP 6.0 的菜单系统中，菜单栏里的各个选项不是一成不变的。也就是说，当前运行的程序不同，所显示的横向主菜单和下拉菜单的选项也不尽相同。这种情况称为“上下文敏感”。

下拉式菜单可以使用鼠标操作，也可以使用键盘进行操作。使用鼠标操作，将鼠标指针移到所需的选项上，并单击鼠标，其下方会出现一个子菜单。继续用鼠标指针移到指定菜单命令上单击，则该命令随即执行。使用键盘操作，可以通过访问键进行。即可在键盘上按下“Alt+访问键”执行菜单选项。有些常用的菜单命令设有快捷键，可通过快捷键直接执行菜单命令。没有访问键和快捷键的命令可通过键盘的上下左右键选择，然后按回车键执行菜单命令。

快捷菜单一般用鼠标操作，单击鼠标右键，在弹出的菜单选项中选择相应的命令进行执行。

2. 命令操作

从图 1-3 中可以看到，命令窗口是工作界面上的一个重要部件，在该窗口下，可以直接键入 VFP 6.0 的各条命令，回车之后便立即执行该命令。尽管从菜单中可以实现大多数命令，但熟悉一些命令对于提高操作速度和今后编写程序是很有帮助的。例如在命令窗口键入 DIR 命令之后按回车键，将在主屏幕上显示当前目录下表的信息；输入 QUIT 命令之后按回车键，则可以直接退出 VFP 6.0 系统。

已经执行的命令会在窗口中自动保留，如果需要执行一个前面输入过的相同命令，只要将光标移到该命令行所在的任意位置，按回车键即可。还可以对命令进行修改、删除、剪切、复制、粘贴等。

有 3 种操作方法来显示与隐藏命令窗口：

（1）单击命令窗口右上角的关闭按钮可关闭它，通过“窗口”菜单下的“命令窗口”选项可以重新打开。

（2）单击“常用”工具栏上的“命令窗口”按钮。按下则显示，弹起则隐藏命令窗口。

（3）按 Ctrl+F4 组合键隐藏命令窗口，按 Ctrl+F2 组合键显示命令窗口。

1.3.3 工具栏的使用

工具栏是微软公司软件的共同特色，对于经常使用的功能，利用各种工具栏调用比通过菜单调用要方便快捷得多。其默认界面仅包括“常用”工具栏，显示在菜单栏下面，用户可以将其拖放到主窗口的任意位置，参见图 1-3。

所有的工具栏都有文本提示功能，当把鼠标指针停留在某个图标按钮上时，系统用文字的形式显示它的功能。除了“常用”工具栏之外，VFP 6.0 还提供 10 个其他工具栏，分别是报表控件、报表设计器、表单控件、表单设计器、布局、查询设计器、打印预览、调色板、视图设计器、数据库设计器。

1. 显示或隐藏工具栏

工具栏会随着某一种类型的文件的打开而自动打开。例如当新建或打开一个数据库文件时，将自动显示“数据库设计器”工具栏，当关闭了数据库文件之后该工具栏将自动关闭，也可以根据需要随时打开工具栏，方法是通过“显示”菜单设置。

要想显示或隐藏工具栏，可以单击“显示”菜单，从其下拉菜单中选择“工具栏”，弹出“工具栏”对话框，如图 1-4 所示。单击工具栏名称前的复选框选择或清除相应的工具栏，然后单击“确定”按钮，便可显示或隐藏指定的工具栏。

在“工具栏”对话框的下面有 3 个复选框。

（1）选中“彩色按钮”表示所有活动的工具按钮为彩色按钮，否则是黑白的。

（2）选中“大按钮”，则工具栏中图标按钮放大一倍，系统默认为小按钮。

（3）选中“工具提示”表示所有的工具栏都有文本提示功能，即把鼠标指针停留在某个图标按钮上时，用文字提示信息显示其功能，否则不显示提示信息。

也可以用鼠标右键在任何一个工具栏的空白处单击，打开工具栏的快捷菜单，从中选择要打开或关闭的工具栏，这样也可打开工具栏对话框，如图 1-5 所示。

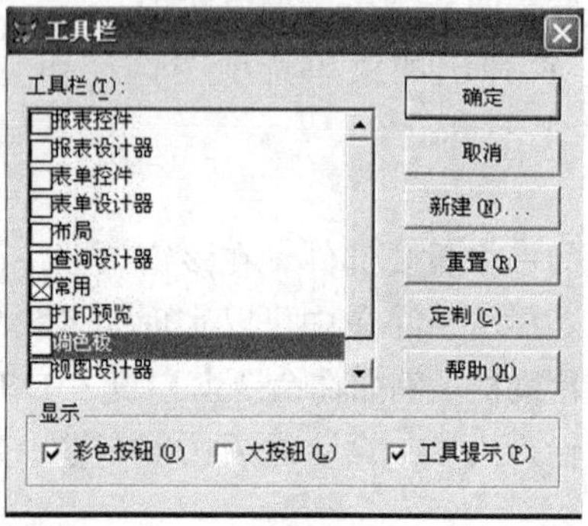

图 1-4 工具栏对话框

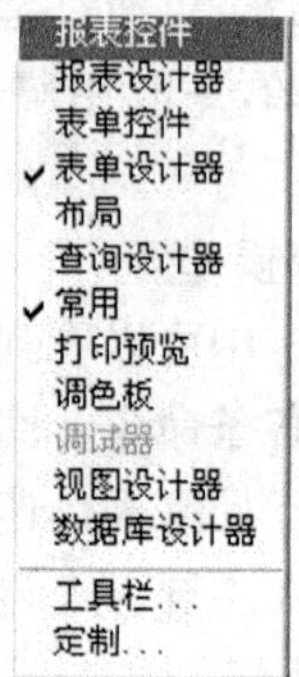

图 1-5 工具栏快捷菜单

2. 定制工具栏

除了上述系统提供的工具栏之外，为方便操作，用户还可以创建自己的工具栏，或者修改现有的工具栏，统称为定制工具栏。创建工具栏的具体操作如下：

（1）单击“显示”菜单，从下拉菜单中选择“工具栏”，弹出如图 1-4 所示的“工具栏”对话框。

（2）单击“新建”按钮，弹出“新工具栏”对话框，如图 1-6 所示。

（3）键入工具栏名称，如“学籍管理”，单击“确定”按钮，弹出“定制工具栏”对话框，如

图 1-7 所示，同时在主窗口上出现一个空的“学籍管理”工具栏。

（4）单击选择“定制工具栏”左侧的“分类”列表框中的任何一类，其右侧便显示该类的所有按钮。

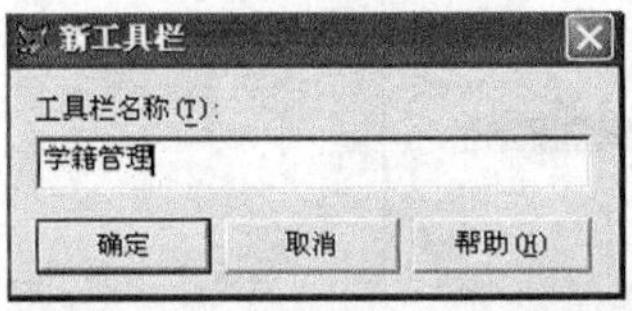

图 1-6　“新工具栏”对话框

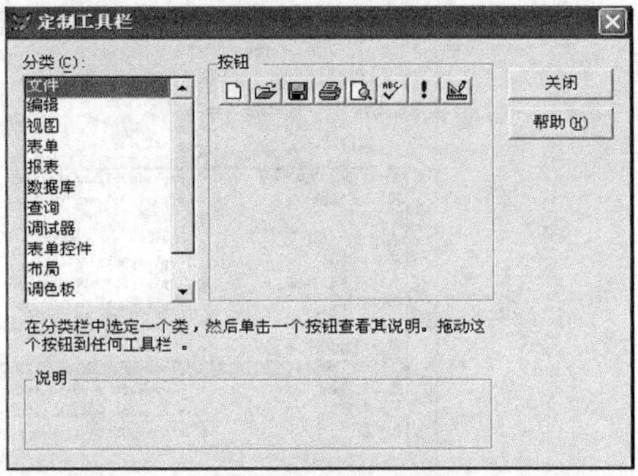

图 1-7　“定制工具栏”对话框

（5）根据需要，选择其中的按钮，并将它拖动到“学籍管理”工具栏上即可，所创建工具栏的效果如图 1-8 所示。

图 1-8　创建工具栏的效果

（6）最后，单击“定制工具栏”对话框上的“关闭”按钮。

3. 修改现有工具栏

首先显示出要修改的工具栏。单击“显示”菜单，从下拉菜单中选择“工具栏”，弹出“工具栏”对话框。

（1）在“工具栏”对话框上单击“定制”按钮，弹出“定制工具栏”对话框。

（2）向要修改的工具栏上拖放新的图标按钮，可以增加新工具。

（3）从工具栏上用鼠标直接将按钮拖动到工具栏之外可以删除该工具。

（4）修改完毕，单击“定制工具栏”对话框上的“关闭”按钮即可。

在“工具栏”对话框中，当选中系统定义的工具栏时，右侧有“重置”按钮。单击该按钮则可以将用户定制过的工具栏恢复到系统默认构成。当选择用户创建的工具栏时，右侧出现“删除”按钮。单击该按钮并确认，则可以删除用户创建的工具栏。

1.4　建立工作目录与搜索路径

在数据库的操作、管理和应用中，文件的管理是很重要的。VFP 6.0 默认的工作目录为其主目录，应用中产生的所有文件将存放在此目录下。由于它与系统文件混在一起，不便于管理，因此用户一定要建立自己的工作目录。

1. 建立工作目录和搜索路径

用户可以设置搜索目录，在对某些文件进行处理时，如果在工作目录下找不到指定的文件，系统将到搜索目录所设置的一个或多个目录进行查找。如果在搜索目录中找到该文件，用户可以直接对该文件进行操作，否则将提示该文件不存在。工作目录与搜索路径建立的步骤如下：

（1）选择“工具”菜单，单击其中“选项”命令，屏幕将出现“选项”对话框，如图 1-9 所示。在这里可以对系统的很多参数进行设置，选择“文件位置”标签。

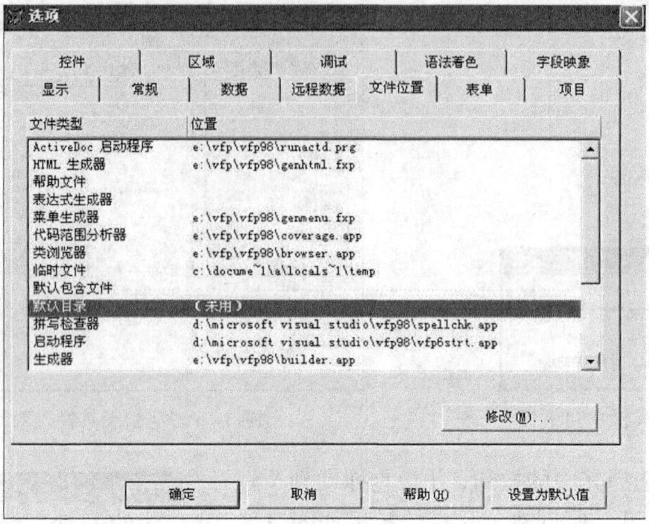

图 1-9 “选项”对话框

（2）在“文件位置”标签中，选择“默认目录”，单击“修改”按钮，系统将出现“更改文件位置”对话框，如图 1-10 所示。

图 1-10 “更改文件位置”对话框设置工作目录

（3）选中“使用(U)默认目录”，在“定位(L)默认目录”的信息框中，输入默认目录位置，这里输入的是“e:\vflx”，单击“确定”按钮，屏幕又回到图 1-9 所示的对话框，单击“设置为默认值”按钮，就完成了把该目录作为用户的工作目录。

（4）同样，在图 1-9 所示的对话框中，选择搜索路径，单击“修改”按钮，出现“更改文件位置”对话框，如图 1-11 所示。

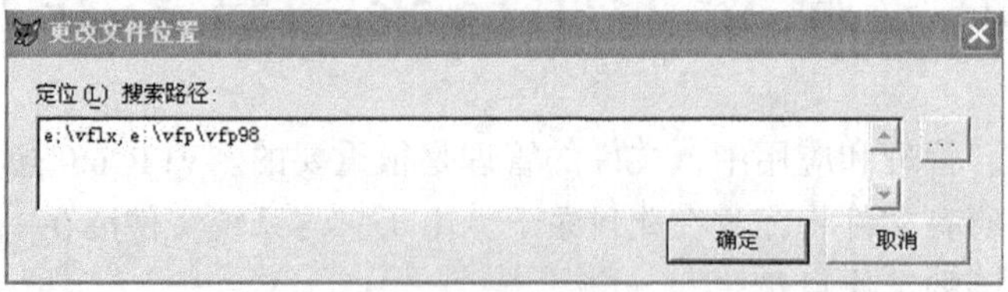

图 1-11 “更改文件位置”对话框设置搜索路径

（5）在“定位(L)搜索路径:”信息框中，输入搜索路径，这里输入的是：

“e:\vflx，e:\vfp\vfp98”单击“确定”按钮，屏幕又回到图 1-9 所示对话框中，单击“设置为默认值”按钮即可。

（6）在图 1-9 所示的对话框中，单击“确定”按钮，就退出“工具”菜单中的“选项”对话框，屏幕又回到主窗口，完成工作目录建立和搜索路径的设置操作。

2. 保存设置

对于 VFP 6.0 的配置所做的更改既可以是临时性的，也可以是永久性的。临时设置保存在内存中，并在退出 VFP 6.0 时释放。永久设置将保存在 Windows 注册表中，作为以后再启动 VFP 6.0 时的默认设置。也就是说，可以把在“选项”对话框中所做设置保存为本次系统运行期间有效，或者保存为 VFP 6.0 默认设置，即永久设置。

（1）将设置保存为仅在本次系统运行期间有效

在“选项”对话框中选择各项设置之后，单击“确定”按钮，关闭“选项”对话框。则所改变的设置仅在本次系统运行期间有效，它们将一直起作用直到退出 VFP 6.0，或再次更改选项。退出系统后，所做的修改将丢失。

（2）保存为默认设置

要永久保存对系统环境所做的更改，应把它们保存为默认设置。在对当前设置做更改之后，“设置为默认值”按钮被激活，单击该按钮，再单击“确定”按钮，关闭“选项”对话框，这将把它们存储在 Windows 注册表中。

以后每次启动 VFP 6.0 时所做的更改仍然有效。

1.5 VFP 6.0 的工作方式

VFP 6.0 支持两类不同的工作方式，即交互操作方式和程序执行方式。

1.5.1 交互操作方式

交互操作方式是指命令执行方式和菜单操作方式两种。

1. 命令执行方式

命令窗口是工作界面上的一个重要部件，在该窗口下，可以直接键入 VFP 6.0 的各条命令，回车之后便立即执行该命令。但一行只能写一条命令，一条命令可以写在多行，前面行尾要用续行符分号（；）。

已经执行的命令会在窗口中自动保留，如果需要执行一个前面输入过的相同命令，只要将光标移到该命令行所在的任意位置，按回车键即可。还可以对命令进行修改、删除、剪切、复制、粘贴等。

VFP 6.0 系统提供的命令有 500 多条，能够完成许多特定的功能。一般来说，VFP 6.0 的命令由命令字和命令子句两部分构成。命令字是一个动词，用于说明命令的功能；命令子句是一个宾语或若干子句，用于说明命令的操作对象、操作条件和操作结果。其中，命令字可以简写，即只写出命令字的前 4 个字母（例如：BROWSE 可简写成 BROW），但如果简写后与其他命令字的简写形式重复，则应写命令字的全称。

2. 界面操作方式

VFP 6.0 进一步完善了界面操作方式。界面操作方式包括菜单操作、工具栏操作、对话框操作等。由 VFP 6.0 所提供的向导、设计器、生成器等辅助设计工具，不仅可以提供所需的界面，还能自动生成 VFP 程序代码。

1.5.2 程序执行方式

交互操作虽然方便，但是用户的操作与机器的执行交互在一起，会降低执行速度。因此，在实际应用中常将多条命令编写成程序序列，并存入程序文件。需要时，调用程序文件，就能自动执行，大大提高了运行速度。除此之外，程序文件一旦建立，可根据需要反复执行。而且，VFP 6.0 应用程序要求同时进行结构化程序设计和面向对象的程序设计。

1.6 项目管理器

所谓项目是指文件、数据、文档和 VFP 6.0 对象的集合。“项目管理器”是 VFP 6.0 中处理数据和对象的主要组织工具，它为系统开发者提供了一个极为便利的工作平台。一来它提供了一个非常简便的、可视化的方法来组织和处理表、数据库、表单、报表、查询和其他一切文件，通过单击鼠标就能实现对文件的创建、修改、删除等操作；二则在项目管理器中可以将应用系统编译成一个扩展名为.app 的应用文件或.exe 的可执行文件。本节只介绍作为 VFP 6.0 “控制中心”的项目管理器的功能与使用方法。

1.6.1 创建项目

项目管理器将一个应用程序的所有文件集合成了一个有机的整体，形成一个扩展名为.pjx 的项目文件。用户可以根据需要创建项目。

1. 创建项目

创建一个新项目有两种方法，一是仅创建一个项目文件，用来分类管理其他文件；二是使用应用程序向导，生成一个项目和一个 VFP 6.0 应用程序框架。在此介绍第一种方法。

可以用“文件”菜单中的“新建”命令随时创建新项目，具体操作如下：

（1）从“文件”菜单中选择“新建”命令，或者单击“常用”工具栏上的“新建”按钮，系统打开“新建”对话框，如图 1-12 所示。

（2）在“文件类型”区域选择“项目”单选项，然后单击“新建文件”图标按钮，系统打开“创建”对话框，如图 1-13 所示。

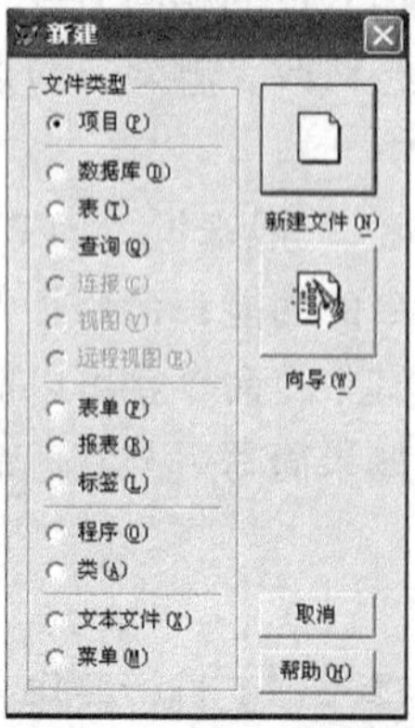

图 1-12 “新建”对话框

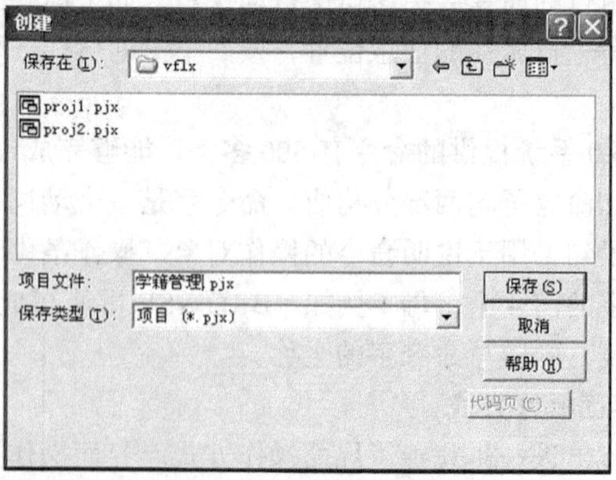

图 1-13 “创建”对话框

（3）在“创建”对话框的“项目文件”文本框中输入项目名称，如“学籍管理”，然后在“保存在”组合框中选择保存该项目的文件夹。

（4）单击“保存”按钮，VFP 6.0 就在指定目录位置建立一个“学籍管理.pjx”的项目文件，如图 1-14 所示。

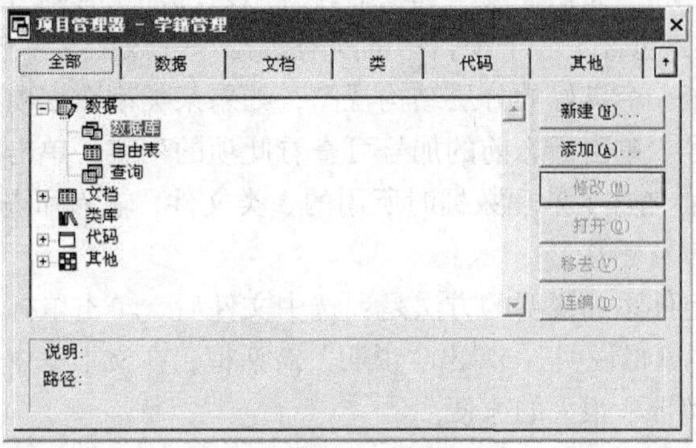

图 1-14　“项目管理器”窗口

当激活“项目管理器”窗口时，在菜单栏中将显示“项目”菜单。对于已经创建的项目文件，以后再打开该文件时会自动打开项目管理器。

2. 打开和关闭项目

在 VFP 6.0 中可以随时打开一个已有的项目，也可以关闭一个打开的项目。用菜单方式打开项目的操作步骤如下：

（1）从“文件”菜单中选择“打开”命令，或者单击“常用”工具栏上的“打开”按钮，系统弹出“打开”对话框，如图 1-15 所示。

（2）在“打开”对话框的“文件类型”下拉框中选择“项目”选项，在“查找范围”框中选择，打开项目所在的文件夹。

（3）双击要打开的项目，或者选择它，然后单击“确定”按钮，即可打开所选项目。

若要关闭项目，只需单击项目管理器右上角的“关闭”按钮即可。

未包含任何文件的项目称为空项目。当关闭一个空项目文件时，VFP 6.0 在屏幕上显示提示框，如图 1-16 所示。若单击提示框中的“删除”按钮，系统将从磁盘上删除该空项目文件；若单击提示框中的“保持”按钮，系统将保存该空项目的文件。

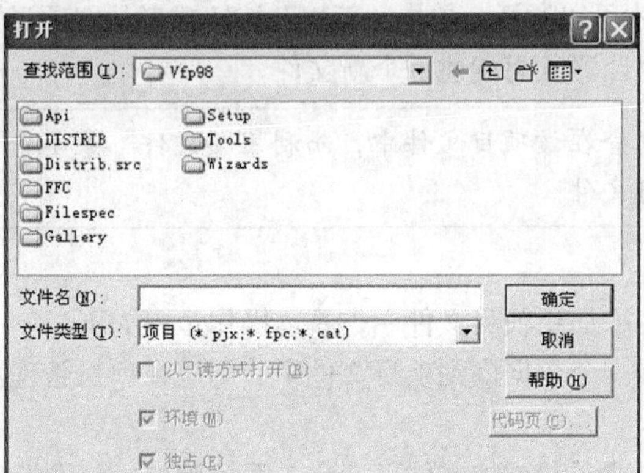

图 1-15　“打开”对话框

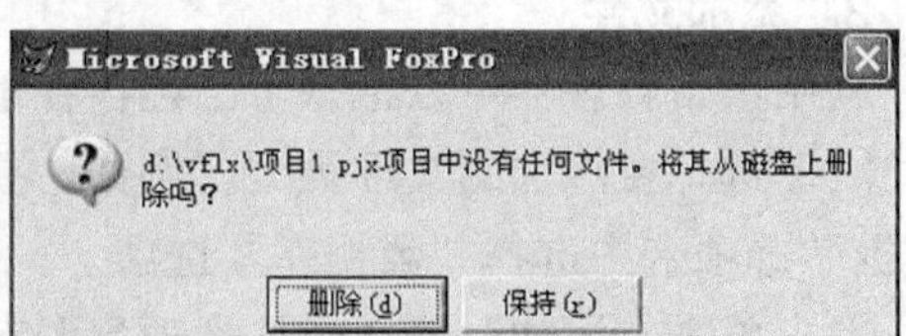

图 1-16　关闭空项目文件的对话框

3. 各类文件选项卡

“项目管理器”窗口(如图 1-14 所示)是 VFP 6.0 开发人员的工作平台，共有 6 个选项卡，其中“数据”、“文档”、“类”、“代码”、“其他” 5 个选项卡用于分类显示各种文件，“全部”选项卡用于集中显示该项目的所有文件。若要处理项目中某一特定类型的文件或对象可选择相应的选项卡。初学者常用的是“数据”和“文档”两个选项卡，应用系统开发者则可能要用到所有选项卡。

（1）“数据”选项卡：包含了一个项目中的所有数据——数据库、自由表、查询和视图。

选项卡为数据提供了一个良好的分层结构视图，如果某类型数据项有一个或多个数据文件，则在其标志前有一个加号。单击标志前的加号可查看此项的列表，单击减号折叠列表。

（2）“文档”选项卡：包含了处理数据时所用的 3 类文件，输入和查看数据所用的表单、打印表和查询结果所用的报表及标签。

为开发的应用程序组件添加说明的方法是：选中文件后，单击鼠标右键，从快捷菜单上或者从“项目”菜单中选择“编辑说明”，弹出“说明”对话框，在文本框中键入说明信息即可。这个小小的说明会为项目管理带来很大的方便。

（3）“类”选项卡： 使用 VFP 6.0 的基类可以创建一个可靠的面向对象的事件驱动程序。如果自己创建了实现特殊功能的类，可以在项目管理器中修改。只需选择要修改的类，然后单击“修改”按钮，就会打开“类设计器”。

（4）“代码”选项卡：包括 3 大类程序，扩展名为.prg 的程序文件、函数库（API Libraries）和应用程序（.app）文件。

（5）“其他”选项卡：包括文本文件、菜单文件和其他文件，如位图文件（.bmp）、图标文件（.ico）等。

（6）“全部”选项卡：以上各类文件的集中显示窗口。

1.6.2 使用项目管理器

通过项目管理器，用户可以以可视化的直观操作在项目中创建、添加、修改、移动和运行指定的文件。在项目管理器中操作最方便的方法是使用相应的命令按钮。项目管理器右侧同时可以显示 6 个按钮，根据所选文件的不同，将出现不同的按钮组。

1. 创建文件

要在项目管理器中创建文件，首先要确定新文件的类型。例如，若要创建一个数据库文件，必须在项目管理器中首先选择“数据库”选项。

只有当选定了文件类型以后，“新建”按钮才可以激活。单击“新建”按钮或者从“项目”菜单中选择“新建文件”命令，即可打开相应的设计器从而创建一个新文件。

注意：在项目管理器中新建的文件自动包含在该项目文件中，而利用“文件”菜单中“新建”命令创建的文件则不属于任何项目文件。

2. 添加文件

利用项目管理器可以把一个已经存在的文件添加到项目文件中，具体操作步骤如下：

（1）选择要添加的文件类型。例如，要添加一个数据库到项目文件中，则应在项目管理器的“数据”选项卡中选择“数据库”选项。

（2）单击“添加”按钮或从“项目”菜单中选择“添加文件”命令，系统弹出“打开”对话框，在“打开”对话框中选择要添加的文件。

（3）单击“确定”按钮，系统便将选择的文件添加到项目文件中。

在 VFP 6.0 中，新建或添加一个文件到项目中并不意味着该文件已成为项目的一部分。事实上，每一个文件都以独立文件的形式存在。

我们说某个项目包含某个文件只表示该文件与项目建立了一种关联。这样做有两大优点：

① 一个文件可以包含在多个项目中，项目仅仅需要知道所包含的文件在哪里，而不需要关心所包含文件的其他信息。

② 如果一个文件同时被多个项目所包含，那么在修改该文件时，修改的结果将同时在相应的项目中体现，这样就避免了在多个项目中分别修改文件而导致数据的不一致。

3. 修改文件

利用项目管理器还可以随时修改项目文件中的指定文件，具体操作步骤如下：

（1）选择要修改的文件。例如，选择数据库中的一个表。

（2）单击“修改”按钮或从“项目”菜单中选择“修改文件”命令，系统将根据要修改的文件类型打开相应的设计器。在此例中，系统将打开表设计器。

（3）在设计器中修改选择的文件。

如果被修改的文件同时包含在多个项目中，修改的结果对于其他项目也有效。

4. 移去文件

一般来说，项目中所包含的文件是为某一个应用程序服务的。如果某个文件不需要了，就可以从项目中移去。图 1-17 为移去文件提示框，具体操作步骤如下：

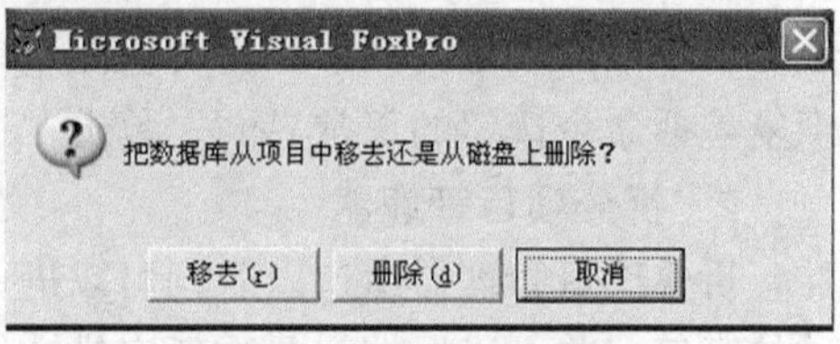

图 1-17　移去文件提示框

（1）选择要移去的文件。

（2）单击“移去”按钮或从“项目”菜单中选择“移去文件”命令。系统将显示如图 1-17 所示的提示框。

（3）若单击提示框中的“移去”按钮，系统仅仅从项目中移去所选择的文件，被移去文件仍存在于原目录中。若单击“删除”按钮，系统不仅从项目中移去文件，还将从磁盘中删除文件，即文件将不复存在。

5. 其他按钮

除了上面介绍的“新建”、“添加”、“修改”按钮之外，在项目管理器中还有其他几个按钮。并且随着所选择的文件类型不同，一些按钮所显示的名称将随之改变。

其他按钮的功能如下：

（1）“浏览”按钮：在“浏览”窗口中打开一个表。此按钮与“项目”菜单的“浏览文件”命令相同，且仅当选定一个表时可用。

（2）“关闭”和“打开”按钮：打开或关闭一个数据库。此按钮与“项目”菜单的“关闭文件”、“打开文件”命令相同。如果选定的数据库已关闭，“关闭”按钮变为“打开”。如果选定的数据库已打开，此按钮变为“关闭”。

（3）“预览”按钮：在打印预览上显示选定的报表或标签，与“项目”菜单的“预览文件”命令作用相同。

（4）“运行”按钮：执行选定的查询、表单或程序。当选定项目管理器中的一个查询表单或程序时才可使用。此按钮与“项目”菜单的“运行文件”命令相同。

（5）“连编”按钮：连编一个项目或应用程序，与“项目”菜单的“连编”命令作用相同。

1.6.3 定制项目管理器

用户可以改变项目管理器窗口的外观。例如，可以调整项目管理器窗口的大小；移动项目管理器窗口的位置；也可以折叠或拆分项目管理窗口以及使项目管理器中的选项卡永远浮在其他窗口之上。

1. 移动、缩放和折叠

（1）和其他 Windows 窗口一样，对项目管理器窗口可以随时改变窗口的大小以及移动窗口的显示位置，在项目管理器的顶端、底端、两边或角上，拖动鼠标可以扩大或缩小它的尺寸。

（2）折叠项目管理器

项目管理器右上角的按钮用于折叠或展开项目管理器窗口。该按钮正常时为，参见图 1-14，单击该按钮时，项目管理器窗口缩小为仅显示选项卡标签，同时该按钮变为，称为“还原”按钮，如图 1-18 所示。

图 1-18 折叠后的项目管理器

在折叠状态下，选择其中一个选项卡将显示一个较小窗口。小窗口不显示命令按钮，但是在选项卡中单击鼠标右键，弹出的快捷菜单增加了“项目”菜单中各命令按钮功能的选项。如果要恢复包括命令按钮的正常界面，单击“还原”按钮即可。

2. 拆分项目管理器

折叠项目管理器窗口以后，可以进一步拆分项目管理器窗口，使其中的选项卡成为独立、浮动的窗口，并可以根据需要重新安排它们的位置。

首先单击，折叠项目管理器，然后选定一个选项卡，将它拖离项目管理器，如图 1-19 所示。当选项卡处于浮动状态时，在选项卡中单击鼠标右键，弹出的快捷菜单中增加了“项目”菜单中的选项。

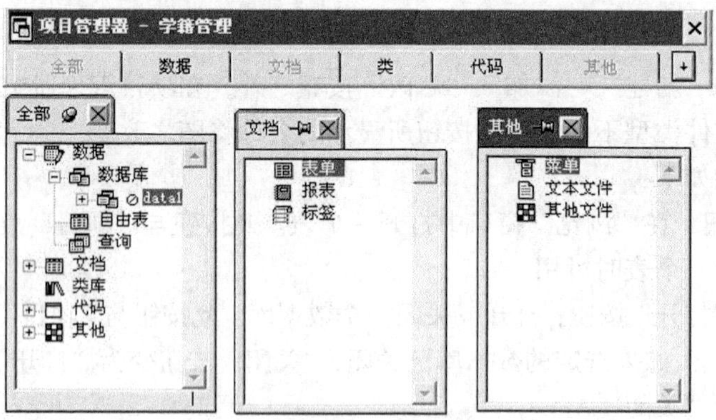

图 1-19 拆分选项卡

对于从项目管理器窗口中拆分出的选项卡，单击选项卡上的图钉图标，可以钉住该选项卡，将其设置为始终显示在屏幕最顶层，这样就不会被其他窗口遮挡。再次单击图钉图标便可取消其“顶层显示”设置。

若要还原拆分的选项卡，可以单击选项卡上的“关闭”按钮，也可以用鼠标将拆分的选项卡拖拽回项目管理器窗口中。

3. 停放项目管理器

将项目管理器拖到 VFP 6.0 主窗口的顶部还可以使它像工具栏一样显示在主窗口的顶端。停放后的项目管理器变成了窗口工具栏区域的一部分，不能将其整个展开，但是可以单击每个选项来进行相应的操作。对于停放的项目管理器，同样可以从中拖出选项卡。图 1-20 为停放后的项目管理器。

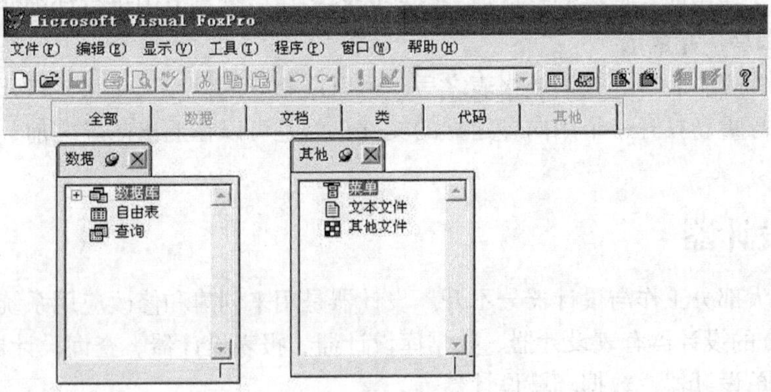

图 1-20　工具区域中的项目管理器

1.7　VFP 6.0 的辅助设计工具

VFP 6.0 提供真正的面向对象程序设计的工具，使用它的各种向导、设计器和生成器可以更简便、快速、灵活地进行应用程序开发。

1.7.1　向导

1. 向导分类

向导是一种交互式程序、快捷设计工具。用户在一系列向导屏幕上回答问题或者选择选项，向导会根据回答生成文件或者执行任务，帮助用户快速完成一般性的任务。例如，创建表，创建表单，编排报表的格式，建立查询等。从创建表、视图、查询等数据文件，到建立报表、标签、图表、表单等 VFP 文档，直至创建 VFP 应用程序、SQL 服务器上的数据库操作，均可使用相应的向导工具来完成。VFP 6.0 提供了 21 种向导，分别为：表向导、查询向导、本地视图向导、远程视图向导、交叉表向导、文档向导、图表向导、报表向导、分组/总计报表向导、一对多表单向导、数据透视表向导、邮件合并向导、安装向导、升迁向导、SQL 升迁向导、导入向导、应用程序向导、WWW 搜索页向导。不同向导的具体使用方法会根据需要在后面章节中详细介绍。

2. 使用向导

启动向导后，需要依次回答每一屏所提出的问题。在准备好进行下一个屏幕的操作时，可单击“下一步”按钮。

如果操作中出现错误，或者原来的想法发生了变化，可单击“上一步”按钮，返回前一屏幕的内容，以便进行修改。选择“取消”将退出向导而不会产生任何结果。如果在使用过程中遇到困难，可按 F1 键取得帮助。

根据所用向导的类型，每个向导的最后一屏都会要求提供一个标题，并给出保存、浏览、修改或打印结果的选项。使用“预览”选项，可以在结束向导中的操作前查看向导的结果。如果需要做出不同的选择来改变结果，可以返回到前面重新进行选择。对向导的结果满意后，应单击“完成”按钮。

也可以在向导的某一屏上直接选择“完成”按钮，直接走到向导的最后一步，跳过中间所要输入的选项信息，使用向导提供的默认值，这些内容将在后续章节中进行详细介绍。

3. 修改用向导创建的项

使用向导创建表、表单、查询或报表之后，可以用相应的设计工具将其打开，并做进一步的修改。不能用向导重新打开一个用向导建立的文件，但是可以在退出向导之前，预览向导的结果并做适当的修改。

1.7.2 设计器

VFP 6.0 的大部分工作与设计器分不开。设计器是用来创建和修改应用系统各种组件的可视化工具。VFP 6.0 的设计器有表设计器、数据库设计器、报表设计器、查询设计器、视图设计器、表单设计器、菜单设计器、数据环境设计器等。

利用各种设计器使得创建表、表单、数据库、查询和报表以及管理数据变得轻而易举，它为初学者提供了方便。下面以表设计器为例，介绍 VFP 6.0 中设计器的使用。其他设计器的使用在后续章节中进行详细介绍。

1. 调用设计器

（1）在项目管理器环境下调用

利用项目管理器可以快速访问 VFP 6.0 的各种设计器。在项目管理器窗口中选择相应的选项卡，选中要创建文件的类型，例如自由表，然后选择“新建”，系统弹出“新建自由表”对话框，单击“新建”按钮即可打开相应的设计器。图 1-21 所示为“表设计器”对话框。

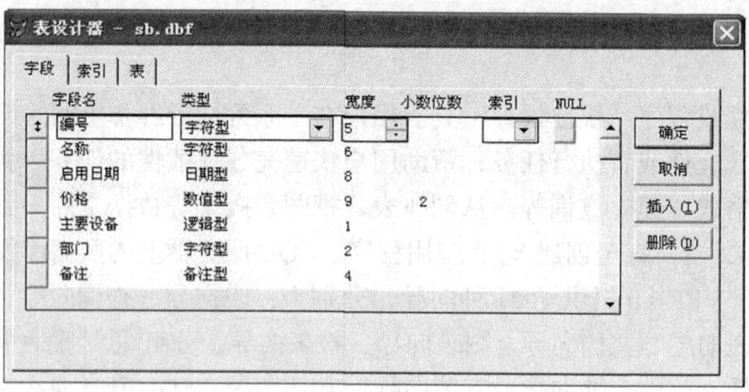

图 1-21 “表设计器”对话框

（2）菜单方式调用

从“文件”菜单中选择“新建”，或者单击工具栏上的“新建”按钮，打开“新建”对话框。选择待创建文件的类型（例如：自由表），然后单击“新建文件”按钮，系统将打开相应的设计器。同样道理，当打开不同的文件时，系统将同时打开不同的设计器。

（3）从“显示”菜单中打开

在打开某种类型的文件时，在“显示”菜单会出现相应的设计器选项。当打开或创建表单、报表或标签时，从“显示”菜单中选择“数据环境”会打开“数据环境设计器”窗口。当浏览表时，在“显示”菜单中会出现表设计器选项。

2. 设计器的使用

由于不同的设计器功能各异，它们具有不同的形式。有关各种设计器详细使用方法将在后续章节中陆续介绍。

1.7.3 VFP 6.0 的生成器

生成器也可称为构造器，是带有选项卡的对话框，它的主要功能是用于简化对表单、复杂控件和参照完整性代码的创建和修改过程。VFP 6.0 提供了 10 种生成器。分别为：组合框生成器、命令组生成器、编辑框生成器、表单生成器、表格生成器、列表框生成器、选项组生成器、文本框生成器、自动格式生成器和参照完整性生成器。不同的生成器功能不同。

作为示例，图 1-22 显示了“表单生成器”的对话框。从外观上看，它是一个具有两个选项卡的对话框。通常，每个生成器都包括多个选项卡，可供用户设置所选对象的相关属性。

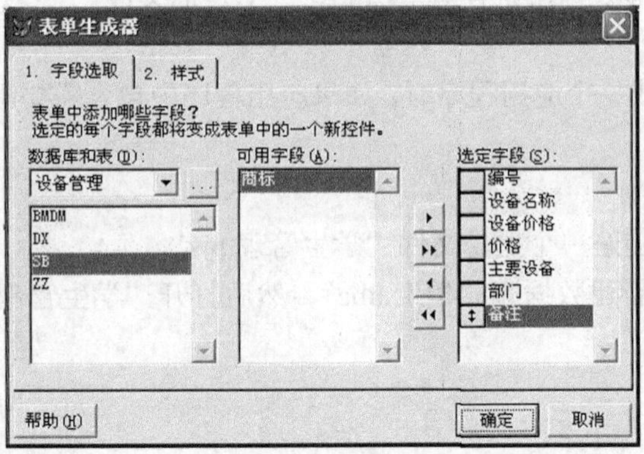

图 1-22 “表单生成器”对话框

以上三类辅助工具全都使用图形交互界面。用户只需一些简单直观的交互操作，即可轻松地完成 VFP 6.0 数据库应用程序界面的设计。而且所有设计结果都能自动生成代码，简化了用户的编程操作，方便了应用程序的设计。

上述工具的具体操作方法，将在后续各章中详细介绍。

习 题 一

一、选择题

1. 在 VFP 6.0 中创建项目，系统将建立一个项目文件，项目文件的扩展名是（ ）。

A. .pro B. .prj C. .pjx D. .itm

2. 在 VFP 6.0 项目管理器中不包括的选项卡是（ ）。

A. 数据 B. 文档 C. 类 D. 表单

3. 在“选项”对话框的“文件位置”选项卡中可以设置（　　）。

A. 表单的默认大小　　B. 默认目录

C. 日期和时间的显示格式　　D. 程序代码的颜色

4. “项目管理器”的“数据”选项卡用于显示和管理（　　）。

A. 数据库、自由表和查询　　B. 数据库、视图和查询

C. 数据库、自由表、查询和视图　　D. 数据库、表单和查询

5. “项目管理”的“文档”选项卡用于显示和管理（　　）。

A. 表单、报表和查询　　B. 数据库、表单和报表

C. 查询、报表和视图　　D. 表单、报表和标签

6. “项目管理器”的“运行”按钮用于执行选定的文件，这些文件可以是（　　）。

A. 查询、视图或表单　　B. 表单、报表和标签

C. 查询、表单或程序　　D. 以上文件都可以

二、填空题

1. 可以在项目管理器的__________选项卡下建立命令文件。

2. 扩展名为.prg 的程序文件在“项目管理器”的__________选项卡中显示和管理。

3. 项目管理器的“移去”按钮有两个功能，一个是把文件__________，另一个是__________文件。

4. 将一个项目编译成一个应用程序时，如果应用程序中包含需要用户修改的文件，必须将该文件标为__________。

三、操作题

1. 在当前文件夹下创建一个项目文件“学生管理.pjx”。

2. 在当前文件夹下新建数据库“学生.dbc”，然后打开“学生管理.pjx”，把学生数据库添加到该项目中。

第 2 章 数据库和表

在 Visual FoxPro 6.0 中，数据库是一个逻辑上的概念，它是表和关系的集合，也可以简单地将其理解为存放数据的仓库。通常数据库包含表、索引、参照关系、存储、触发器等对象，通过系统文件将相互关联的表及其他相关对象进行统一组织和管理，使得这些表既可以独立操作，又可以利用关联关系共享数据资源。掌握数据库的创建及其操作是学习其他知识点的前提和基础。本章主要介绍 Visual FoxPro 数据库、表及索引的建立和编辑，以及工作区的使用和数据完整性能内容。

2.1 Visual FoxPro 6.0 数据库的基本操作

本节主要介绍数据库的基本概念，数据库的创建、使用、修改、关闭及删除操作。

2.1.1 数据库的创建

数据库是表的集合。想要把数据表加入到数据库中，必须先建立数据库，然后加入需要处理的表，并定义它们之间的关系。在 Visual FoxPro 6.0 中，数据库是扩展名为.dbc 的文件，并且建立数据库文件的同时还会在磁盘上自动建立一个扩展名为.dcx 的数据库索引文件和一个扩展名为.dct 的数据库备注文件。用户可以通过菜单方式、命令方式和项目管理器方式来完成数据库的创建。

1. “菜单方式”创建数据库

【例 2-1】创建一个新数据库，库名为“设备管理.dbc”。

可用“新建”菜单来创建数据库，操作步骤如下：

（1）单击菜单栏中的“文件”菜单，选择“新建”命令，或者单击工具栏上的“新建”按钮，打开“新建”对话框，在其中选择“数据库”选项，如图 2-1 所示。

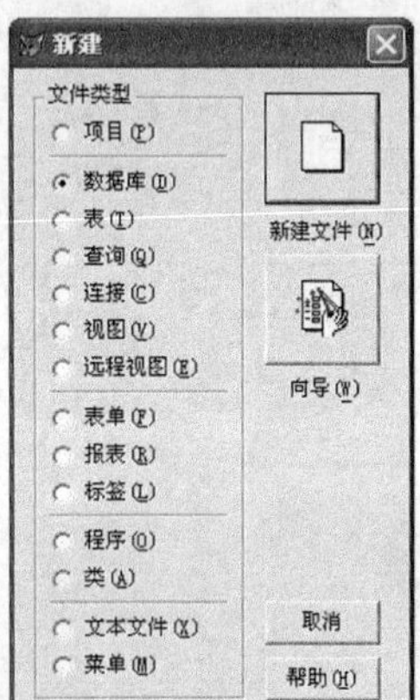

图 2-1 “新建”对话框

（2）单击“新建文件”按钮，进入“创建”对话框，在“数据库名”栏输入要创建的数据库名“设备管理”，在“保存类型”下拉列表框中选择“数据库（*.dbc）”，如图 2-2 所示。

（3）单击“保存”按钮，名为“设备管理”的数据库文件即创建成功，并显示“数据库设计器”窗口，结果如图 2-3 所示。该数据库是一个不含任何表的空数据库。

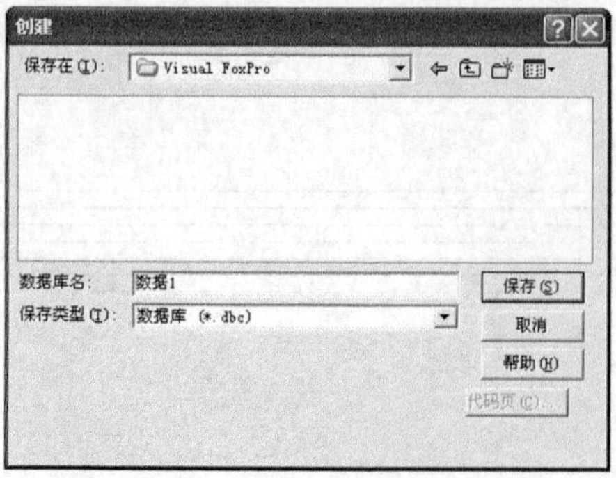

图 2-2 “创建”对话框

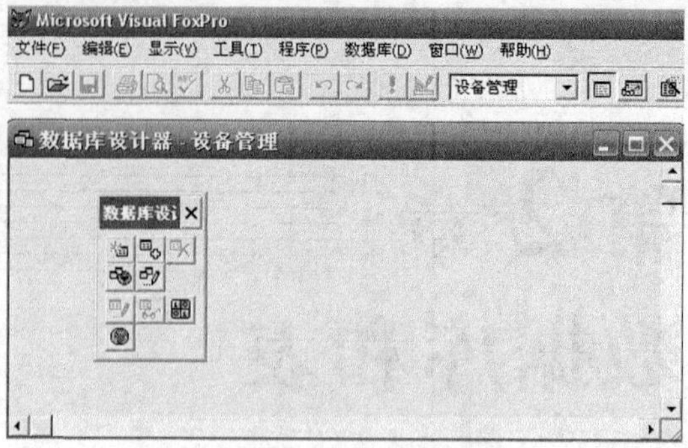

图 2-3 新创建的数据库

2. “命令方式”创建数据库

在命令窗口中创建数据库的命令如下：

格式：CREATE DATABASE [<数据库名>]

功能：创建并打开一个数据库。

说明：

（1）<数据库名>指定要创建的数据库的名称，命名规则要符合文件名的命名规则。数据库的扩展名如果缺省不写，系统会自动加上.dbc。如果不指定数据库名称，系统则会自动加以询问。

（2）执行该命令后，从界面上看不出任何反应，但数据库文件已经建立。数据库文件的扩展名为.dbc，相关的数据库备份文件的扩展名为.dct，相关的索引文件的扩展名为.dcx。

【例 2-2】使用命令方式创建“设备管理.dbc”数据库。

```
CREATE DATABASE 设备管理
```

默认情况下建立的新数据库存放在 Visual FoxPro 6.0 的安装目录下，若想指定其他位置可以在建立的时候加上位置说明，如：

```
CREATE DATABASE D:\Visual FoxPro 6.0\设备管理
```

另外，还可以采取指定默认目录的方法。选择“工具”菜单下的“选项”按钮，打开“选项”对话框，选择“文件位置”中的“默认目录”选项，进行“修改”，如图 2-4 所示。在更新文件的位置并确定后把它“设置为默认值”，则以后的文件操作的位置均默认为此指定的位置。

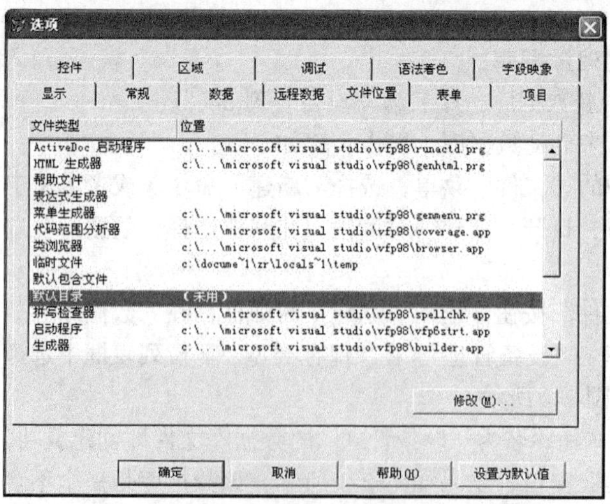

图 2-4 指定默认目录

使用命令方式建立数据库并不会自动打开数据库设计器，但数据库是处于打开状态的时候，不必再使用 OPEN DATABASE 命令来打开数据库。

3. “项目管理器方式”创建数据库

在项目管理器的“数据”选项卡中选择“数据库”，如图 2-5 所示，单击“新建”按钮并选择“新建数据库”，即可通过“创建”对话框创建数据库，后续步骤同菜单方式。

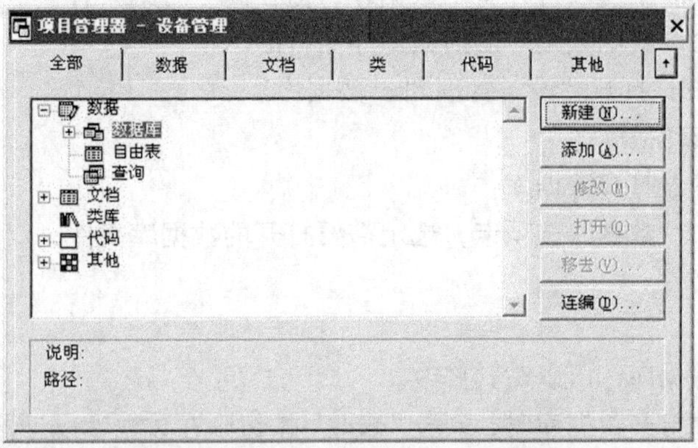

图 2-5 使用“项目管理器”创建数据库

使用以上三种方法都可建立一个新的数据库，但如果存在同名数据库，很可能会覆盖掉已经存在的文件，这时可以将系统环境参数 SAFETY 设置为 ON。创建新数据库时会出现警告对话框，因此，为安全起见可以先执行命令 SET SAFETY ON。

新创建的数据库中没有任何数据，如果要使用数据库，需要创建数据库表和其他数据库对象，然后才能输入数据和实施其他数据库操作。

2.1.2 数据库的使用

1. 打开数据库

在 Visual FoxPro 6.0 中有 3 种方式打开数据库。

（1）通过“打开”对话框打开数据库

使用“文件”菜单下的“打开”选项，或单击工具栏上的“打开”按钮，弹出“打开”对话框，如图 2-6 所示。选定文件位置和文件名后单击“确定”按钮打开数据库。

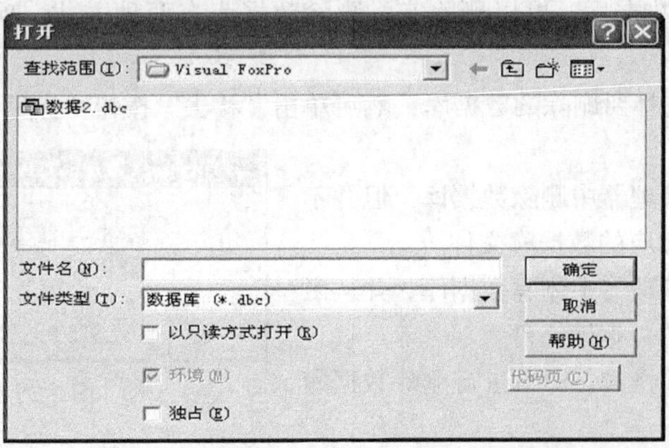

图 2-6 “打开”对话框

（2）使用交互命令打开数据库

格式：

```
OPEN DATABASE [<数据库名>]
```

功能：打开指定的数据库文件。

说明：

在 Visual FoxPro 6.0 中可以打开多个数据库，但在同一时刻只有一个当前数据库，也就是说所有作用于数据库的命令或函数是对当前数据库而言的。

【例 2-3】用命令方式打开“设备管理.dbc”数据库。

```
OPEN  DATABASE  设备管理
```

（3）使用项目管理器打开数据库

单击项目管理器中“数据”选项卡，选定需要打开的数据库文件，双击或选择“修改”按钮来打开相应的数据库文件。

2. 修改数据库

对于已经存在的数据库，可以对其修改。

当在项目管理器中打开数据库时，单击“修改”按钮则在数据库设计器中打开相应的数据库。从“打开”对话框中打开数据库时也会自动打开数据库设计器。用户在数据库设计器中即可完成对数据库的修改操作。在“数据库设计器”窗口活动时，Visual FoxPro 6.0 的主菜单栏会显示“数据库”菜单，“数据库设计器”工具栏也会弹出。

如果使用命令方式打开数据库设计器，只需在命令窗口中键入命令：

```
MODIFY DATABASE [<数据库名>]
```

若省略数据库名，则系统会自动弹出“打开”对话框，询问要修改的数据库名。

3. 关闭数据库

格式：

```
CLOSE DATABASE [ALL]
```

功能：关闭数据库。

说明：

CLOSE DATABASE 表示关闭当前数据库。ALL 表示关闭所有数据库。

2.1.3 数据库的删除

对于不再使用的数据库，可以删除它。删除数据库有两种方式，项目管理器方式和命令方式。

在项目管理器中选择要删除的数据库，然后单击“移去”按钮（参见图 2-5），出现如图 2-7 所示的提示对话框。

- 移去：从项目管理器中删除数据库，但并不从磁盘上删除相应的数据库文件。
- 删除：从项目管理器中删除数据库，并从磁盘上删除相应的数据库文件。
- 取消：取消当前操作，即不进行删除数据库的操作。

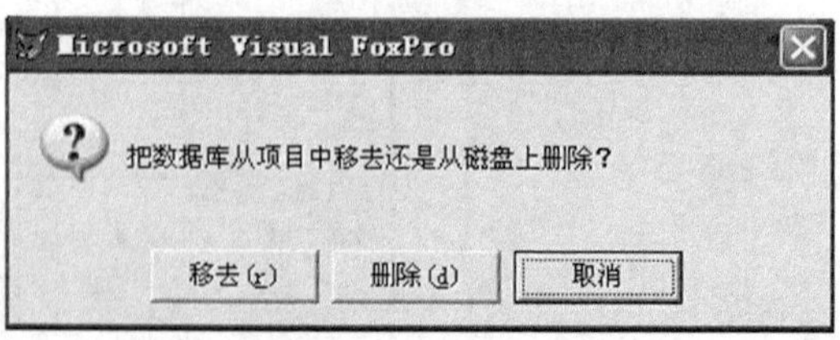

图 2-7　提示对话框

注意　由于数据库文件并不真正含有数据库表或其他数据库对象，只是在其中登录了相关的条目信息，而表、视图或其他数据库对象是独立存放在磁盘上的，所以不管是“移去”还是“删除”操作，都没有删除数据库中的表等对象。要同时删除表等对象，需要使用命令方式来删除数据库。删除数据库的命令是 DELETE DATABASE。

格式：

```
DELETE DATABASE <数据库名> [DELETETABLES] [RECYCLE]
```

功能：删除数据库。

说明：

- 数据库名：给出要从磁盘上删除的数据库文件名，此时要删除的数据库必须处于关闭状态。
- DELETETABLES：选择该选项，则在删除数据库文件的同时从磁盘上删除该数据库所包含的表(.dbf 文件)等。
- RECYCLE：选择该选项，则将要删除的数据库文件和表文件等放入 Windows 的回收站中，如果需要的话，还可以还原它们。

2.2　建　立　表

在 2.1.1 小节中新创建的只是一个空数据库，它还没有数据，也不能输入数据。需要建立数据库表和其他数据库对象，然后才能输入数据和实施其他数据库操作。

数据库中最重要的对象就是表，数据库在含有表之前没有实际用途。Visual FoxPro 6.0 主要有两种形式的数据表：自由表和数据库表。数据库表是数据库的一部分，而自由表则独立存在于任何数据库之外。通过相应的操作，二者可以进行相互转换。

2.2.1　建立数据库表

属于某个数据库的表称为数据库表。无论是数据库表还是自由表，一个完整的数据表都包括表结构和表数据两个部分。表结构是设计一个数据表的关键，它的好坏对数据表的使用具有重要的影响。因此，在创建数据表之前，应该先考虑如何创建一个合理、高效的数据表结构。

1. 表结构的定义

图 2-8 所示是一个 sb 数据表的内容，从图中可以看出，一个表是由表名、表的字段、表的记录三要素构成的。所以，要设计一个表，就要完成以下各部分的设计。

（1）定义表名

定义表名，就是定义表文件的名称，它是该文件存储到磁盘的唯一标识的。也可以理解为：它是用户访问数据的唯一标识，用户可以依靠表名在磁盘上存取、使用指定的表。在定义表名时，一方面要注意体现表文件内容，另一方面还要考虑使用的方便，表名要做到直观、简略。

表名可以由汉字、字母、数字、下划线及空格组成，但表名的第一个字符必须是汉字、字母或下划线。如果是数据库表，则可以指定一个长表名。长表名最多可包含 128 个字符。如果定义了长表名，当表出现在界面（如“数据库设计器”、“查询设计器”、“视图设计器”以及“浏览”窗口的标题栏）中时，Visual FoxPro 6.0 就会显示长表名。

表文件名

字段名

sb表

编号	名称	启用日期	价格	主要设备	部门	备注	商标
1-001	复印机	05/08/01	10090.00	是	11	略	略
1-002	传真机	02/15/02	4080.00	否	12	略	略
1-003	计算机	07/21/00	4500.00	是	12	略	略
2-001	计算机	10/12/01	6500.00	否	21	略	略
2-002	测试仪	08/12/04	18810.00	是	22	略	略
2-003	服务器	06/01/02	40305.00	是	23	略	略
2-004	摄像机	05/08/02	12000.00	否	23	略	略

记录

字段值

图 2-8　数据表结构的定义

（2）定义表的字段属性

表的字段属性即表的组织形式，它包括表中的字段个数、每个字段的名称、类型、宽度及是否建立索引等。在创建一个新表时，关键是确定表中的字段，这些信息决定了表中数据是如何被标识和保存的。

① 字段名

字段名用来反映表中各个记录里该字段的内容，应尽量做到见名知义。数据库表的字段名最多可包含 128 个字符，可以由字母、汉字、数字和下划线组成，但必须以字母或汉字开头。字段名中不能包含空格。

② 字段类型

为字段选择好名称之后，还要为其选择数据类型。数据类型共有 13 种，如表 2-1 所示。

表 2-1　字段的数据类型

数据类型	说　明	示　例
字符型(C)	字母、数字型文本，创建后一般不再改变	sb 表中的编号、名称
货币型(Y)	货币单位	货物的价格
数值型(N)	整数或小数	定货数量
浮点型(F)	功能上类似于“数值型”，其长度在表中最长可达 20 位	科学计算数据
日期型(D)	由年、月、日构成的数据类型	出生日期
日期时间型(T)	由年、月、日、时、分、秒构成的数据类型	员工上班的时间
双精度型(B)	双精度数值类型	实验所要求的高精度数据
整型(I)	不带小数点的数值类型	订单的行数
逻辑型(L)	真或假	sb 表中的主要设备
备注型(M)	不定长的字符型文本，所保存的数据信息存储在以.fpt 为扩展名的文件中	sb 表中的备注字段，用来存放设备的说明情况
通用型(G)	用于标记电子表格、文档、图片等 OLE 对象(对象链接与嵌入)	sb 表中的商标字段
字符型(二进制)	同“字符型”，但是当代码页更改时字符值不变	保存在表中的用户密码，用于不同国家和地区
备注型(二进制)	同“备注型”，但是当代码页更改时备注不变	用于不同国家和地区的登录脚本

根据需要可以为字段选择相应的数据类型，字段的数据类型应与将要存储于其中的信息类型相匹配。一个字段的数据类型一旦选定，也就决定了对该字段所允许的操作。

③ 字段宽度

在定义了字段名并选择了数据类型之后，还要给出字段的宽度。字段宽度必须能够容纳此列将要显示的最大信息内容：字符型字段不得大于 254 字符，超过 254 个字符的文本用备注型字段的备注文件存储；浮点型(F)和数值型字段(N)的宽度为整数位与小数位的和再加 1(因为小数点占一位)。其他几个类型的字段宽度是系统规定的，不需用户设定。逻辑型字段宽度为 1；日期时间型、货币型、双精度数据型字段宽度为 8；备注型、通用型、整数型以及二进制(Binary)备注型字段宽度为 4；二进制字符型为 1～254 字节。

④ 小数位

若字段的类型是数值型(N)和浮点型(F)，还需给出小数位数，若是整数，小数位数是 0。小数部分的长度是总长度的一部分，在 Visual FoxPro 6.0 中，数值型和浮点型数据最大宽度为 20 字节，小数位数不能大于 19。双精度型数据的小数位数不能大于 7。

⑤ 使用.NULL.值

在建立新的表时，可以指定字段是否接受.NULL.值。它不同于零、空字符串或者空白，而是一个不确定的值。当表中某记录的某个字段的内容无法知道确切信息时，可以先赋予.NULL.值，一旦内容明确之后，就可以存入有实际意义的信息。一个字段是否允许为空值与实际应用有关，比如作为关键字的字段是不允许为空值的，而那些在插入记录时允许暂缺的字段值往往允许为空值。如 sb.dbf 中的部门字段，当设备购进来之后，就可以添加设备信息，但这时还没有分配部门，在这种情况下，部门字段应该允许输入.NULL.值。

（3）向表输入数据

表中的数据即表的记录，记录的内容是表所提供给用户的全部信息。向表输入数据就是为表中记录的每一个字段赋值。一个表的大小，主要取决于它拥有的数据记录的多少。通常把不包含记录的表称为空表。

表的名字及表中每个字段的名字、类型、长度构成表的结构，表的记录为表的内容。需要说明的是，在对表进行操作时，表结构及表的内容是分开进行操作的，或者说字段与记录的操作是分开进行的。

我们可以把字段、记录、数据表与数据库的关系概括为：

字段(多个)➡记录(多个)➡数据表(多个)➡数据库

【例 2-4】根据图 2-8 内容，设计一个设备数据库表。

步骤如下：

① 定义表名。

表文件的文件名 sb.dbf。

② 定义表的字段属性。

可以规定 sb.dbf 中各个字段的信息如表 2-2 所示。

表 2-2　sb.dbf 的结构

字段名	字段类型	字段宽度	小数位数	Null
编号	字符型	5		否
名称	字符型	6		否

续表

字段名	字段类型	字段宽度	小数位数	Null
启用日期	日期型	8		否
价格	数值型	9	2	否
主要设备	逻辑型	1		否
部门	字符型	2		是
备注	备注型	4		否
商标	通用型	4		否

其中“部门”字段允许为空值，因为可能购进来设备，但还没有分配部门。

2. 表的创建

在 VFP 6.0 中，创建表可通过表设计器或表向导完成。本节以 sb.dbf 的创建为例，介绍使用表设计器的方法。

因为当前要创建的为数据库表，所以应首先打开相应数据库，并且使其成为当前数据库，这样所创建的所有表就会自动添加到此数据库中，否则，创建的表视为自由表。

（1）打开数据库“设备管理.dbc”。

```
OPEN DATABASE 设备管理
```

（2）创建新表 sb.dbf。

【方法 1】

用菜单方式定义表结构。操作步骤如下：

① 打开“文件”菜单，选择“新建”，打开“新建”对话框。如图 2-9 所示。

② 在“新建”对话框中，选择“表”，再单击“新建文件”按钮，打开“创建”对话框。

③ 在“创建”对话框中，输入表名，单击“保存”按钮，进入“表设计器”对话框。如图 2-10 所示。

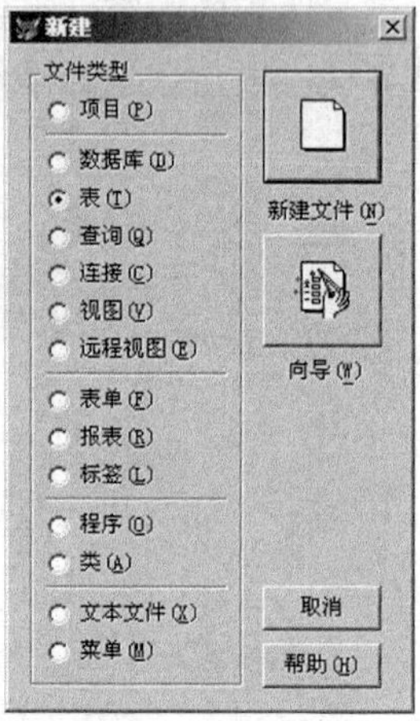

图 2-9 新建窗口

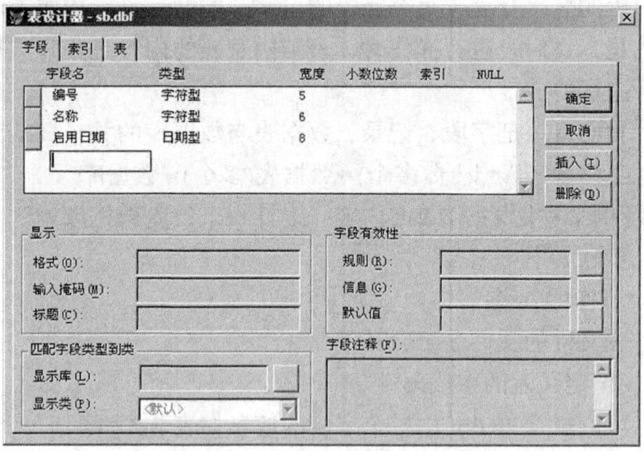

图 2-10 “表设计器”对话框

④ 在“表设计器”对话框，逐一地定义表中字段属性，单击“确定”按钮，弹出一个提示录入记录对话框。如图 2-11 所示。

⑤ 在提示录入记录对话框中，如果选择“是”，则可立即向表输入数据；如果选择“否”，则

结束表的创建。

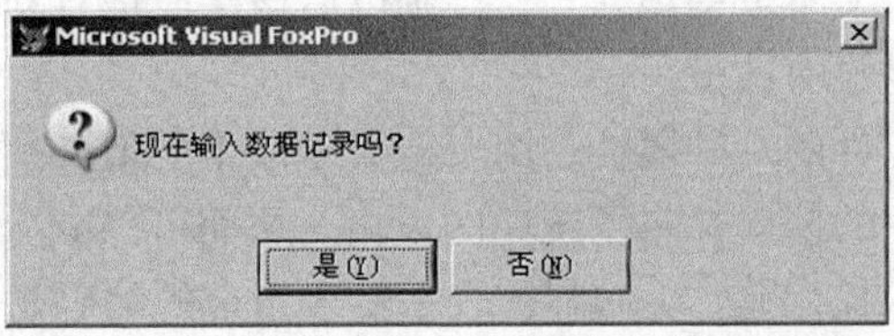

图 2-11　提示录入记录对话框

【方法 2】

使用命令方式打开表设计器。

格式：

```
CREATE [<表文件名>]
```

功能：建立表。

说明：

若省略表文件名，将会出现“创建”窗口。确定文件位置和文件名后单击“保存”按钮即可进入“表设计器”窗口。如果在 CREATE 后指定了文件名，则直接进入“表设计器”。后续步骤同方法一。

若没有打开数据库，直接使用 CREATE 命令建立表也是可以的。此时的界面要比图 2-10 所示的界面简单，因为它不包含有些在数据库中才能实现的功能。这时建立的表不是数据库中的表，而是自由表。

【方法 3】

打开数据库的时候，会自动打开数据库设计器及其工具栏，并且菜单栏上会出现“数据库”菜单项，此时，我们可以使用工具栏中的“新建表”按钮，或“数据库”菜单中的“新建表”菜单项，进行表的创建。创建步骤同方法一。

下面对图 2-10 中表设计器的各个部分作说明。

“表设计器”将创建表的过程分为字段、索引和表约束三部分，即：字段设计、索引设计和表约束设计，分别用页框控件来显示，单击相应页标题就会得到相应的设计界面。

在设计字段页面中，分为字段属性设置、字段显示、字段有效性检查、匹配字段类型到类和字段注释 5 个部分。

① 字段属性设置。

字段属性设置的任务是设置字段的名称、类型、长度、索引等信息。如在“字段名”下输入编号，在“类型”下选择“字符”，在“宽度”下输入数字 5。其他字段可以按照这种方法依次输入。

在字段设置过程中，需要注意如下几项：

- 有的属性需要填写字段的长度信息，有的不需要，系统会自动设置。如通用型、逻辑型、日期型、备注型等不需设置。
- 字段是否可以为空：允许为空的字段可以在 NULL 列下单击，标有√符号表示可以使用空值。
- 可以使用“插入”、“删除”按钮对某字段进行插入和删除操作。

② 显示设置。

显示设置中包括 3 项内容，即格式、输入掩码和标题。

- 格式：指定字段在浏览窗口、表单或报表中显示数据的格式。例如设置某字段的显示格式为大写，可以在格式文本框中填入“!”，则以后该字段信息均以大写方式显示，但存储在文件中的数据内容并没有改变。
- 输入掩码：字段或控件的一种属性，用于定义字段中的值必须遵守的标点、空格和其他格式要求。这样字段中的值就具有了统一的风格，从而可以减少数据输入错误，提高输入效率。如编号字段输入掩码是“9-999”，表示输入指定的编码是 4 位数字，第一位和第二位之间用“-”分隔，其中 9 表示只能输入数字字符。
- 标题：可以为数据库表中的每个字段创建一个标题。若指定，Visual FoxPro 6.0 将显示字段的标题文字，并以此作为该字段在“浏览”窗口中的列标题，以及表单表格中的默认标题名称。如果不指定标题，则显示字段名。

③ 字段注释

每个字段可以在字段注释编辑框中书写说明文字，便于日后或他人对数据库进行维护。例如，编号的编码规则，可以在字段注释中写明。

【例 2-5】为“编号”字段设置掩码、标题和注释说明。

在输入掩码文本框中输入“9-999”，在标题字段中输入“设备编号”，在字段注释编辑框中输入说明信息，结果如图 2-12 所示。

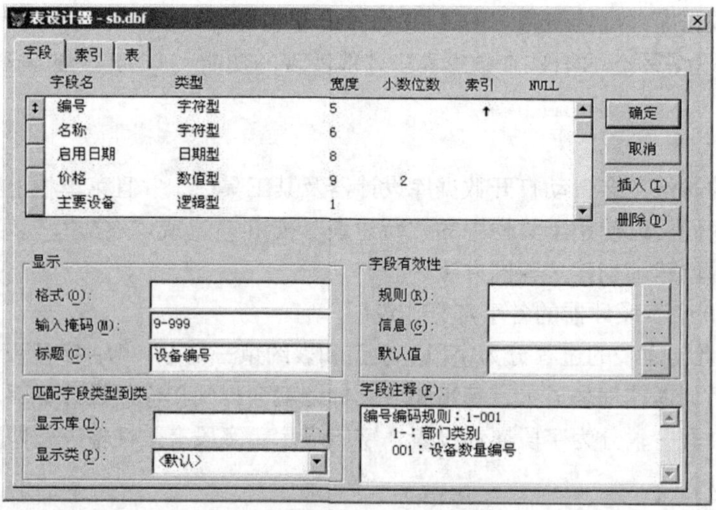

图 2-12　字段显示和注释设置

“字段有效性”检查组框、“匹配字段类型到类”组框我们将在以后的学习中再作介绍。

2.2.2　建立自由表

所谓自由表就是那些不属于任何数据库的表。在使用表设计器创建表时，如果当前没有打开数据库，则创建的表也是自由表。可以将自由表添加到一个数据库中，使之成为数据库表；也可以将数据库表从中移出，使之成为自由表。

建立自由表的方法有：

（1）在项目管理器中，从“数据”选项卡选择“自由表”，然后选择“新建”命令按钮打开“表设计器”建立自由表。

（2）确认当前没有打开的数据库，选择“文件”菜单下的“新建”，在“新建”对话框中从“文件类型”组框中选择“表”，然后单击“新建文件”按钮打开“表设计器”建立自由表。

（3）确认当前没有打开的数据库，在命令窗口中输入 CREATE 命令打开“表设计器”建立自由表。

自由表的表设计器界面如图 2-13 所示，我们可以看出，自由表不能建立字段级规则和约束等。

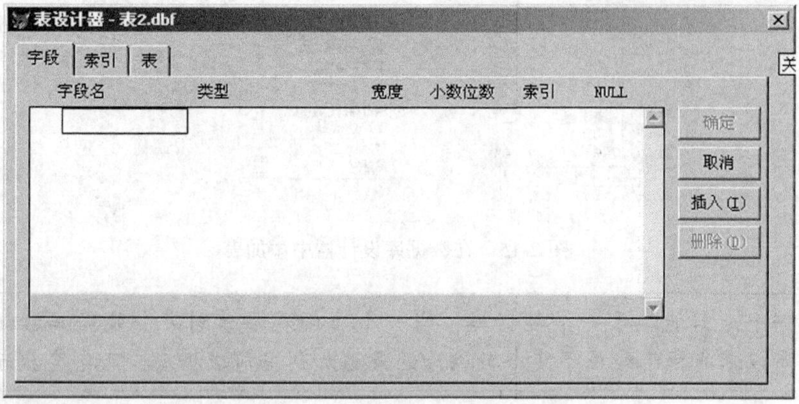

图 2-13　自由表的表设计器界面

事实上，数据库表与自由表相比，数据库表具有如下优势：

- 长表名和表中的长字段名。
- 表中字段的标题和注释。
- 默认值、输入掩码和表中字段格式化。
- 表字段的默认字段级规则。
- 支持参照完整性的主关键字索引和表间关系。

2.2.3　将自由表添加到数据库

在项目管理器或数据库设计器中都可以很方便地将自由表添加到数据库中。

在项目管理器中，将要添加自由表的数据库展开至表，并确认当前选择了“表”，参见图 2-14。单击“添加”按钮，然后从弹出的“打开”对话框中选择要添加到当前数据库的自由表，即扩展名为.dbf 的文件即可。

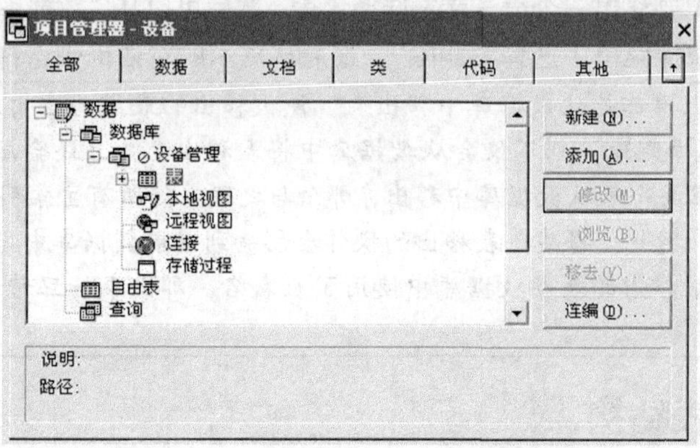

图 2-14　在项目管理器中添加表

在数据库设计器中，则可以从“数据库”菜单选择“添加表”选项，然后再从“打开”对话框中选择要添加到当前数据库的自由表；或者直接右击，在弹出的快捷菜单中选择“添加表”，如图 2-15 所示。

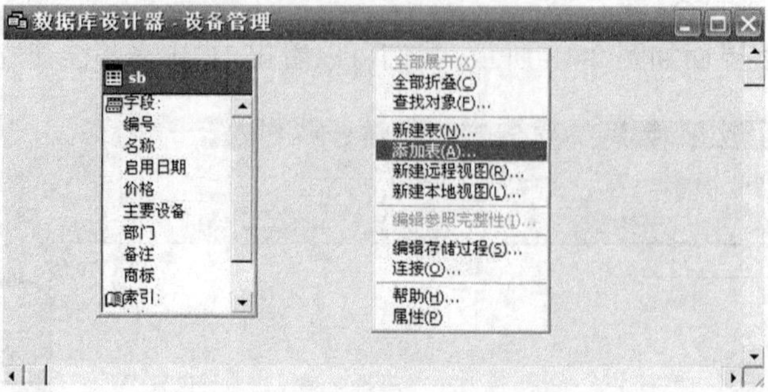

图 2-15　在数据库设计器中添加表

注意　一个表只能属于一个数据库，当一个自由表添加到某个数据库后就不再是自由表了，所以不能把已经属于某个数据库的表添加到当前数据库，否则会提示出错。

2.2.4　从数据库中移出表

当数据库不再使用某个表，而其他数据库要使用该表时，必须将该表从当前数据库中移出，使之成为自由表。

同样，在项目管理器或数据库设计器中都可以很方便地将数据库表移出数据库。

在项目管理器中，将数据库下的表展开，参见图 2-14，并选择所要移去的具体表，这时“移去”按钮可用，单击它，弹出如图 2-16 所示的提示对话框，从中选择“移去”即可。

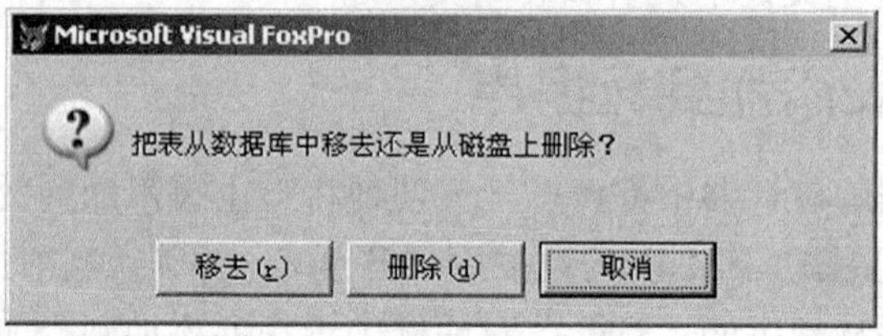

图 2-16　把表从数据库中移去

在数据库设计器中要移出一个表，首先选择该表，然后可以从“数据库”菜单中选择“移去”，或者单击鼠标右键从快捷菜单中选择“删除”，最后从提示的对话框中选择“移去”即可。

注意

（1）以上操作是从数据库中移出表，使被移出的表成为自由表，所以应该选择“移去”；如果选择删除，则不仅会从数据库中将表移出，并且还会从磁盘上删除该表。

（2）一旦某个表从数据库中移出，那么与之联系的所有主索引、默认值及有关的规则都随之消失。因此，将某个表移出的操作会影响到当前数据库中与该表有联系的其他表。

（3）如果移出的表在数据库中使用了长表名，那么表一旦移出了数据库，长表名将不可再使用。

2.2.5　修改表结构

我们常遇到这种情况，在创建表时由于考虑不周或操作不慎，使得表的结构设计不尽合理，又或者原有表的设计现已不适应新的变化，这就需要对表的结构进行某些修改。

同样可利用表设计器修改表结构，有以下几种方法。

1．方法一

如果在当前数据库设计器中，可以直接用鼠标右键单击要修改的表(如图 2-17 所示)，然后从快捷菜单中选择“修改”，则能打开相应的表设计器。

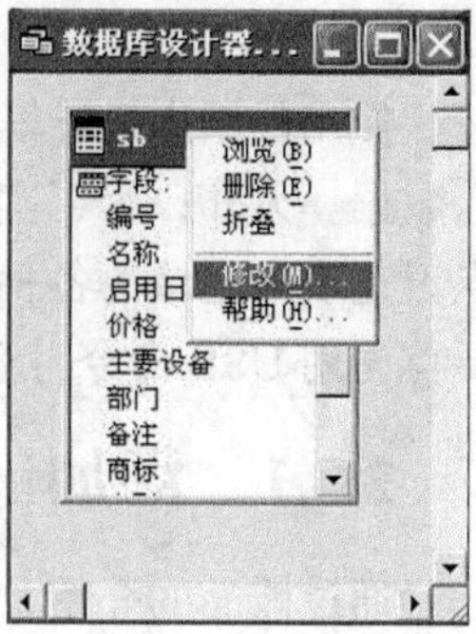

图 2-17　表的快捷菜单

2．方法二

如果当前没在数据库设计器中，可以利用菜单方式修改表结构。操作步骤如下：

（1）打开“文件”菜单，选择“打开”，进入“打开”窗口。

（2）在“打开”窗口，输入要修改结构的表名。

（3）打开“显示”菜单，选择“表设计器”，进入“表设计器”窗口。

（4）在“表设计器”窗口，可以插入新字段，也可以修改已有字段的属性，还可以删除字段。

（5）确认修改后的表结构。

3．方法三

使用 MODIFY STRUCTURE 命令修改表结构。

格式：

```
MODIFY  STRUCTURE
```

功能：修改当前表的结构。

新建立的表在建立后即处于打开状态，此时可以直接进行录入及修改表结构等操作。以后如果再对表进行操作，则应先使用 USE 命令打开表。

格式：

```
USE [<表文件名>]
```

功能：打开以“表文件名”为名的表。

通常我们把这个被打开的表称为当前表，以后在命令窗口中输入的命令如不加特殊说明，均为针对当前表操作。若省略表文件名，则关闭当前表。

MODIFY STRUCTURE 命令没有参数，执行时直接对当前表打开表设计器。

修改表结构和建立表时的表设计器界面完全一样，可以实现以下各项功能。

- 修改已有的字段。

用户可以直接修改字段的名称、类型和宽度。

- 增加新字段。

如果要在原有的字段后增加新的字段，则直接将光标移动到最后，然后即可输入新的字段名、定义类型和宽度。

如果要在原有的字段中间插入新字段，则首先将光标定位在要插入新字段的位置，然后用鼠标单击“插入”命令按钮，这时会插入一个新字段，随后输入新的字段名、定义类型和宽度即可。

- 删除不用的字段。

如果要删除某个字段，首先将光标定位在要删除的字段上，然后用鼠标单击“删除”命令按钮。

2.3 表的基本操作

使用数据库设计器和表设计器设计表，只是完成了表结构的定义，之后的任务就是向表中加入数据。另外，为了实现动态数据管理，还要经常性执行添加、删除、修改记录等操作。本节重点讨论表中记录的各种操作方法和技术。请注意，本节介绍的命令都是对当前表进行操作，即需要首先用 USE 命令打开要操作的表。

2.3.1 添加记录

通过前面的介绍，我们已经知道，一个表是由表的结构和表的记录两部分组成的，向表中加入记录，就是对表进行数据输入的操作。向表输入数据通常有 3 种方法：一是在创建表结构时立即向表输入数据，二是在定义表结构之后，通过菜单打开已有的表，以追加方式在表“浏览”、“编辑”窗口中向表输入数据，三是在命令窗口中通过命令进行添加。

1. 创建表时立即输入数据

在创建表时，如果表中所有字段的属性已定义完成，单击“确定”按钮保存表结构，同时将打开系统窗口，显示“现在输入数据吗?”的对话框。在这一窗口，如果选择“是”按钮，则可立即进入表“浏览”或“编辑”窗口，从而向表输入数据。

2. 用追加方式输入数据

如果在建立表结构时，没有立即向表输入数据，可以用追加数据方式来向表输入数据。

在表“浏览”或“编辑”窗口输入数据，操作步骤如下：

（1）打开要输入数据的表。

（2）打开“显示”菜单，选择“浏览”，再次打开“显示”菜单，选择“显示”菜单中的“追加”选项，再选择“编辑”，即可在表“编辑”窗口向表输入数据，或修改表中原有数据。如图 2-18 所示。

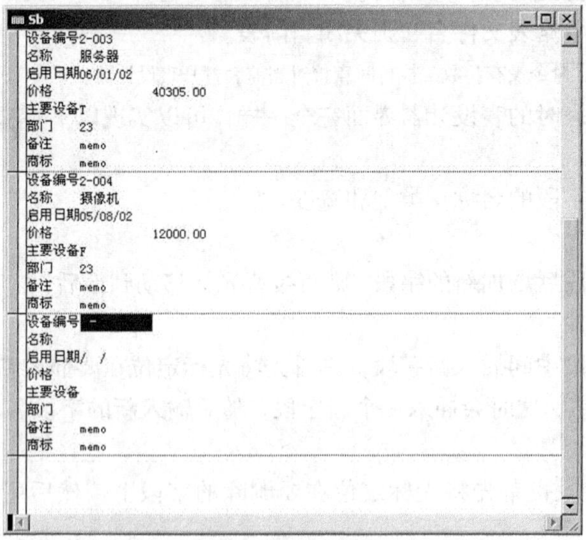

图 2-18 编辑方式

（3）打开“显示”菜单，选择“浏览”，再选择“显示”菜单中的“追加方式”选项，再选择“浏览”，则打开表的“浏览”窗口，这时也可向表中输入数据，或修改表中原有数据。如图 2-19 所示。

Sb

设备编号	名称	启用日期	价格	主要设备	部门	备注	商标
1-001	复印机	05/08/01	10090.00	T	11	memo	memo
1-002	传真机	02/15/02	4080.00	F	12	memo	memo
1-003	计算机	07/21/00	4500.00	T	12	memo	memo
2-001	计算机	10/12/01	6500.00	F	21	memo	memo
2-002	测试仪	08/12/04	18810.00	T	22	memo	memo
2-003	服务器	06/01/02	40305.00	T	23	memo	memo
2-004	摄像机	05/08/02	12000.00	F	23	memo	memo
-		/ /				memo	memo

图 2-19　浏览窗口

无论是在表“编辑”窗口还是在表“浏览”窗口，都可以对表中的数据进行追加，只是显示方式有所不同。在这两个窗口中，不仅可以进行数据的输入，同时也可以编辑、修改表中的数据。

3. 用命令方式追加数据

（1）APPEND 命令

格式：

```
APPEND [BLANK]
```

功能：在表的尾部增加记录。

使用 APPEND 命令需要立刻交互输入新的记录值，界面格式如图 2-19 所示，一次可以连续输入多条新的记录，然后关闭窗口结束输入新记录。

APPEND BLANK 则是在表的尾部增加一条空白记录，然后再可用 EDIT、CHANGE 或 BROWSE 命令交互修改空白记录的值，或用 REPLACE 命令直接修改该空白记录值。

（2）INSERT 命令

格式：

```
INSERT [BEFORE] [BLANK]
```

功能：在表的任意位置插入新的记录。

如果不指定 BEFORE 则在当前记录之后插入一条新记录，否则在当前记录之前插入一条新记录。

同样，如果不指定 BLANK 则直接出现类似图 2-19 所示的界面，并可以交互方式输入记录的值。否则在当前记录之后(或之前)插入一条空白记录，然后再需用 EDIT、CHANGE 或 BROWSE 命令交互式输入或修改空白记录的值，或用 REPLACE 命令直接修改该空白记录值。

注意　如果在表上建立了主索引或候选索引(详见 2.4 节)，则不能用以上的 APPEND 或 INSERT 命令插入记录，必须用 SQL 的 INSERT 命令(详见第 4 章)插入记录。

2.3.2　删除记录

在表的使用过程中，如果表中有些数据已经彻底无使用价值，或在某一时间内、某环境下无使用价值，为减少数据的冗余度，常常需要把这些无用的数据暂时或彻底消除掉，以增强表操作的快捷性。

在 Visual FoxPro 6.0 中删除记录有逻辑删除和物理删除两种：所谓逻辑删除就是给暂时不使用的记录加一个删除标记，必要时还可以去掉删除标记恢复记录；而物理删除才是真正从表中删除记录。要进行彻底删除的记录，也必须先做逻辑删除后再做物理删除，所以逻辑删除又是物理删除的前提条件。

1．逻辑删除记录

（1）方法一

① 打开表，并进入表“浏览”或“编辑”窗口。

② 在表“浏览”或“编辑”窗口，把鼠标移到要进行逻辑删除的记录上，对准其删除标记栏(每个记录的左前方有一个空白的小竖条)，单击左键，这时要进行逻辑删除的记录就被加上了删除标记（左前方的空白竖条变黑），如图 2-20 所示。或选定某条记录后，使用快捷键 Ctrl+T，相关操作可以参考表菜单中的各个菜单项。

③ 如果要逻辑删除多个记录，需多次重复操作。

（2）方法二

使用 DELETE 命令逻辑删除记录。

删除标记

图 2-20　浏览窗口的逻辑删除标记

格式：

```
DELETE [<范围>] [FOR <条件表达式 1>] [WHILE <条件表达式 2>]
```

功能：逻辑删除当前表中指定的记录。

说明：

① 命令中的<范围>有 4 个选项供用户选择，其中：

- ALL：指全部记录。
- NEXT *N*：包括当前记录在内的连续 *N* 个记录。
- RECORD *N*：给定的第 *N* 个记录。
- REST：包括当前记录直到最后一个记录范围内的记录。

② 若不指定范围和条件，系统默认为当前记录；若指定某一类范围和条件，则逻辑删除指定范围内满足条件的记录；若不指定范围，但指定条件，则逻辑删除全部记录中满足条件的记录。

【例 2-6】逻辑删除 sb.dbf 中部门号为“12”的记录。

```
DELETE FOR 部门="12"
```

上述方法中，方法一通常用来对单个记录进行逻辑删除；方法二则可对单记录也可对部分记录进行逻辑删除。

在对表进行操作时,这些已完成逻辑删除的记录是否可使用,要由 SET DELETED　ON / OFF 命令决定。若设为 OFF，则被打上删除标记的记录不参加 Visual FoxPro 6.0 的大部分命令操作，好像不存在一样，但其记录仍然存储在表中。例如在浏览窗口，打上删除标记的记录就不再显示。若设为 ON，则会继续参加所有的操作。对于加有删除标记的记录，如进行了恢复记录的操作，它们仍可再使用。

2. 恢复逻辑删除的记录

对于加上逻辑删除标记的记录，如果还想恢复其使用权，可对其进行恢复记录的操作。恢复逻辑删除的记录，有以下几种方法。

（1）方法一

① 打开表，并进入表“浏览”或“编辑”窗口。

② 在表“浏览”或“编辑”窗口，把鼠标移到要进行恢复的记录上，对准其删除标记栏，单击左键，除去删除标记。

（2）方法二

使用 RECALL 命令恢复逻辑删除记录。

格式:

```
RECALL [<范围>] [FOR <条件表达式 1>] [WHILE <条件表达式 2>]
```

功能：恢复当前表中指定的逻辑删除记录。

如果不用 FOR 或 WHILE 短语指定逻辑条件，则只恢复当前一条记录；如果当前记录没有删除标记，则该命令什么也不做；如果用 FOR 或 WHILE 短语指定了逻辑表达式，则恢复使该逻辑表达式为真的所有记录。

【例 2-7】恢复 sb.dbf 中部门号为“12”的记录。

```
RECALL FOR 部门="12"
```

3. 物理删除有删除标记的记录

格式：PACK

物理删除有删除标记记录的命令是 PACK，执行该命令后所有带删除标记的记录将从表中被物理地删除，并且不可能再恢复。也可以使用“表”菜单中的“彻底删除记录”选项。

4. 物理删除所有记录

格式：ZAP

使用 ZAP 命令可以物理删除表中的全部记录，不管是否有删除标记。该命令只是删除全部记录，并没有删除表，执行完该命令后表结构依然存在。

2.3.3　修改记录

在 Visual FoxPro 6.0 中可以交互修改记录，也可以用指定值直接修改记录。

1. 使用浏览器修改

在交互式工作方式下，最简单方便的方法就是使用 BROWSE 浏览器。打开浏览器的方法有很多种，常用的方法有:

（1）在项目管理器中将数据库展开至表，并且选择要操作的表，然后单击“浏览”命令。

（2）在数据库设计器中选择要操作的表，然后从“数据库”菜单中选择“浏览”，或者右键单击要操作的表，然后从快捷菜单中选择“浏览”。

（3）在命令方式下，首先用 USE 命令打开要操作的表，然后键入 BROWSE 命令。

以上各种方式打开的 BROWSE 浏览器界面如图 2-19 所示，在浏览窗口中可以进行浏览、添加、删除和修改记录等各种操作。

① 浏览操作

浏览操作时常用的快捷键如下：

- 下一记录：下箭头键。
- 前一记录：上箭头键。
- 下一页：Page Down 键。
- 前一页：Page Up 键。
- 下一字段：Tab 键。
- 前一字段：Shift+Tab 组合键。

除此之外，还可以用鼠标上、下、左、右移动翻页和定位。

② 修改记录

将光标定位于要修改的记录和字段值上，然后直接进行修改就可以了。

2. 使用 EDIT 或 CHANGE 命令交互式修改

EDIT 或 CHANGE 命令均用于交互式地对当前表记录进行编辑、修改，操作界面类似于图 2-18 的编辑窗口。默认编辑的是当前记录，可以使用同浏览操作一样的快捷键进行定位，然后直接在原有的记录上进行编辑、修改就可以了。最后关闭窗口，退出编辑、修改界面。

3. 使用 REPLACE 命令修改

REPLACE 命令是批量修改命令，它直接修改数据表中字段的内容，并不显示编辑窗口。

格式：

```
REPLACE [<范围>] <字段名 1> WITH <表达式 1> [ADDITIVE]
        [,<字段名 2> WITH <表达式 2> [ADDITIVE],…]
        [FOR <条件表达式 1>] [WHILE <条件表达式 2>]
```

功能：直接利用表达式的值替换字段的值，从而达到修改记录的目的。

此命令的执行过程和“当前记录”的概念有关，下面先介绍什么是当前记录。

在 Visual FoxPro 6.0 系统环境下，表中的每一列数据是通过字段名来标识的，每一行数据是通过记录号来标识的，表中每一个数据项的访问则是通过记录号和字段名来进行的。也就是说，指明记录号(表的行)和字段名(表的列)，就确定了表中的某一数据。

在向表输入数据时，系统按照其输入的前后顺序，给每一个记录赋予一个记录号。最先输入的记录为 1 号记录，其次为 2 号记录，依此类推。在 Visual FoxPro 6.0 系统内部，有一个用以确定当前记录的记录指针，记录指针指向哪一个记录，这一个记录就是当前操作的记录，即当前记录。当表打开时，当前记录为第一个记录。表文件一旦打开，表中的记录指针是可以移动的，所以当前记录是某一时刻的操作对象。

说明：

（1）“表达式 1”的值替换字段 1 中的数据，“表达式 2”的值替换字段 2 中的数据，依此类推。

（2）替换时应注意表达式的类型应与字段的类型相一致。如果表达式值的长度比数值型字段定义的宽度大，此命令首先截去多余的小数位，剩余小数部分四舍五入；如还达不到要求，则以科学记数法保存此字段的内容；如果还不满足，此命令将用星号(*)代替该字段内容。

（3）[ADDITIVE]选项只适用于备注型字段的修改，若有此选项，则表示将表达式的内容添加在原来备注内容的后面；否则，表达式的内容将会覆盖原来的备注内容。

（4）若无 FOR 或 WHILE 选项，则对范围内指定的记录进行替代；若同时无范围选项，则仅对当前记录进行替代；若有 FOR 或 WHILE 选项，但无范围选项，则在整个数据范围内对符合条件的记录进行替换。

【例 2-8】对 sb.dbf 中部门为“11”的设备价格加上 100 元。

```
REPLACE 价格 WITH 价格+100 FOR 部门= "11"
```

【例 2-9】有表 cj.dbf，结构和内容如下，请统计表中各记录的总成绩及平均成绩值。

结构：

字段名	字段类型	字段宽度	小数位数
姓 名	字符型	6	
性 别	字符型	2	
语 文	数值型	3	
数 学	数值型	3	
物 理	数值型	3	
化 学	数值型	3	
总成绩	数值型	3	
平均成绩	数值型	5	2

内容：

记录号	姓名	性别	语文	数学	物理	化学	总成绩	平均成绩
1	张三	男	95	89	86	88	0	0.00
2	李四	男	83	89	70	76	0	0.00
3	王五	男	95	90	99	90	0	0.00
4	刘六	女	68	89	68	69	0	0.00
5	吴七	女	66	78	60	86	0	0.00
6	赵一	女	89	67	96	78	0	0.00
7	雷二	男	67	68	85	90	0	0.00
8	洪九	女	65	98	88	98	0	0.00

要统计总成绩和平均成绩的值，若采用编辑或浏览方式进行添加，则需要先手工计算各条记录的两项值，然后才能添加，无疑工作量很大。这种情况下我们采用 REPLACE 命令完成。

```
USE cj
REPL ALL 总成绩 WITH 语文+数学+物理+化学，平均成绩 WITH 总成绩/4
LIST  && 显示表的内容
```

显示结果如下：

记录号	姓名	性别	语文	数学	物理	化学	总成绩	平均成绩
1	张三	男	95	89	86	88	358	89.50
2	李四	男	83	89	70	76	318	79.50
3	王五	男	95	90	99	90	374	93.50
4	刘六	女	68	89	68	69	294	73.50
5	吴七	女	66	78	60	86	290	72.50
6	赵一	女	89	67	96	78	330	82.50
7	雷二	男	67	68	85	90	310	77.50
8	洪九	女	65	98	88	98	349	87.25

2.3.4　显示记录

显示记录的方法有很多，例如在编辑和浏览窗口中都可以看到记录的内容，这里主要介绍用命令的方式显示记录。

格式：

```
LIST/DISPLAY [[FIELDS] <字段名表>] [FOR <条件表达式 1>] [WHILE <条件表达式 2>] [TO PRINTER
[PROMPT]]|TO <文件名>]
```

功能：显示记录。

说明：

- LIST 和 DISPLAY，它们的区别仅在于不使用条件时，LIST 默认显示全部记录，而 DISPLAY 则默认显示当前记录。
- [字段名表]是用逗号隔开的字段名列表，若指定，则按指定的各字段名显示，默认显示全部字段。
- 如果使用 FOR 或 WHILE 短语指定条件，则只显示满足条件的记录。
- TO PRINTER 说明将结果输出到打印机，如果还使用了 PROMPT 则在打印之前出现一个打印设置对话框，可以对打印机进行设置。
- TO <文件名>说明将结果输出到文件，默认文件扩展名为.txt。

【例 2-10】显示 sb.dbf 中 2007 年前启用的设备的信息。

```
LIST FOR 启用日期<{^2007-01-01}
```

2.3.5 查询定位

定位数据表中的记录，实质上就是确定哪一个记录为当前记录。

确定当前记录的操作有以下几种方法。

1. 用菜单方式

用菜单方式确定当前记录的操作步骤如下：

（1）打开表，并进入表“浏览”窗口。

（2）打开“表”菜单，选择“转到记录”，弹出“转到记录”子菜单。

（3）在“转到记录”子菜单下，选择不同的选项，可以将记录指针移动到相应的记录上。

- 选择“第一个”，则确定第一个记录为当前记录。
- 选择“最后一个”，则确定最后一个记录为当前记录。
- 选择“下一个”，则确定当前记录的下一个记录为当前记录。
- 选择“前一个”，则确定当前记录的前一个记录为当前记录。
- 选择“记录号”，便进入“转到记录”对话窗口，在“转到记录”对话框内，可以选择记录号，确定该记录号指定的记录为当前记录。
- 选择“定位”，进入“定位记录”窗口，在“定位记录”对话框内，输入定位条件表达式，确定满足定位条件表达式的第一个记录为当前记录。

2. 用命令方式

使用 GO、SKIP、LOCATE 命令进行定位。

（1）用 GO 命令直接定位

GO 和 GOTO 命令是等价的。

格式：

```
GO <记录号>|TOP|BOTTOM
```

说明：

- GO <记录号>，即直接按记录号定位。
- GO TOP，使记录指针指向表头，当不使用索引时是记录号为 1 的记录，使用索引时是索引项排在最前面的索引对应的记录。

- GO BOTTOM，使记录指针指向表尾，当不使用索引时是记录号最大的那条记录，使用索引时是索引项排在最后面的索引项对应的记录。

当前记录的位置可以在屏幕底端的状态栏看到，也可以通过函数 RECNO()返回。

【例 2-11】利用 GO 命令进行指针定位。

以 cj.dbf 为例，我们依次在命令窗口中键入一些定位命令，如图 2-17 中命令窗口所示，所得屏幕显示结果如图 2-21 所示。

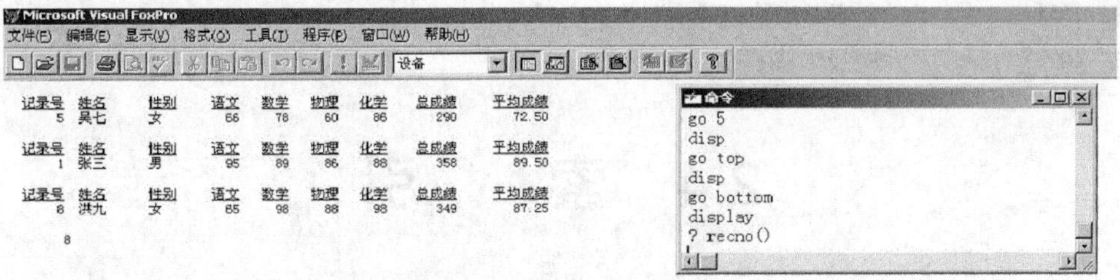

图 2-21　利用 GO 命令进行记录指针定位

当最后一条命令执行后，可以看到在屏幕底端的状态栏，当前记录号为 8。

（2）SKIP 命令

确定了当前记录位置之后，可以用 SKIP 命令向前或向后移动若干条记录位置。

格式：

```
SKIP [<表达式>]
```

说明：

其中表达式可以是正或负的整数，默认是 1。如果是正数则向后移动，如果是负数则向前移动，若为 0，则指针不移动。SKIP 是按逻辑顺序定位的，即如果使用索引，是按索引项的顺序定位。有关索引的操作，将在 2.4 节详细讲解。

【例 2-12】利用 SKIP 命令进行指针定位。

```
USE cj
? RECNO()      && 显示当前记录号为 1
SKIP 5
? RECNO()      && 显示当前记录号为 6
SKIP -3
? RECNO()      && 显示当前记录号为 3
SKIP 0
? RECNO()      && 显示当前记录号为 3
SKIP
? RECNO()      && 显示当前记录号为 4
```

（3）用 LOCATE 命令定位

LOCATE 是按条件定位记录位置的命令。

格式：

```
LOCATE FOR <条件表达式>
```

功能：将记录指针定位在满足条件的第一条记录上，如果没有满足条件的记录则指针指向文件结束位置。

如果要使指针指向下一条满足 LOCATE 条件的记录，使用 CONTINUE 命令，如果没有记录再满足条件，则指针指向文件结束位置。

为了判别 LOCATE 或 CONTINUE 命令是否找到了满足条件的记录，可以使用函数 FOUND()，如果有满足条件的记录该函数返回真，否则返回假。

【例 2-13】利用 LOCATE 命令进行指针定位。

```
USE cj
LOCATE FOR 总成绩>300
? RECNO()          && 显示当前记录号为 1
CONTINUE
? RECNO()          && 显示当前记录号为 2
? FOUND()          && 显示结果为 .T.
```

2.4 索　　引

上一节介绍的显示、查询，以及排序数据是数据库操作的重要内容之一，而索引是快速显示、快速查询数据的重要手段。

2.4.1 什么是索引

索引是按照索引表达式的值使表中的记录有序排列的一种技术，在 Visual FoxPro 6.0 系统中该技术是借助于索引文件实现的。

一般情况下，表中记录的顺序是由数据输入的先后顺序决定的，并用记录号予以标识，除非有记录插入或者有记录删除，否则表中的记录顺序总是不变的。当用户有不同需求时，为了加快数据的检索、显示、查询和打印速度，需要对文件中的记录顺序重新组织，而索引技术则是实现这些目的的最为可行的办法。

索引实际上是一种排序，但是它不改变数据表中数据的物理顺序，而是另外建立一个记录号列表。它与通常的图书索引目录相同，图书中的索引目录指明了章、节的页码，而表的索引指明由某一字段值的大小决定记录排列的顺序。如图 2-22 所示。

索引文件sb.cdx

关键字	记录号
4080.00	2
4500.00	3
6500.00	4
10090.00	1
12000.00	7
18810.00	5
40305.00	6

表文件sb. dbf

记录号	编号	名称	价格
1	1-001	复印机	10090. 00
2	1-002	传真机	4080.00
3	1-003	计算机	4500.00
4	2-001	计算机	6500.00
5	2-002	测试仪	18810.00
6	2-003	服务器	40305.00
7	2-004	摄像机	12000.00

图 2-22　索引文件结构图

可以看出，表一旦按索引表达式建立了索引后，就产生了一个相应的索引文件。当表和相关的索引文件被打开，如果对表操作，记录的顺序则按索引表达式值的逻辑顺序显示和响应操作。通常可以为一个表建立多个索引，每一个索引确定了表记录的一种逻辑顺序。

索引技术除可以重新排列数据顺序外，还可以建立同一数据库内数据表间的关联。在 Visual FoxPro 6.0 系统中，同一个数据库中的多个表以同名字段建立索引后，即根据索引表达式的值建立起表间的关联关系。

2.4.2 索引的类型

Visual FoxPro 6.0 系统提供了 4 种不同的索引类型：主索引、候选索引、普通索引和唯一索引。

1. 主索引

主索引(primary index)的索引表达式值是唯一能够标识每个记录处理顺序的值。对 sb.dbf 来说，如按照编号字段建立主索引，则编号字段的值能够唯一标识每个记录。

在有些情况下，表中可能有多个字段值都能够唯一确定记录顺序，但一个表中只能建立一个主索引，如果表中已建立主索引，则它们可以作为建立候选索引的字段值。

主索引的表达式值经常在多个文件之间形成关系，而且还可作为被引用表中的查找值，主索引主要用在比较持久的主表中或者用在建立参照完整性的被引用表中。

2. 候选索引

候选索引(candidate index)像主索引一样，它的索引表达式值是唯一能够标识每个记录处理顺序的值。但是，如果一个表中已有主索引，则只能建立候选索引。一个数据表可以建立多个候选索引，它在特定环境下可以视为主索引。

3. 普通索引

普通索引(regular index)的索引表达式的值是不唯一的，同样可以用其标识每个记录的处理顺序。如果多个记录的索引表达式值相同，则可以重复存储并用独立的指针指向各个记录。

4. 唯一索引

唯一索引（unique index）的索引表达式的值是不唯一的，也可以用其标识每个记录的处理顺序。如果多个记录的索引表达式值相同，则只存储第一个索引表达式值，这样所建立的索引就找不到关键字段值相同的两个记录了。唯一索引与字段值的唯一性无关，即建立了唯一索引的字段，它的字段值是可以重复的。

通常在对表操作时，可根据字段值的唯一性选择确定表中某一字段的索引类型。如果在一个数据库中，有多个表且它们又要建立某种关联关系，一定要把父表中的主关键字段定义成主索引或候选索引类型，而子表中索引类型可为候选索引、普通索引和唯一索引。

用户可以根据数据的具体情况建立相应的索引，如编号字段应建立主索引或候选索引，名称字段可建立普通索引或唯一索引。

2.4.3 创建索引

1. 方法一

用表设计器对已有的表创建索引，操作步骤如下：

（1）打开表，并进入“表设计器”窗口。

（2）在“表设计器”窗口，选择“索引”选项卡，如图 2-23 所示，再根据需求选择以下参数：

- 在“排序”选项中，选择索引方向：升序或降序。
- 在“索引名”选项中，输入索引名。
- 在“类型”选项中，选择索引类型。
- 在“表达式”选项中，输入索引字段名，或者索引表达式。
- 在“筛选”选项中，限制记录的输出范围。

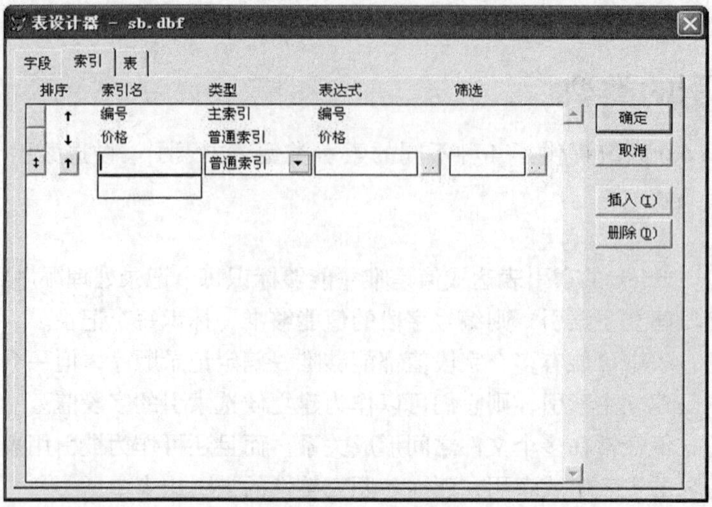

图 2-23　索引选项卡

（3）确认索引的建立。

可以看出，对 sb.dbf 已经建立了两个索引，即：索引名为“编号”的主索引，关键字表达式为“编号”，及索引名为“价格”的普通索引，关键字表达式为“价格”。

2. 方法二

在 Visual FoxPro 6.0 中，一般情况下都可以在表设计器中交互建立索引，特别是主索引和候选索引是在设计数据库时确定好的。但有时需要在程序中临时建立一些普通索引或唯一索引，所以仍然需要了解一下索引命令，并且通过索引命令还可以进一步帮助读者理解 Visual FoxPro 6.0 的索引和索引文件。

格式：

```
INDEX ON <关键字表达式> TO <独立索引文件名>|TAG <索引标识名>
      [OF <非结构复合索引文件名>] [COMPACT]
      [ASCENDING | DESCENDING] [UNIQUE | CANDIDATE]
```

功能：建立一个独立索引文件或复合索引文件标识。

说明：

（1）Visual FoxPro 6.0 支持 3 种类型的索引文件，即结构复合索引、非结构复合索引、独立索引文件。复合索引文件以 .cdx 为扩展名，可以在同一索引文件中包含多个排序方案或索引关键字；独立索引文件基于单关键字表达式，保存在.idx 文件中，即一个.idx 文件只能有一个关键字表达式。它们之间的区别如表 2-3 所示。

表 2-3　Visual FoxPro 6.0 索引类型

索引类型	描　述	关键字数目	限　制
结构.cdx	使用和表文件名相同的基本名，随表的打开自动打开	多关键字表达式，称为标识	有效表达式限制在 240 个字符之内
非结构.cdx	必须明确地打开，使用和表名不同的基本名	多关键字表达式，称为标识	有效表达式限制在 240 个字符之内
独立.idx	必须明确地打开，.idx 文件的基本名由用户定义	单关键字表达式	有效表达式限制在 100 个字符之内

（2）结构复合索引文件在添加、更改或删除记录时自动维护。而非结构复合索引文件和独立索引文件若在进行此类操作时没打开，均需事后重建索引。

（3）关键字表达式：即索引表达式，它可以是只有一个字段名的简单表达式，也可以是包含多个字段名的复杂表达式。若含有多个字段名，系统根据表达式中字段的先后顺序进行排序，如：编号+DTOC(启用日期)，即先按编号排序，若编号相同则按启用日期排序。另外，在构造关键字表达式时，还应注意连接在一个表达式中的各字段应转化成同一类型。

（4）TO <独立索引文件名>：建立一个独立.idx，保留此项是为了与以前版本兼容，现在一般情况下只是在建立一些临时索引时才使用。

【例 2-14】对 sb.dbf 按照价格建立独立索引。

```
INDEX ON 价格 TO jg   && 建立 jg.idx
```

（5）TAG <索引标识名> [OF <结构索引文件名>]：省略 OF 选项，建立结构复合索引，其文件名与相关的表同名，并具有.cdx 扩展名，在表设计器中建立的索引默认添加到结构复合索引中；若选用 OF 短语，则建立非结构复合索引。

【例 2-15】对 sb.dbf 建立索引。

```
USE sb
INDEX ON 启用日期 TAG qyrq   && 若第一次对 sb.dbf 建立索引,则自动生成结构复合索引文件 sb.cdx 后把 qyrq 索引添加到其中,否则直接把 qyrq 索引添加到 sb.cdx 中
INDEX ON 名称 TAG mc OF mc   && 建立非结构复合索引文件 mc.cdx,其中有一个索引标识 mc
```

（6）COMPACT：仅当建立.idx 索引文件时有效，说明建立一个压缩的.idx 文件，而复合索引均为压缩的。

（7）ASCENDING|DESCENDING：说明建立升序或降序索引，默认升序。

（8）UNIQUE|CANDIDATE：UNIQUE 说明建立唯一索引，CANDIDATE 说明建立候选索引。

从以上命令格式可以看出，使用命令可以建立普通索引、唯一索引(UNIQUE)或候选索引(CANDIDATE)，但没有主索引，主索引可以在表设计器中或使用 SQL 语言建立。

2.4.4 使用索引

1. 打开索引文件

与表名相同的结构复合索引文件在打开表时都能够自动打开，但是对于非结构复合索引文件必须在使用之前单独打开。

格式：

```
SET INDEX TO <索引文件名列表>
```

功能：打开索引文件。

说明：

（1）其中<索引文件名列表>是用逗号分隔的索引文件列表，可以包含. idx 索引和. cdx 索引。

（2）在打开的索引文件中，排在最前面的索引文件叫主控索引文件，表文件只按主控索引文件的顺序显示各记录。若打开时选定的主控索引文件为单独索引，则按此单独索引的顺序显示记录；若为复合索引文件，则记录显示与存取的次序仍按各记录实际存放的顺序，只有用 ORDER 指定当前索引后，才按当前索引的次序显示与存取记录。对数据表文件进行增、删、改操作时，系统会自动修改所有打开的索引文件。

2. 设置当前索引

尽管结构索引在打开表时都能够自动打开，或者打开了非结构复合索引文件作为主控索引，但在使用某个特定索引项进行查询或需要记录按某个特定索引项的顺序显示时，则必须用 SET ORDER TO 命令指定当前索引。

格式：

```
SET ORDER TO [<索引序号>|<[TAG]索引名>] [ASCENDING|DESCENDING]
```

功能：指定当前索引。

说明：

（1）索引序号是指建立索引的先后顺序号，并且按照在 SET INDEX TO <索引文件名列表> 命令中的总序号排列，特别不容易记清，建议使用索引名。

（2）不管索引是按升序或降序建立的，在使用时都可以用 ASCENDING 或 DESCENDING 重新指定升序或降序，但并不会修改索引文件中的顺序。

【例 2-16】将结构索引文件中的“价格”设置为当前索引。

```
USE sb
SET ORDER TO 价格
LIST
```

显示结果如图 2-24 所示。

记录号	编号	名称	启用日期	价格	主要设备	部门	备注	商标
2	1-002	传真机	02/15/02	4080.00	.F.	12	memo	memo
3	1-003	计算机	07/21/00	4500.00	.T.	12	memo	memo
4	2-001	计算机	10/12/01	6500.00	.F.	21	Memo	memo
1	1-001	复印机	05/08/01	10090.00	.T.	11	memo	memo
7	2-004	摄像机	05/08/02	12000.00	.F.	23	memo	memo
5	2-002	测试仪	08/12/04	18810.00	.T.	22	memo	memo
6	2-003	服务器	06/01/02	40305.00	.T.	23	memo	memo

图 2-24　按价格索引

【例 2-17】将非结构索引文件中的“名称”索引标识设置为当前索引。

```
CLEAR
USE sb
SET INDEX TO mc.cdx, jg.idx
SET ORDER TO TAG 名称 OF mc.cdx
LIST
```

显示结果如图 2-25 所示。

记录号	编号	名称	启用日期	价格	主要设备	部门	备注	商标
5	2-002	测试仪	08/12/04	18810.00	.T.	22	memo	memo
2	1-002	传真机	02/15/02	4080.00	.F.	12	memo	memo
6	2-003	服务器	06/01/02	40305.00	.T.	23	memo	memo
1	1-001	复印机	05/08/01	10090.00	.T.	11	memo	memo
3	1-003	计算机	07/21/00	4500.00	.T.	12	memo	memo
4	2-001	计算机	10/12/01	6500.00	.F.	21	Memo	memo
7	2-004	摄像机	05/08/02	12000.00	.F.	23	memo	memo

图 2-25　按名称索引

3. 使用索引快速定位

用 SEEK 命令定位。

格式：

```
SEEK <表达式> [ORDER <索引序号> | <独立索引文件名>| [TAG] <索引标识名>
        [OF <非结构索引文件名>] [ASCENDING | DESCENDING]]
```

功能：利用索引快速定位。

说明：

（1）表达式的值是索引项或索引关键字的值。

（2）可以用索引序号、索引文件名或索引标识名指定按哪个索引定位，还可以使用 ASCENDING 或 DESCENDING 说明按升序或降序定位。当表中的记录非常多时，可根据索引关键字的值决定从前面开始找或从后面开始找，以提高查找的速度。

【例 2-18】在 sb.dbf 中查找名称为“复印机”的记录，并查找启用日期为 2001 年 5 月 8 日的设备。

```
CLEAR
USE sb
SET INDEX TO mc.cdx, qyrq.idx
SET ORDER TO mc
SEEK "复印机"
DISP
SET ORDER TO qyrq
SEEK {^2001-05-08}
DISP
```

4. 删除索引

在 Visual FoxPro 6.0 系统中，可通过删除 .cdx 文件中的标识来删除不再使用的索引，或者通过删除.idx 文件本身来删除独立索引。删除无用的索引标识可以提高性能，因为 Visual FoxPro 6.0 不必再去更新无用标识来反映表中数据的变化。

（1）删除结构复合索引文件中的标识

① 可以通过“表设计器”中的“索引”选项卡选择并删除索引。

② 使用命令从 .cdx 结构复合索引文件中删除标识。

格式：

```
DELETE TAG <索引标识名 1> [,<索引标识名 2>,…]
```

或

```
DELETE TAG ALL
```

功能：从指定的结构复合索引文件中删除指定的索引标识。

说明：

- 以上命令均要求复合索引文件处于打开状态。
- 命令 2 在删除指定复合索引文件的全部标识时，该复合索引文件也将自动被删除。

（2）删除非结构复合索引文件中的标识

非结构 .cdx 索引和它的标识在表设计器中不可见。只能使用命令从非结构 .cdx 文件中删除标识。

格式：

```
DELETE TAG <索引标识名 1> OF <非结构复合索引文件名>
        [,<索引标识名 2> OF <非结构复合索引文件名>,…]
```

或

```
DELETE TAG ALL OF <非结构复合索引文件名>
```

功能：删除非结构复合索引文件中的索引标识。

（3）删除独立索引文件

由于独立索引文件只包含单索引关键字表达式，所以可通过从磁盘上删除 .idx 文件来删除索引。

格式：

```
DELETE FILE <文件名>
```

功能：删除指定文件。

【例 2-19】删除索引文件标识。

```
USE sb
SET INDEX TO mc.cdx, qyrq.idx
DELETE TAG 价格
DELETE TAG mc OF mc
DELETE FILE qyrq.idx
```

2.5　数据完整性

在数据库中数据完整性是指保证数据正确的特性，数据完整性一般包括实体完整性、域完整性和参照完整性等。Visual FoxPro 6.0 提供了实现这些完整性的方法和手段。

2.5.1　实体完整性与主关键字

实体完整性是保证表中记录唯一的特性，即在一个表中不允许有重复的记录。在 Visual FoxPro 6.0 中利用主关键字或候选关键字来保证表中的记录唯一，即保证实体完整性。

如果一个字段或几个字段的值能够唯一地标识表中的一条记录，则这样的字段称为候选关键字。在一个表上可能会有几个具有这种特性的字段或字段的组合，这时从中选择一个作为主关键字。

在 Visual FoxPro 6.0 中将以主关键字为关键字表达式的索引称为主索引，将以候选关键字为关键字表达式的索引称作候选索引。由上所述，在 Visual FoxPro 6.0 中主索引和候选索引有相同的作用。

实体完整性就是通过设置主索引或候选索引来实现的。这两类索引只能存放于结构复合索引文件中，它随着表的打开而打开，这时新添加的记录不允许在主关键字或候选关键字上有重复值，从而保证了在表中没有重复的记录。需要说明的是，若在表中没有建立这两类索引，则 Visual FoxPro 6.0 不能保证实体完整性，即可能出现重复记录。

2.5.2　域完整性与约束规则

域完整性也称作用户自定义的完整性。以前所熟知的数据类型的定义属于域完整性的范畴。比如对数值型字段，通过指定不同的宽度说明不同范围的数值数据类型，从而可以限定字段的取值类型和取值范围。但这些对域完整性还远远不够，还可以用一些域约束规则来进一步保证域完整性。域约束规则也称作字段有效性规则，在插入或修改字段值时被激活，主要是对字段约束的设计，用于数据输入正确性的检验。

字段有效性规则可以在表设计器中建立。在表设计器的“字段”选项卡中有一组定义字段有效性规则的项目，其中包括 3 项：规则、信息和默认值。

- 规则：在这里可以设置字段的有效性检查规则。设置的表达式应为逻辑表达式。表达式也可以包含结果为真或假的函数。
- 信息：当有效性规则出现错误时，显示这里提供的提示信息。输入的为字符串表达式。
- 默认值：设置字段的缺省值。“默认值”的类型则以字段的类型确定。

【例 2-20】设置 sb.dbf 的“启用日期”字段的有效性规则为“2000 年之后的日期有效”。错误信息为“启用日期应在 2000 年之后”，没有默认值。

操作步骤如下：

（1）打开 sb.dbf 的表设计器。

（2）单击“规则”文本框右边的按钮，得到表达式生成器，在表达式生成器中书写规则：启用日期 > {^2000-12-31}。

（3）在“信息”文本框中输入：“启用日期应在 2000 年之后”。

（4）单击“确定”按钮退出表设计器。

若再往 sb.dbf 中输入数据时，字段有效性规则自动被激活，如果输入数据不合乎规则，系统不会接收数据，并显示错误提示信息。如图 2-26 所示。

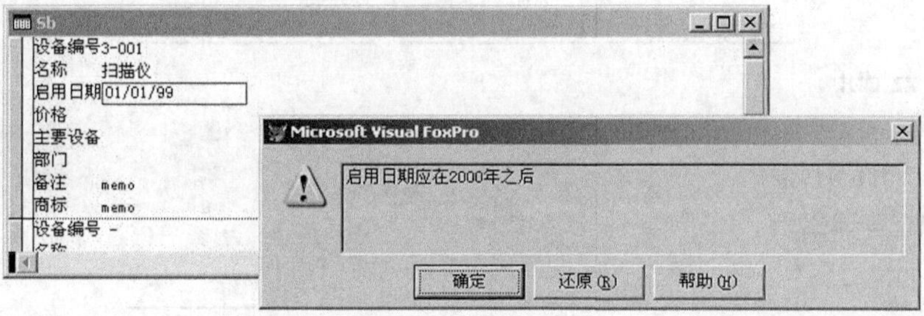

图 2-26　有效性规则

2.5.3　参照完整性与表之间的关联

使用数据库进行事务处理的最大优点是可以使用数据库中表之间的关系进行约束，从而使得操作一体化。参照完整性与表之间的联系有关，它的大概含义是：当插入、删除或修改一个表中的数据时，通过参照引用相互关联的另一个表中的数据，来检查对表的数据操作是否正确。

例如，从课程对照表中删除一门课程，则在成绩表、教师授课表中就能自动删除与该课程相关的记录。同样，要修改课程对照表中的课程信息，则系统应同时修改成绩表和教师授课表中的该课程信息，从而实现联合行动。完成这部分操作的就是参照完整性功能。

参照完整性是关系数据库管理系统的一个很重要的功能。在多个表中为了建立参照完整性，必须首先建立表之间的关联。

1．创建表间关联

创建表间关联的操作分为两步：第 1 步是创建表中相应的索引，即建立各表索引是创建关联表间关系的基础；第 2 步是创建表间关联。

（1）创建索引

创建表间关联是建立在两个表索引机制上的。两表之间建立关联，将表分为主表和子表。如在课程对照表和成绩表中，成绩表中的课程信息随着课程对照表中的课程信息的改变而改变，则课程对照表为主表，成绩表为子表。

主表的索引必须是主索引或候选索引。而从表的索引可以是主索引、候选索引、唯一索引和普通索引。然后通过主表的主索引和子表的索引建立起两个表之间的关系。两个索引的关键字表达式应来自相同的域并且要用相同的表达式。

为了建立表之间的关联，假设在“设备管理”数据库中有如下 4 个表。

部门代码表：bmdm.dbf

结构如下：

代码 C(2),名称 C(10)

按代码建立主索引。

记录如下：

记 录 号	代 码	名 称
1	11	教务处
2	12	学生处
3	21	物理学院
4	22	化学学院
5	23	计算机学院

增值表：zz.dbf

结构如下：

编号 C(5),增值 N(8,2)

按编号建立普通索引。

记录如下：

记 录 号	编 号	增 值
1	2-004	220.00
2	2-004	500.00
3	1-003	1300.00

大修表：dx.dbf

结构如下：

编号 C(5),年月 C(4),费用 N(6,1)

按编号建立普通索引。

记录如下：

记 录 号	编 号	年 月	费 用
1	1-001	0211	92.5
2	1-001	0212	500.0
3	2-001	0206	280.0
4	1-002	0409	80.6
5	1-001	0311	1000.0

设备表：sb.dbf

结构见表 2-3，记录内容见图 2-8，按编号建立主索引，按部门建立普通索引。

建好的“设备管理”数据库如图 2-27 所示，从中可以看出，bmdm.dbf 与 sb.dbf 具有一对多的关系，连接字段为代码和部门，它们名称虽然不同，但来自相同的域；sb.dbf 与 zz.dbf 具有一对多的关系，连接字段为编号；sb.dbf 与 dx.dbf 也具有一对多的关系，连接字段为编号。

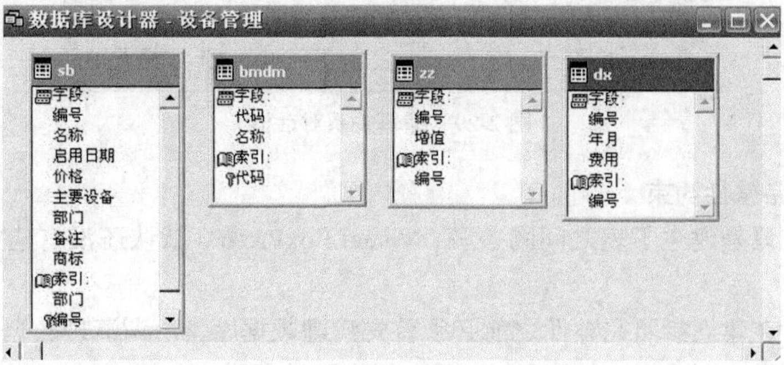

图 2-27　设备管理数据库中的四个表

（2）创建表间关联

创建表间关联的操作是在数据库设计器中进行的，单击主表的索引，然后将鼠标拖曳到子表的索引上，松开鼠标之后，就在主表和子表之间建立一个关联，并用线连接起来。如果子表的索引是主索引或候选索引，则关系是一对一的；对于唯一索引和普通索引，将会是一个一对多的关系。如果是一对多关系，则在主表方面显示的是一，而在子表方面显示的是三叉。

要注意的是，只有在“数据库属性”对话框中的“关系”选项被选中时，才能看到这些表示关系的连线。可以打开“数据库属性”对话框，方法是从“数据库设计器”的右键快捷菜单或数据库菜单中选择“属性”选项。

在图 2-23 所示的数据库设计器中用鼠标左键选中 sb.dbf 中的主索引编号，保持按住鼠标左键，并拖动鼠标到 zz.dbf 的编号索引上，鼠标箭头会变成小矩形状，最后释放鼠标。

用同样的方法可以建立 sb.dbf 和 dx.dbf 的关联及 bmdm.dbf 和 sb.dbf 之间的关联。建立好关联的表如图 2-28 所示。

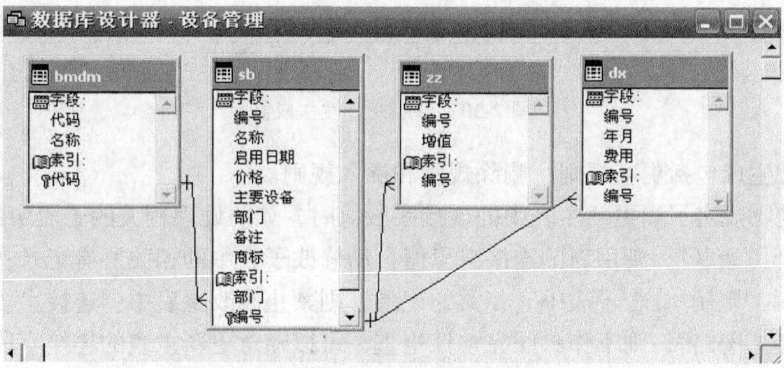

图 2-28　建立好联系的表

如果在建立关联时操作有误，随时可以通过编辑修改关联来改正。方法是用鼠标右键单击要修改的关联，连线变粗，从弹出的快捷菜单中选择“编辑关系”，打开如图 2-29 所示的“编辑关系”对话框。

在图 2-29 所示的“编辑关系”对话框中，通过在下拉列表框中重新选择表或相关表的索引名可以达到修改关联的目的。

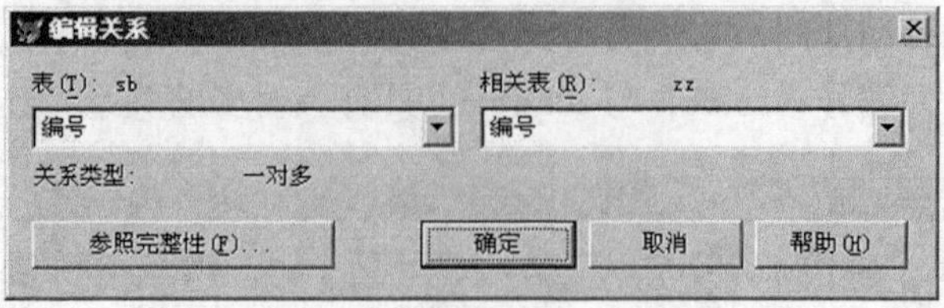

图 2-29 编辑关系对话框

2. 设置参照完整性约束

到目前为止，只是建立了表之间的关联，Visual FoxPro 6.0 默认还没有建立任何参照完整性约束。

要注意的是，在建立参照完整性之前必须首先清理数据库，所谓清理数据库是指物理删除数据库各个表中所有带有删除标记的记录。只要数据库设计器为当前窗口，主菜单栏上就会出现“数据库”菜单，这时可以在“数据库”菜单下选择“清理数据库”，该操作与命令 PACK DATABASE 功能相同。

清理完数据库后，用鼠标右键单击表之间的关联并从快捷菜单中选择“编辑参照完整性”，打开的参照完整性生成器界面如图 2-30 所示。注意，不管单击的是哪个关联，所有关联都将出现在参照完整性生成器中。

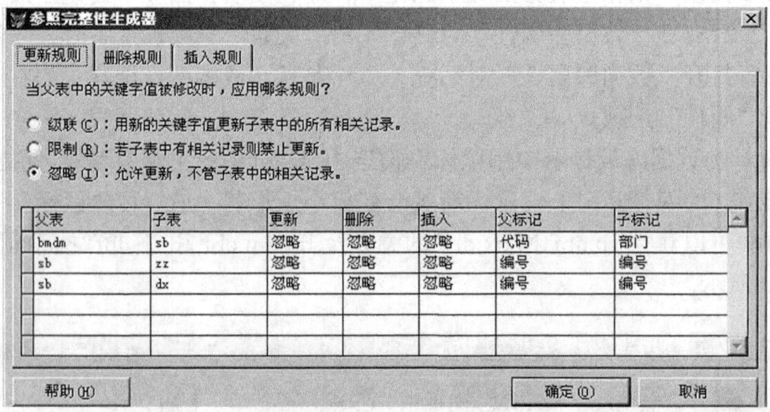

图 2-30 参照完整性生成器

参照完整性生成包括更新规则、删除规则和插入规则。

（1）更新规则规定了当更新主表中的连接字段值时，如何处理相关的子表中的记录：

- 如果选择“级联”，则用新的连接字段值自动修改子表中的相关所有记录；
- 如果选择“限制”，若子表中有相关的记录，则禁止修改主表中的连接字段值；
- 如果选择“忽略”，则不作参照完整性检查，可以随意更新主表的连接字段值。

（2）删除规则规定了当删除主表中的记录时，如何处理子表中相关的记录：

- 如果选择“级联”，则自动删除子表中的相关所有记录；
- 如果选择“限制”，若子表中有相关的记录，则禁止删除主表中的记录；
- 如果选择“忽略”，则不作参照完整性检查，即删除主表的记录时与子表无关。

（3）插入规则规定了当插入子表中的记录时，是否进行参照完整性检查：

- 如果选择“限制”，若主表中没有相匹配的连接字段值则禁止插入子记录；
- 如果选择“忽略”，则不作参照完整性检查，即可以随意插入子记录。

如果实施参照完整性规则，Visual FoxPro 6.0 可以确保：

- 当主表中没有关联记录时，记录不得添加到相关表中；
- 主表的值不能改变，若这个改变将导致相关表中出现孤立记录；
- 若某主表记录在相关表中有匹配记录，则该主表记录不能被删除。

【例 2-21】为“设备管理”数据库的 4 个表设计参照完整性。

操作步骤如下：

① 在设备管理数据库中为 4 个表建好关联，参见图 2-24。

② 执行清理数据库操作。

③ 将它们的更新规则设为“级联”，即当修改 bmdm.dbf 中的“代码”字段时，自动修改 sb.dbf 中与之关联的“部门”字段值，当修改 sb.dbf 中的“编号”字段时，自动修改 zz.dbf 和 dx.dbf 中与之关联的“编号”字段。

④ 将 bmdm.dbf 与 sb.dbf 的删除规则设为“限制”，即当 sb.dbf 中存在相关记录时，禁止删除 bmdm.dbf 中的记录；将 sb.dbf 与 zz.dbf 和 dx.dbf 的删除规则设为“级联”，即当 sb.dbf 中某种设备被删除时，自动删除它在另两个表中的信息。

⑤ bmdm.dbf 与 sb.dbf 的插入规则设为“忽略”，即当要往 sb.dbf 中插入新记录时，因为 sb.dbf 中的部门字段可以为空，而 bmdm.dbf 的代码字段不允许为空，有可能造成关联错误，所以这里的插入规则设为“忽略”；sb.dbf 与 zz.dbf 和 dx.dbf 的插入规则设为“限制”，即当要往 zz.dbf 和 dx.dbf 中插入某种设备信息时，要先检查 sb.dbf 中是否存在此种设备，如果不存在则禁止插入。

设备数据库的建立参照完整性规则如图 2-31 所示。

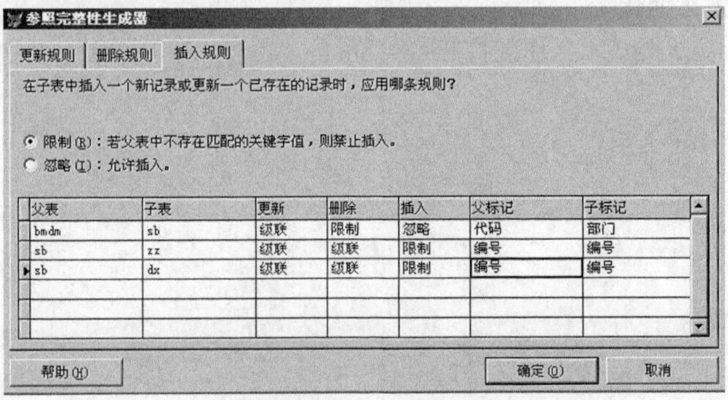

图 2-31 “设备管理”数据库的参照完整性规则

2.6 多个表的同时使用

前面所有的操作都是关于一个数据表的，但在实际工作中，常常需要同时使用几个数据表中的数据，这就要用到多个数据表的操作命令。

2.6.1 选择工作区的命令

在 Visual FoxPro 6.0 中，一个工作区只能打开一个表文件，如果在同一工作区中打开了另一个表，则系统自动关闭前一个已打开的表文件。如果同时使用多个数据表文件，就需要在不同的工作区中分别打开，这就要通过选择工作区的命令来实现。系统默认总是在第 1 个工作区中工作，以前没有指定工作区，实际都是在第 1 个工作区打开表和操作表。

格式：

```
SELECT <工作区号>|<工作区别名>
```

功能：选择工作区。

说明：

（1）<工作区号>是一个大于等于 0 的数字，用于指定工作区号，最小的工作区号是 1，最大的工作区号是 32 767。即同一时刻最多允许打开 32 767 个表。如果这里指定为 0，则选择编号最小的可用工作区，即尚未使用的工作区。

（2）每个表打开后都有两个默认的别名，一个是表名自身，另一个是工作区所对应的别名。在前 10 个工作区中指定的默认别名是工作区字母 A 到 J，另外，还可以在 USE 命令中用 ALIAS 短语指定别名。

（3）用此命令选择工作区时，最后被选择的工作区是当前工作区。在当前工作区中，可以直接对在该工作区中打开的数据表文件进行各种操作。

（4）当前工作区中数据表文件的字段名可直接使用，如果使用其他工作区中的字段名，需要使用下面的格式：

```
<别名>.<字段名> 或 <别名>-><字段名>
```

其中，别名可以用英文字母 A ~ J 表示。

（5）每个工作区打开的数据表文件均有各自的记录指针，对某一区进行与其他区无关的操作时，其他区指针不发生变化。

【例 2-22】在 1、2、3、4 工作区打开 sb、bmdm、dx 和 zz 四个表，并把第 2 工作区设为当前工作区。

```
OPEN DATABASE 设备管理
SELE 1
USE sb
SELE 2
USE bmdm
SELE C
USE dx ALIAS dx1
SELE 0
USE ZZ
SELE bmdm
```

2.6.2 表之间的关联

在 2.5.3 节介绍数据参照完整性时介绍了表之间的关联，它们是基于索引建立的一种“永久联系”，这种联系存储在数据库中，可以在“查询设计器”或“视图设计器”中自动作为默认关联条件保持数据库表之间的联系。永久联系在“数据库设计器”中显示为表索引间的连接线。

虽然永久联系在每次使用表时不需要重新建立，但永久联系不能控制不同工作区中记录指针的联动。所以在开发 Visual FoxPro 6.0 应用程序时，不仅需用永久联系，有时也需要使用能够控制表间记录指针关系的临时联系。可使用 SET RELATION 命令建立。

格式：

```
SET RELATION TO <关键字表达式> INTO <工作区号>|<工作区别名>
```

功能：建立临时联系。

说明：

其中使用<关键字表达式>指定建立临时联系的索引关键字，一般应该是主表的主索引、子表的普通索引。INTO 后面的工作区号或工作区别名说明临时联系是由当前工作区的表到哪个表的。

【例 2-23】设当前工作区是 1 号区，通过“编号”索引建立 sb.dbf 和 zz.dbf 之间的联系。

```
OPEN DATABASE 设备管理
USE sb IN 1 ORDER 编号
USE zz IN 2 ORDER 编号
SET RELATION TO 编号 INTO B
LIST zz.编号,sb.名称,增值
```

这样当 zz.dbf 的记录指针变动时，sb.dbf 的记录指针也随之变动，从而可达到编号和名称的同步变化，即一一对应。

当临时联系不再需要时可以取消，命令 SET RELATION TO 将取消当前表到所有表的临时联系。如果只是取消某个具体的临时联系，应该使用命令：

```
SET RELATION OFF INTO <工作区号>|<工作区别名>
```

2.7 排　　序

记录在数据表文件中是按照物理顺序排列的，该物理顺序即取决于数据记录输入时的顺序，Visual FoxPro 6.0 使用记录号予以标识。除非进行记录的插入或删除，否则已输入记录的记录号是不会改变的。如果希望数据表文件中的数据记录按照某种固定次序（非输入顺序）来显示或处理，如按照价格升序排列、按照启用日期降序排列等，那么就需要采取一些有效的方法对文件中的记录重新组织，使其与希望中的顺序一致。前面介绍的索引自然是一种方法，此外，使用排序也可以实现此目的。

物理排序的命令是 SORT。

格式：

```
SORT  TO <文件名> ON <字段名 1>[/A][/D][/C][,<字段名 2>[/A][/D][/C],…]
        [范围] [FOR <条件表达式>] [WHILE <条件表达式>]
        [FIELDS <字段名列表>] [ASCENDING | DESCENDING]
```

功能：对当前数据表中指定范围内满足条件的记录，按指定字段升序或降序重新排列，并将排序后的记录按 FIELDS 子句指定的字段写入新的表文件中。

说明：

（1）ON 子句中的字段列表不能包括逻辑型字段和备注型字段。若含有多个字段，系统将首先按第一个字段进行排序，当第一个字段值有重复时，按下一个字段值排序，依此类推到最后一个字段。

（2）选项[/A]表示按字段值的升序排列，可以省略不写；[/D]表示按字段值的降序排列；[/C]表示按指定的字符型字段排序时，不区分字母的大小写。[/C]可以和[/A]、[/D]合用，如/AC 或/DC。

（3）如果对所有关键字段均按升序或降序方式排序，可以使用[ASCENDING | DESCENDING]

参数，但[/A][/D][/C]比[ASCENDING | DESCENDING]拥有较高的优先权。

（4）排序后生成的新表文件是关闭的，使用时必须先打开。原来进行排序的源文件仍存在并且处于打开状态，原记录顺序和数据内容没有改变。

本章比较完整地介绍了 Visual FoxPro 6.0 数据库表的概念、建立和使用的方法，它是学习后面内容及进行程序设计的基础。本章关于命令的使用讲述得不尽详细，这将在第 6 章的学习中继续加以讲解。

习 题 二

一、选择题

1. 在 Visual FoxPro 6.0 中，关于自由表叙述正确的是（　　）。

A. 自由表和数据库表是完全相同的　　B. 自由表不能建立字段级规则和约束

C. 自由表不能建立候选索引　　D. 自由表不可以加入到数据库中

2. 在 Visual FoxPro 6.0 中，建立数据库表时，将年龄字段值限制在 12～40 岁的这种约束属于（　　）。

A. 实体完整性约束　　B. 域完整性约束

C. 参照完整性约束　　D. 视图完整性约束

3. 设有表示学生选课的 3 张表，学生 S（学号，姓名，性别，年龄，身份证号），课程 C（课号，课名），选课 SC（学号，课号，成绩），则表 SC 的关键字（键或码）为（　　）。

A. 课号，成绩　　B. 学号，成绩

C. 学号，课号　　D. 学号，姓名，成绩

4. 要为当前表所有性别为“女”的职工增加 100 元工资，应使用命令（　　）。

A. REPLACE ALL 工资 WITH 工资+100

B. REPLACE 工资 WITH 工资+100 FOR 性别=“女”

C. REPLACE ALL 工资 WITH 工资+100

D. REPLACE ALL 工资 WITH 工资+100 FOR 性别=“女”

5. MODIFY STRUCTURE 命令的功能是（　　）。

A. 修改记录值　　B. 修改表结构

C. 修改数据库结构　　D. 修改数据库或表结构

6. 已知表中有字符型字段职称和姓别，要建立一个索引，要求首先按职称排序、职称相同时再按性别排序，正确的命令是（　　）。

A. INDEX ON 职称 + 性别 TO ttt　　B. INDEX ON 性别 + 职称 TO ttt

C. INDEX ON 职称，性别 TO ttt　　D. INDEX ON 性别，职称 TO ttt

7. 命令 SELECT 0 的功能是（　　）。

A. 选择编号最小的未使用工作区　　B. 选择 0 号工作区

C. 关闭当前工作区的表　　D. 选择当前工作区

8. 下面有关数据库表和自由表的叙述中，错误的是（　　）。

A. 数据库表和自由表都可以用表设计器来建立

B. 数据库表和自由表都支持表间联系和参照完整性

C. 自由表可以添加到数据库中成为数据库表

D. 数据库表可以从数据库中移出成为自由表

9. 设有两个数据库表，父表和子表之间是一对多的联系，为控制子表和父表的关联，可以设置“参照完整性规则”，为此要求这两个表（　　）。

A. 在父表连接字段上建立普通索引，在子表连接字段上建立主索引

B. 在父表连接字段上建立主索引，在子表连接字段上建立普通索引

C. 在父表连接字段上不需要建立任何索引，在子表连接字段上建立普通索引

D. 在父表和子表的连接字段上都要建立主索引

10. 在 Visual FoxPro 6.0 中，建立索引的作用之一是（　　）。

A. 节省存储空间　　B. 便于管理

C. 提高查询速度　　D. 提高查询和更新的速度

11. 用命令“INDEX on 姓名 TAG index_name”建立索引，其索引类型是（　　）。

A. 主索引　　B. 候选索引

C. 普通索引　　D. 唯一索引

二、填空题

1. 在 Visual FoxPro 6.0 中数据库文件的扩展名是____________，数据库表文件的扩展名是____________。

2. 数据库表上字段有效性规则是一个____________表达式。

3. 在 Visual FoxPro 中，通过建立数据库表的主索引可以实现数据的____________完整性。

4. 在 Visual FoxPro 中，所谓自由表就是那些不属于任何____________的表。

5. 在 Visual FoxPro 中，当删除父表中的记录时，若子表中的所有相关记录也能自动删除，则相应的参照完整性的删除规则为____________。

三、操作题

1. 建立学生数据库 xs.dbc。包含一个学生档案表 xsda.dbf，一个学生奖惩表 xsjc.dbf。

学生档案表结构为：学号 C(8)，姓名 C(6)，性别 L(2)，出生日期 D(8)，入学成绩 N(6, 2)，照片 G(4)。

学生奖惩表结构为：学号 C(8)，年月 D(8)，奖惩 L(1)，原因 M(4)。

（1）将自由表 xsda.dbf 和 xsjc.dbf 添加到 xs.dbc 数据库中；

（2）为 xs 表的性别字段设置默认值 “男”；

（3）为 xs 表的性别字段定义有效性规则，规则表达式为：性别 $ "男女"，出错提示信息为“性别必须是男或女”；

（4）为 xs 表建立一个主索引，索引名为 xh1，索引表达式为“学号”，升序索引；

（5）为 xsjc 表建立一个普通索引，索引名为 xh2，索引表达式为“学号”，升序索引。

2. 打开表 xsda.dbf 完成以下操作。

（1）增加 10 个新记录；

（2）浏览全部记录；

（3）逻辑删除入学成绩少于 550 的记录；

（4）恢复逻辑删除记录中男同学的记录；

（5）物理删除第 10 个记录。

3. 打开表 xsjc.dbf 完成以下操作。

（1）增加 10 个新记录；

（2）浏览全部记录；

（3）按“学号+年月+奖惩”建立主索引。

4. 完成以下操作。

（1）建立 xsda.dbf 和 xsjc.dbf 的一对多关联；

（2）取消上面建立的关联；

（3）通过学号在 xsda.dbf 和 xsjc.dbf 之间建立一个一对多的永久联系；

（4）对 xsda.dbf 和 xsjc.dbf 设置参照完整性规则，定义删除规则为“级联”，更新规则和插入规则为“限制”。

第3章 关系数据库标准语言 SQL

SQL(Structured Query Language)是结构化查询语言的缩写，是关系数据库系统为用户提供的对关系模式进行定义、对关系实例进行操纵的一种语言。目前，SQL 已经成为一种工业标准化的数据库查询语言，正是由于 SQL 语言的标准化，所以大多数关系型数据库系统都支持 SQL 语言，它已经发展成为多种平台进行交互操作的底层会话语言。

3.1 SQL 概述

3.1.1 SQL 的发展历程

20 世纪 70 年代初，IBM 公司 San Jose 实验室的研究员埃德加·科德在 ACM 通信杂志上发表论文《大型共享数据库的关系模型》，首次提出了关系数据模型的概念，为关系数据库技术的应用和发展奠定了理论基础。在此基础上，很多公司开始了对关系数据库的研究。20 世纪 70 年代，IBM 公司开发了最早的SQL语言,从此SQL语言得到了广泛的应用。如今无论是像 Oracle、Sybase、DB2、Informix、SQL Server 这些大型的数据库管理系统，还是像 Visual FoxPro、PowerBuilder 这些 PC 上常用的数据库开发系统，都支持 SQL 语言作为查询语言。

为避免 SQL 语言的不兼容问题，美国国家标准局(ANSI)与国际标准化组织（ISO）已经制定了 SQL 标准。ANSI 是一个美国工业和商业集团组织，负责开发美国的商务和通信标准，(发布与国际标准组织相应的美国标准。) ANSI 同时也是 ISO 和 IEC (International Electrotechnical Commission，国际电工委员会)的成员之一。1992 年，ISO 和 IEC 发布了 SQL 国际标准，称为 SQL-92。ANSI 随之发布的相应标准是 ANSI SQL-92。ANSI SQL-92 有时被称为 ANSI SQL。尽管不同的关系数据库使用的 SQL 版本有一些差异，但大多数都遵循 ANSI SQL 标准。SQL Server 使用 ANSI SQL-92 的扩展集，称为 T-SQL，其遵循 ANSI 制定的 SQL-92 标准。

3.1.2 SQL 语言的特点

SQL 是高级的非过程化编程语言，允许用户在高层数据结构上工作。它不要求用户指定对数据的存放方法，也不需要用户了解具体的数据存放方式，所以即使具有完全不同底层结构的不同数据库系统，也可以使用相同的 SQL 语言作为数据输入与管理的接口。它以记录集合作为操作对象，所有 SQL 语句接受集合作为输入，返回集合作为输出，这种集合特性允许一条 SQL 语句的输出作为另一条 SQL 语句的输入，所以 SQL 语句可以嵌套，这使它具有极大的灵活性和强大的功能。在多数情况下，在其他语言中需要一大段程序实现的功能只需要一条 SQL 语句就可以达到目的，这也意味着用 SQL 语言可以写出非常复杂的语句。

SQL 语言具有如下主要特点：

（1）功能一体化

SQL 语言将数据查询、数据操纵、数据定义和数据控制功能及于一体，可以完成数据录入、修改、删除、查询、维护、数据库重构和数据安全控制等操作。

（2）高度非过程化

对于 SQL 语言来说，用户只要提出做什么，而没有必要告诉计算机如何去做，SQL 语言就可以将要求交给系统，自动完成全部工作。

（3）简单易懂。

SQL 语言只有为数不多的几条命令，表 3-1 给出了几大 SQL 功能分类的命令动词。另外 SQL 的语法也很接近英语，因此容易学习、掌握。

表 3-1　　命令动词

SQL 功能	命 令 动 词
数据查询	SELECT
数据定义	CREATE、DROP、ALTER
数据操纵	INSERT、UPDATE、DELETE
数据控制	GRANT、REVOKE

Visual FoxPro 6.0 支持 SQL 的数据定义、数据查询和数据操纵功能，但在具体实现方面存在一些差异。由于 Visual FoxPro 6.0 自身在安全控制方面的缺陷，所以它没有提供数据控制功能。

3.2 SQL 的数据定义

数据定义语言由 CREATE、DROP、ALTER 命令组成，完成数据库对象的建立(CREATE)、删除(DROP)和修改(ALTER)。例如针对表和视图对象的命令有：

- 建立表命令：CREATE TABLE。
- 建立视图命令：CREATE VIEW。
- 修改表命令：ALTER TABLE。
- 删除表命令：DROP TABLE。
- 删除视图命令：LDROP VIEW。

3.2.1 表的定义

格式：

```
CREATE TABLE | DBF <表名> [FREE](<字段名 1> <字段类型>[(宽度
        [, 小数位数])][NULL | NOT NULL] [CHECK <逻辑表达式>
        [ERROR <字符串表达式>]][DEFAULT <默认值表达式>]
        [PRIMARY KEY | UNIQUE] [, <字段名 2>,…]
        [, PRIMARY KEY <关键字表达式 1> TAG <索引标识 1>
        |UNIQUE <关键字表达式 2> TAG <索引标识 2>])
```

功能：建立一个表。

说明：

（1）建立表时若有数据库打开，则表默认加到该数据库中，成为数据库表，可以通过选择 FREE 选项，指定表为自由表。若建立表时没有数据库打开，则表默认为自由表。

（2）可以建立多个字段，分别为字段名 1，字段名 2，……。

（3）每个字段应说明字段名、字段类型等信息。字段类型可参见第 2 章中表 2-2，不过这里的字段类型应用字母表示。若不是固定宽度的字段类型，还应指定字段宽度或小数位数。

（4）NULL | NOT NULL：指明字段是否可以取空值。

（5）CHECK <逻辑表达式> [ERROR <字符串表达式>]：指明字段的约束条件，字符串表达式为出错时显示的信息。

（6）DEFAULT <默认值表达式>：指明此字段的默认值。

（7）PRIMARY KEY | UNIQUE：定义此字段为主关键字或候选关键字。

（8）PRIMARY KEY <关键字表达式 1> TAG <索引标识 1>| UNIQUE <关键字表达式 2> [TAG <索引标识 2>]：单独指定某个字段或字段组合为主关键字或候选关键字。若前边已经在某个字段的定义中指定其为主关键字，选择此项将显示出错信息。

【例 3-1】建立 sc.dbf。

```
OPEN DATABASE 设备管理
CREAT DBF sc(sno C(2)NOT NULL,cno C(2)NOT NULL,g N(3)NULL,;
PRIMARY KEY sno+cno TAG sc) && 此时 sc.dbf 建立在设备管理数据库中
CREAT DBF sc FREE(sno C(2)NOT NULL,cno C(2)NOT NULL,g N(3)NULL,;
PRIMARY KEY sno+cno TAG sc)  && 此时 sc.dbf 为自由表
```

- 例 3-1 中的“;”用以连接命令窗口中的两行命令，表明上下两行为一条命令。
- sc.dbf 中建立了三个字段：sno，字符型，宽度为 2，不允许有空值；cno，字符型，宽度为 2，不允许有空值；g，数值型，宽度为 3，没有小数，允许为空值。以 sno+cno 为关键字表达式建立主索引。

3.2.2　表的删除

格式：

```
DROP TABLE <数据库表名>|<自由表名> [RECYCLE]
```

功能：

从数据库中移去数据库表，并在磁盘上删除，或删除磁盘上的自由表。

说明：

（1）RECYCLE：表示对表删除时并不直接作物理删除，而是将其送往回收站。

（2）若删除的是数据库表，则此时对应的数据库应为打开状态。

【例 3-2】删除 sc.dbf。

```
OPEN DATABASE 设备管理
DROP TABLE sc
```

3.2.3　表结构的修改

格式一：

```
ALTER TABLE <表名 1> ADD | ALTER [COLUMN] <字段名 1> <字段类型>
```

```
        [(<字段宽度> [, <小数位数>])][NULL | NOT NULL]
        [CHECK <逻辑表达式 1> [ERROR <字符串表达式 1>]]
        [DEFAULT <默认值表达式 1>][PRIMARY KEY | UNIQUE]
```

格式二：

```
ALTER TABLE <表名 2> ALTER [COLUMN] <字段名 2> [NULL | NOT NULL]
        [SET DEFAULT <默认值表达式 2>][SET CHECK <逻辑表达式 2>
        [ERROR <字符串表达式 2>]][DROP DEFAULT][DROP CHECK]
```

格式三：

```
ALTER TABLE <表名 3> [DROP [COLUMN] <字段名 3>] [SET CHECK <逻辑表达式 3>
        [ERROR <字符串表达式 3>]] [DROP CHECK]
        [ADD PRIMARY KEY <关键字表达式 1> TAG <标识名 1>
        [FOR <逻辑表达式 4>]][DROP PRIMARY KEY]
        [ADD UNIQUE <关键字表达式 2> [TAG <标识名 2> [FOR <逻辑表达式 5>]]]
        [DROP UNIQUE TAG <标识名 3]>
        [RENAME COLUMN <字段名 4> TO <字段名 5>]
```

功能：修改表的结构。

说明：

（1）格式一用来在表中添加(ADD)新列或修改(ALTER)已有列。

（2）格式二主要用于定义、修改和删除有效性规则和默认值定义。

（3）格式三可以删除字段(DROP[COLUMN])，可以修改字段名(RENAME COLUMN)，可以定义、修改和删除表一级的有效性规则等。

【例 3-3】修改 sc.dbf、sb.dbf。

```
ALTER TABLE sc ADD aa C(3)NULL                  && 为 sc.dbf 添加字段 aa
ALTER TABLE sc ALTER aa C(10) UNIQUE            && 修改字段 aa 的宽度为 10
ALTER TABLE sb ALTER 价格 SET CHECK 价格>4000 ERROR "价格应大于 4000 元";
                                                && 价格字段设置完整性约束
ALTER TABLE sb ALTER 价格 DROP CHECK            && 删除字段价格的有效性规则
ALTER TABLE sb SET CHECK 主要设备=.F. OR (价格>4000 AND 主要设备=.T.);
ERROR "主要设备的价格应大于 4000 元"             && 设置记录的有效性规则
ALTER TABLE sc DROP aa                          && 删除 sc.dbf 中的 aa 字段
ALTER TABLE sb ADD UNIQUE 名称+STR(价格) TAG mcjg;
                                                && 将 sc.dbf 中的名称和价格定义为候选关键字，索
                                               引名是 mcjg
ALTER TABLE sb DROP UNIQUE TAG mcjg             && 删除索引 mcjg
ALTER TABLE sb RENAME COLUMN 名称 TO 设备名称
```

例 3-3 最后一条命令的功能是：修改字段“名称”为“设备名称”。

3.3 查询功能

SELECT-SQL 语句是指 SQL 语言中的 SELECT 语句，它和 Visual FoxPro 6.0 中的多工作区选择语句 SELECT 完全不同。它是用来从表中访问和提取数据的，是 SQL 的核心。它具有丰富

的功能，使对数据库的查询变得十分灵活方便。使用它不但可以进行单表的简单查询，还可以进行复杂的多表联接查询和嵌套查询。

SELECT 语句可以分解为 3 个部分：查什么数据、由哪儿查数据、查的条件是什么。它的语法格式相当复杂，但具体使用时，几乎没有人在一个语句中将所有的子句全部用完，因此将它们分解讲解会有事半功倍的效果。

本节查询所用的表均来自在第 3 章建立的“设备管理”数据库，即 sb.dbf，bmdm.dbf，zz.dbf，dx.dbf。

SELECT 的基本格式为：

```
SELECT [ALL|DISTINCT] [TOP <数值型表达式> [PERCENT]] <目标列表达式 1>
       [[AS] <别名 1>][,<目标列表达式 2>[[AS] <别名 2>],……]
       FROM <表名 1>[,<表名 2>,……] [WHERE <条件表达式>]
       [GROUP BY <列名 1>[HAVING<条件表达式>]]
       [ORDER BY <列名 2>[ASC|DESC]][[INTO <目标位置>]
       |[ TO FILE <文件名> [ADDITIVE] | TO PRINTER [PROMPT] | TO SCREEN]]
```

3.3.1　单表查询

1. 选择表中若干列

（1）查询指定列

【例 3-4】查询 sb.dbf 中所有设备的编号、名称。

```
SELECT 编号,名称 FROM sb
```

查询结果如图 3-1 所示。

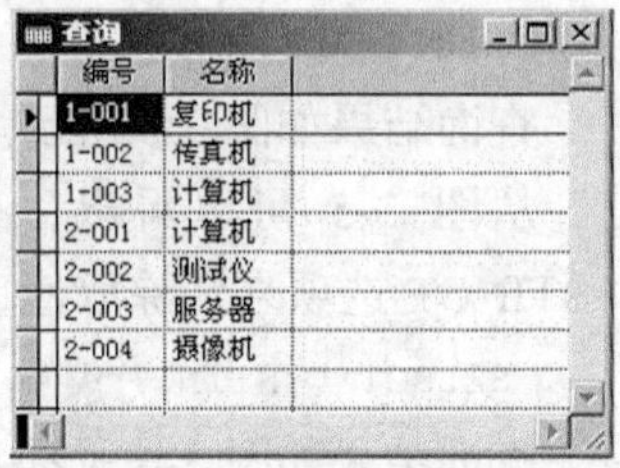

编号	名称
1-001	复印机
1-002	传真机
1-003	计算机
2-001	计算机
2-002	测试仪
2-003	服务器
2-004	摄像机

图 3-1　SELECT 查询的显示窗口

从图 3-1 我们可以看出，SELECT 查询的结果显示在一个单独打开的“查询”窗口中，此时，结果并没有保存，随着窗口的关闭结果也就不存在。

（2）查询全部列

【例 3-5】查询 sb.dbf 中的设备信息。

```
SELECT 编号,名称,启用日期,价格,主要设备,部门,备注,商标 FROM sb
```

等价于

```
SELECT * FROM sb
```

这里“*”指代被查询表中的所有字段。

结果如图 3-2 所示。

编号	名称	启用日期	价格	主要设备	部门	备注	商标
1-001	复印机	05/08/01	10090.00	T	11	memo	gen
1-002	传真机	02/15/02	4080.00	F	12	memo	gen
1-003	计算机	07/21/00	4500.00	T	12	memo	gen
2-001	计算机	10/12/01	6500.00	F	21	memo	gen
2-002	测试仪	08/12/04	18810.00	T	22	memo	gen
2-003	服务器	06/01/02	40305.00	T	23	memo	gen
2-004	摄像机	05/08/02	12000.00	F	23	memo	gen

图 3-2　查询结果

（3）查询经过计算了的值

【例 3-6】查询 sb.dbf 中所有设备的编号、名称、启用年份。

```
SELECT 编号,名称,YEAR(启用日期) FROM sb
```

结果如图 3-3 所示。

在图 3-3 的查询结果中，可以看出第三列因为使用了函数的表达式，所以显示为系统默认的名称，这样非常不直观，这时可以使用别名的方法进行修正。

指定别名的方法：在目标列表达式后面加入别名。

```
SELECT 编号, 名称, YEAR(启用日期) AS 启用年份 FROM sb
```

结果如图 3-4 所示。

编号	名称	Exp_3
1-001	复印机	2001
1-002	传真机	2002
1-003	计算机	2000
2-001	计算机	2001
2-002	测试仪	2004
2-003	服务器	2002
2-004	摄像机	2002

图 3-3

编号	名称	启用年份
1-001	复印机	2001
1-002	传真机	2002
1-003	计算机	2000
2-001	计算机	2001
2-002	测试仪	2004
2-003	服务器	2002
2-004	摄像机	2002

图 3-4

2. 选择表中的若干元组

（1）消除取值重复的行

【例 3-7】查询有大修记录的设备编号。

```
SELECT 编号 FROM dx
```

查询结果如图 3-5 所示。

从图 3-5 可以看出，查询结果中包含了若干不必要的重复值。这种情况可以通过指定 DISTINCT 选项来消除取值重复的行。

```
SELECT DISTINCT 编号 FROM dx
```

查询结果如图 3-6 所示。

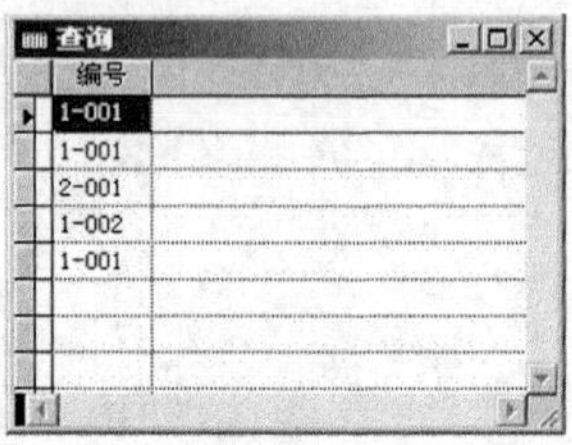

图 3-5

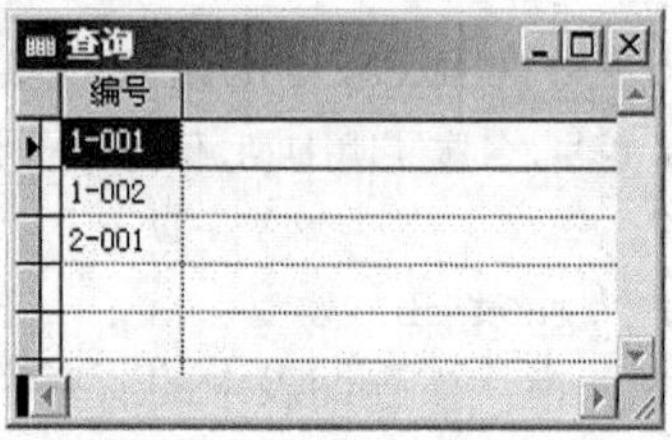

图 3-6

"SELECT 编号"等价于"SELECT ALL 编号"。

（2）查询满足条件的元组

在日常的查询过程中，我们通常不会选择全部记录，而多是有条件地选择其中若干记录，这时，就要用到 WHERE 子句。

子句中的<条件表达式>用来指定查询条件。常用的查询条件见表 3-2。

① 比较大小

【例 3-8】查询价格在 5 000 元以上的设备编号。

```
SELECT 编号,价格 FROM sb WHERE 价格>5000
```

表 3-2　　　　　　　　　　　　查询条件

查 询 条 件	谓　　词
比较	=、>、<、>=、<=、!=、<>、!>、!<
确定范围	BETWEEN AND、NOT BETWEEN AND
确定集合	IN、NOT IN
字符匹配	LIKE、NOT LIKE
空值	IS NULL、IS NOT NULL
复合条件	AND、OR

查询结果如图 3-7 所示。

【例 3-9】查询所有的主要设备。

```
SELECT 编号,名称 FROM sb WHERE 主要设备
```

查询结果如图 3-8 所示。

【例 3-10】查询所有的非主要设备。

```
SELECT 编号,名称 FROM sb WHERE 主要设备!=.T.
```

等价于

```
SELECT 编号,名称 FROM sb WHERE NOT 主要设备
```

查询结果如图 3-9 所示。

编号	价格
1-001	10090.00
2-001	6500.00
2-002	18810.00
2-003	40305.00
2-004	12000.00

图 3-7

编号	名称
1-001	复印机
1-003	计算机
2-002	测试仪
2-003	服务器

图 3-8

编号	名称
1-002	传真机
2-001	计算机
2-004	摄像机

图 3-9

② 确定范围

在 SELECT 语句中，可以用关键字 BETWEEN … AND 实现指定范围的查询。这时构成的范围为闭区间。若所求为不在此区间，可在 BETWEEN 前加 NOT 选项。

【例 3-11】查询启用日期在 2002 年到 2004 年之间的设备。

```
SELECT * FROM sb WHERE 启用日期 BETWEEN {^2002/01/01} AND {^2004/12/31}
```

查询结果如图 3-10 所示。

【例 3-12】查询增值金额小于 200 元或大于 400 元的设备。

```
SELECT * FROM zz WHERE 增值 NOT BETWEEN 200 AND 400
```

查询结果如图 3-11 所示。

编号	名称	启用日期	价格	主要设备	部门	备注	商标
1-002	传真机	02/15/02	4080.00	F	12	memo	gen
2-002	测试仪	08/12/04	18810.00	T	22	memo	gen
2-003	服务器	06/01/02	40305.00	T	23	memo	gen
2-004	摄像机	05/08/02	12000.00	F	23	memo	gen

图 3-10

编号	增值
2-004	500.00
1-003	1300.00

图 3-11

③ 确定集合

通过关键字 IN 可以实现枚举查询，即可以为某字段指定若干值构成一个集合，然后考察各

记录在此字段上的值是否和集合中的某一个值匹配，若找到相同的值则视为符合条件。若要查询的是不在 IN 列出范围内的记录，则可在 IN 之前加上逻辑操作符 NOT。

【例 3-13】查询名称为“复印机”、“计算机”和“测试仪”的设备信息。

```
SELECT 编号,名称,价格 FROM sb WHERE 名称 IN ("复印机","计算机","测试仪")
```

查询结果如图 3-12 所示。

④ 字符匹配

通过关键字 LIKE 可以实现对字符型字段值的模糊查询。

【例 3-14】查询各行政处使用的设备信息。

行政处的特征为：部门代码的第一个字符是“1”。

```
SELECT 编号,名称,部门 FROM sb WHERE 部门 LIKE "1_"
```

查询结果如图 3-13 所示。

这里的 LIKE 是字符串匹配运算符，通配符“%”指代 0 个或多个字符，“_”指代 1 个字符。

编号	名称	价格
1-001	复印机	10090.00
1-003	计算机	4500.00
2-001	计算机	6500.00
2-002	测试仪	18810.00

图 3-12

编号	名称	部门
1-001	复印机	11
1-002	传真机	12
1-003	计算机	12

图 3-13

【例 3-15】查询各行政处的信息。

```
SELECT * FROM bmdm WHERE 名称 LIKE "%处"
```

查询结果如图 3-14 所示。

【例 3-16】查询“学生处”的信息。

```
SELECT * FROM bmdm WHERE 名称 LIKE "学生处"
```

等价于

```
SELECT * FROM bmdm WHERE 名称 = "学生处"
```

查询结果如图 3-15 所示。

代码	名称
11	教务处
12	学生处

图 3-14

代码	名称
12	学生处

图 3-15

⑤ 涉及空值的查询

SQL 支持空值，因此当然也可以利用空值进行查询。

【例 3-17】查询尚未分配部门的设备信息。

```
SELECT * FROM sb WHERE 部门 IS NULL
```

这里查询结果如图 3-16 所示。

因为在 sb.dbf 中部门字段没有为空值的记录，所以查询窗口中返回的是空表的形式。

注意　查询空值时要使用 IS NULL，=NULL 是无效的，因为空值不是一个确定的值，所以不能用“=”这样的运算符进行比较。

图 3-16

⑥ 多重条件查询

当查询条件多于一个时，可以使用“AND”或“OR”指定复合条件。

【例 3-18】查询增值金额小于 200 元或大于 400 元的设备信息。

```
SELECT * FROM zz WHERE 增值<200 OR 增值>400
```

查询结果如图 3-11 所示。

3. 对查询结果排序

通过 ORDER BY 子句可以实现查询结果的排序输出。该子句的格式为：

```
ORDER BY <字段名 1>[ASC|DESC] [,<字段名 2>[ASC|DESC],…]
```

其中，字段名为要排序的项，ASC 表示按升序排列(缺省方式)，DESC 表示按降序排列。

【例 3-19】查询启用日期在 2000 年之后的主要设备，并按价格升序显示输出。

```
SELECT * FROM sb WHERE 启用日期>={^2001/01/01} AND 主要设备 ;
        ORDER BY 价格 ASC
```

查询结果如图 3-17 所示。

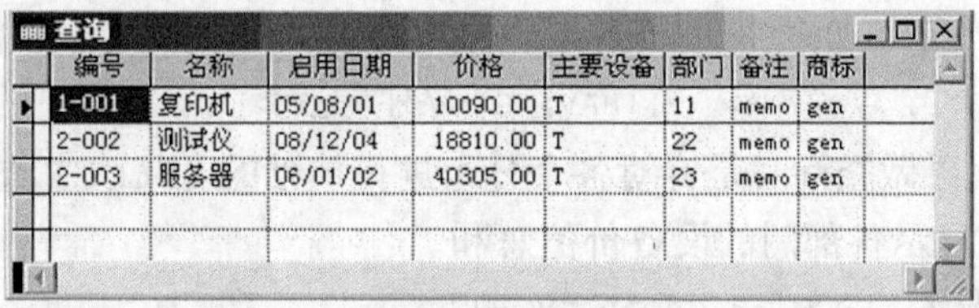

图 3-17

【例 3-20】输出所有设备的信息，并按部门升序排列，相同部门按价格降序排列。

```
SELECT * FROM sb  ORDER BY 部门,价格 DESC
```

查询结果如图 3-18 所示。

4. 使用库函数

在 SELECT 语句中，选项<字段名表达式>还可以使用 SQL 语言所提供的一些库函数，以增强查询功能。最基本的库函数有：

COUNT([DISTINCT|ALL] *)——统计所有的记录个数；

COUNT([DISTINCT|ALL] <列名>)——按某列统计记录个数；

SUM([DISTINCT|ALL] <列名>)——对某列进行求和；

AVG([DISTINCT|ALL] <列名>)——对某列求平均值；

MAX([DISTINCT|ALL] <列名>)——对某列求最大值；

MIN([DISTINCT|ALL] <列名>)——对某列求最小值。

编号	名称	启用日期	价格	主要设备	部门	备注	商标
1-001	复印机	05/08/01	10090.00	T	11	memo	gen
1-003	计算机	07/21/00	4500.00	T	12	memo	gen
1-002	传真机	02/15/02	4080.00	F	12	memo	gen
2-001	计算机	10/12/01	6500.00	F	21	memo	gen
2-002	测试仪	08/12/04	18810.00	T	22	memo	gen
2-003	服务器	06/01/02	40305.00	T	23	memo	gen
2-004	摄像机	05/08/02	12000.00	F	23	memo	gen

图 3-18

- ALL 表示对所有的记录进行操作，选择 DISTINCT 则对此列中具有相同值的记录仅保留一条。

【例 3-21】查询设备总数。

```
SELECT COUNT(*) FROM sb                    && 结果是：7
```

【例 3-22】查询设备种类数。

```
SELECT COUNT(DISTINCT 名称) FROM sb     && 结果是：6
```

- 一般情况下，如果不是要统计所有的记录数，COUNT 函数中通常要选用 DISTINCT。

【例 3-23】查询所有设备的总价值。

```
SELECT SUM(价格) FROM sb                   && 结果是：96 285.00
```

- 这时的 SUM 函数不应该加上 DISTINCT 选项，因为即使有相同价格也在被计算之列。

5. 对查询结果分组

SELECT 语句允许通过 GROUP BY 子句实现分组查询。

格式：

```
GROUP BY <字段名 1>[,<字段名 2>,…][HAVING <条件表达式>]
```

加上分组语句后，再做查询时是针对各个分组进行单独的 SELECT 查询。

【例 3-24】统计并显示各部门的设备价值总和。

```
SELECT 部门,SUM(价格) FROM sb GROUP BY 部门
```

查询结果如图 3-19 所示。

查询时首先按部门进行分组，然后再对各部门的价格进行求和。

【例 3-25】查询各部门的设备价值总和并显示总和在 1 万元以上的部门信息。

```
SELECT 部门,SUM(价格) FROM sb GROUP BY 部门 HAVING SUM(价格)>10000
```

查询结果如图 3-20 所示。

部门	Sum_价格
11	10090.00
12	8580.00
21	6500.00
22	18810.00
23	52305.00

图 3-19

部门	Sum_价格
11	10090.00
22	18810.00
23	52305.00

图 3-20

HAVING 子句总是跟在 GROUP BY 子句之后，不可以单独使用。HAVING 子句和 WHERE

子句不矛盾，在查询中先用 WHERE 子句限定元组，然后进行分组，最后再用 HAVING 子句限定分组。

6. 显示部分结果

有时我们只需要满足条件的前几个记录即可，这时使用 TOP <数值型表达式>[PERCENT]短语非常有用。其中当不使用 PERCENT 时，<数值型表达式>，取值是 1 ~ 32 767 之间的整数，说明显示前多少个记录；当使用 PERCENT 时，是 0.01 至 99.99 间的实数，说明显示结果中前百分之几的记录。需要注意的是，TOP 短语要与 ORDER BY 短语同时使用才有效。

【例 3-26】查询价格最高的前三种设备的编号、名称及价格。

```
SELECT TOP 3 编号,名称,价格 FROM sb ORDER BY 价格 DESC
```

显示结果如图 3-21 所示。

【例 3-27】显示价格最低的那 30%设备的编号、名称及价格。

```
SELECT TOP 30 PERCENT 编号,名称,价格 FROM sb ORDER BY 价格
```

显示结果如图 3-22 所示。

编号	名称	价格
2-003	服务器	40305.00
2-002	测试仪	18810.00
2-004	摄像机	12000.00

图 3-21

编号	名称	价格
1-002	传真机	4080.00
1-003	计算机	4500.00
2-001	计算机	6500.00

图 3-22

- 指定 PERCENT 选项时，按百分比所求的最后记录取值为此实数的向上取整。如：在例 3-27 中，30%的结果为 2.1 条记录，这时显示 3 条记录；60%为 4.2 条记录，这时显示 5 条记录。

7. 查询结果的输出位置

（1）使用[INTO <目标位置>]选项

这时的目标位置可以有 3 种选择：数组、临时文件、永久表。

① 将查询结果存放到数组中

可以使用 INTO ARRAY <数组名>短语将查询结果存放到数组中，<数组名>可以是任意的数组变量名。一般将存放查询结果的数组作为二维数组来使用，每行一条记录，每列对应于查询结果的一列。查询结果存放在数组中，可非常方便地用于程序。

【例 3-28】将 sb.dbf 的设备信息存放于数组 sbtmp 中。

```
SELECT * FROM sb INTO ARRAY sbtmp
```

sbtmp(1，1)存放的是第一条记录的编号字段值，sbtmp(1，3)存放的是第一条记录的启用日期字段值，sbtmp(1，7)存放的是空字符串，备注型字段和通用型字段的值被舍弃掉。

② 将查询结果存放在临时文件中

使用短语 INTO CURSOR <临时文件名>可以将查询结果存放到临时表文件中，该短语产生的临时文件是一个只读的.dbf 文件，当查询结束后该临时文件是当前文件，可以像一般的.dbf 文件一样使用，但仅是只读。当关闭文件时该文件将自动删除。

【例 3-29】将 sb.dbf 的设备信息存放于临时文件 sbtmp 中。

```
SELECT * FROM sb INTO CURSOR sbtmp
```

一般利用 INTO CURSOR 短语存放一些临时结果，这在程序执行过程更为有利，当用完后这些临时文件会自动删除。

③ 将查询结果存放到永久表中

使用短语 INTO DBF|TABLE <表名>可以将查询结果存放到永久表(DBF 文件)中。

【例 3-30】将 sb.dbf 的设备信息存放于永久表 sbtmp 中。

```
SELECT * FROM sb INTO DBF sbtmp
```

（2）将查询结果存放到文本文件中

使用短语 TO FILE <文本文件名> [ADDITIVE]可以将查询结果存放到文本文件中，其中文本文件的默认扩展名是.txt，如果使用 ADDITIVE，结果将追加在原文件的尾部，否则将覆盖原有文件。

【例 3-31】将 sb.dbf 的设备信息存放于文本文件 sbtmp 中。

```
SELECT * FROM sb TO FILE sbtmp
```

- 如果 TO 短语和 INTO 短语同时使用，则 TO 短语将会被忽略。

（3）将查询结果直接输出到打印机

使用短语 TO PRINTER [PROMPT]可以直接将查询结果输出到打印机，如果使用了 PROMPT 选项，在开始打印之前会打开打印机设置对话框。

（4）将查询结果直接输出到屏幕

使用短语 TO SCREEN 可以直接将查询结果输出到屏幕，这也是系统的默认输出位置。

3.3.2 多表联接查询

实现多表联接查询的常用方法有 3 种。一是用 WHERE 子句；二是通过指定联接类型的方法；三是用嵌套查询的方法。

1. 用 WHERE 子句实现联接查询

WHERE 子句的联接条件选择可用来实现多表的复杂查询。使用 WHERE 子句方法时，无须指明联接类型，而是只要把联接条件直接写入 WHERE 子句即可。

【例 3-32】查询设备的编号、名称及所在部门名称。

```
SELECT 编号, sb.名称,bmdm.名称 FROM sb,bmdm WHERE sb.部门=bmdm.代码
```

查询结果如图 3-23 所示。

- 当 FROM 之后的多个表中含有相同的字段名时，必须用前缀直接指明字段所属的表。如 sb.名称，bmdm.名称。
- 在查询显示窗口中相同的字段名难以区分，这时可以指定别名。

例 3-32 的 SQL 语句可以修改为

```
SELECT 编号,sb.名称 设备名称,bmdm.名称  部门名称 FROM sb,bmdm;
       WHERE sb.部门=bmdm.代码
```

查询结果如图 3-24 所示。

编号	名称_a	名称_b
1-001	复印机	教务处
1-002	传真机	学生处
1-003	计算机	学生处
2-001	计算机	物理学院
2-002	测试仪	化学学院
2-003	服务器	计算机学院
2-004	摄像机	计算机学院

图 3-23

编号	设备名称	部门名称
1-001	复印机	教务处
1-002	传真机	学生处
1-003	计算机	学生处
2-001	计算机	物理学院
2-002	测试仪	化学学院
2-003	服务器	计算机学院
2-004	摄像机	计算机学院

图 3-24

【例 3-33】查询有大修记录的设备的编号、名称、所在部门名称及费用。

```
SELECT sb.编号,sb.名称 AS 设备名称,bmdm.名称 AS 部门名称,费用;
       FROM sb,bmdm,dx WHERE sb.部门=bmdm.代码 AND sb.编号=dx.编号
```

查询结果如图 3-25 所示。

编号	设备名称	部门名称	费用
1-001	复印机	教务处	92.5
1-001	复印机	教务处	1000.0
1-001	复印机	教务处	500.0
1-002	传真机	学生处	80.6
2-001	计算机	物理学院	280.0

图 3-25

2. 通过指定联接类型的方法实现联接查询

SELECT 语句可以实现对 Visual FoxPro 关系型数据库的 4 种联接类型的查询。

- 内部联接(INNER JOIN)：只有两个表的字段都满足联接条件时，才将此记录选入查询结果中。
- 左联接(LEFT OUTER JOIN)：联接条件左边表中的记录都包含在查询结果中，而右边表的记录只有满足联接条件时，才选入查询结果中。若左边表在右边表中找不到能够满足联接条件的记录，则右边表的字段部分返回.NULL.。
- 右联接(RIGHT OUTER JOIN)：与左联接正好相反。
- 完全联接(FULL JOIN)：无论两个表中的记录是否满足联接条件，都将全部记录选入查询结果中。若找不到对应满足条件的字段值，则在各自的字段位置返回.NULL.。

【例 3-34】查询设备的增值情况。

内部联接：

```
SELECT sb.编号,名称 AS 设备名称,增值 FROM sb INNER JOIN zz ON;
       sb.编号=zz.编号
```

查询结果如图 3-26 所示。

右联接：

```
SELECT sb.编号,sb.名称 AS 设备名称,增值 FROM sb RIGHT OUTER JOIN zz ON ;
       sb.编号=zz.编号
```

查询结果如图 3-27 所示。

编号	设备名称	增值
1-003	计算机	1300.00
2-004	摄像机	500.00
2-004	摄像机	220.00

图 3-26

编号	设备名称	增值
2-004	摄像机	220.00
2-004	摄像机	500.00
1-003	计算机	1300.00

图 3-27

左联接：

```
SELECT sb.编号,sb.名称 AS 设备名称,增值 FROM sb LEFT OUTER JOIN zz ON;
       sb.编号=zz.编号
```

查询结果如图 3-28 所示。

完全联接：

```
SELECT sb.编号,sb.名称 AS 设备名称,增值 FROM sb FULL JOIN zz ON ;
```

```
sb.编号=zz.编号
```

查询结果如图 3-29 所示。

编号	设备名称	增值
1-001	复印机	.NULL.
1-002	传真机	.NULL.
1-003	计算机	1300.00
2-001	计算机	.NULL.
2-002	测试仪	.NULL.
2-003	服务器	.NULL.
2-004	摄像机	220.00
2-004	摄像机	500.00

图 3-28

编号	设备名称	增值
2-004	摄像机	220.00
2-004	摄像机	500.00
1-003	计算机	1300.00
1-001	复印机	.NULL.
1-002	传真机	.NULL.
2-001	计算机	.NULL.
2-002	测试仪	.NULL.
2-003	服务器	.NULL.

图 3-29

注：左、右联接中的 OUTER 可以省略。

【例 3-35】查询设备的大修情况。

```
SELECT sb.编号,sb.名称,sb.价格,sb.主要设备,bmdm.名称,dx.年月,dx.费用;
     FROM 设备!bmdm INNER JOIN 设备!sb LEFT OUTER JOIN 设备!dx;
     ON sb.编号 = dx.编号 ON bmdm.代码 = sb.部门 order by sb.编号
```

查询结果如图 3-30 所示。

可以看出此题中的命令参数是较为完整的，在字段名和表名前都加了标识，表名的标识方法为：<数据库名>!<表名>。但这种标识在只用字段名和表名本身时，若不至于引起混淆，都可以省略。

编号	名称_a	价格	主要设备	名称_b	年月	费用
1-001	复印机	10090.00	T	教务处	0211	92.5
1-001	复印机	10090.00	T	教务处	0212	500.0
1-001	复印机	10090.00	T	教务处	0311	1000.0
1-002	传真机	4080.00	F	学生处	0409	80.6
1-003	计算机	4500.00	T	学生处	.NULL.	.NULL.
2-001	计算机	6500.00	F	物理学院	0206	280.0
2-002	测试仪	18810.00	T	化学学院	.NULL.	.NULL.
2-003	服务器	40305.00	T	计算机学院	.NULL.	.NULL.
2-004	摄像机	12000.00	F	计算机学院	.NULL.	.NULL.

图 3-30

3. 使用嵌套查询实现联接查询

在 SQL 语言中，SELECT、FROM、WHERE 语句共同组成一个查询块。嵌套查询就是将第 2 个查询块放在第 1 个查询块的 WHERE 条件中，形成外层（第 1 个）查询包含内层（第 2 个）查询的查询。其中，外层查询也称为主查询、父查询，内层查询也称为下层查询、子查询。若子查询的执行不需要主查询提供值，我们称这种查询为不相关子查询。系统对不相关子查询的处理过程是先做子查询，在子查询的基础上再做主查询。

在子查询中还可以再包含更多层的查询，从而形成多层嵌套查询。但在 Visual FoxPro 6.0 中不支持此项功能。

【例 3-36】查询没有大修记录的设备情况。

```
SELECT * FROM sb WHERE 编号 NOT IN (SELECT 编号 FROM dx)
```

查询结果如图 3-31 所示。

编号	名称	启用日期	价格	主要设备	部门	备注	商标
1-003	计算机	07/21/00	4500.00	T	12	memo	gen
2-002	测试仪	08/12/04	18810.00	T	22	memo	gen
2-003	服务器	06/01/02	40305.00	T	23	memo	gen
2-004	摄像机	05/08/02	12000.00	F	23	memo	gen

图 3-31

- SELECT 编号 FROM dx 即为子查询。系统执行此条命令时，首先执行内层的子查询，然后把它的查询结果送给主查询。主查询相当于执行：

```
SELECT * FROM sb WHERE 编号 NOT IN ("1-001", "1-002", "2-001")
```

还有一类嵌套子查询，当子查询执行时，必须要由主查询提供值，我们称这类子查询为相关子查询。

【例 3-37】查询没有大修记录的设备情况。

```
SELECT * FROM sb WHERE NOT EXISTS (SELECT * FROM dx WHERE sb.编号=dx.编号)
```

查询结果如图 3-31 所示。

- 这种查询方法中，子查询用到了主查询的值，是一种相关子查询。
- EXISTS 是谓词，EXISTS 或 NOT EXISTS 用来检查在子查询中是否有结果返回，若有，则 WHERE EXISTS 判断为真，若没有，则 WHERE NOT EXISTS 判断为真。这时并没用到子查询的具体信息，所以子查询中通常用“*”来指代字段名表列。
- 这时系统首先执行主查询，对每一条记录的条件判断中，都要检查一下此条记录的编号在 dx.dbf 中是否存在，如不存在，则是满足条件的，予以显示，否则不显示。

【例 3-38】查询其价格大于部门号为“12”的所有设备的价格的设备情况。

```
SELECT * FROM sb WHERE 价格>ALL (SELECT 价格 FROM sb WHERE 部门="12")
```

查询结果如图 3-32 所示。

- ALL 是量词，它要求参加比较的字段对子查询中的所有结果都满足比较条件，此时结果才为真。例如，在此例题中，某条记录的价格字段值大于子查询中所有的价格时，视为满足条件，予以显示。
- 相似的量词还有 SOME 和 ANY，其中 SOME 和 ANY 的作用是一样的。只要参加比较的字段对子查询中的某一个结果满足比较条件，结果就为真。

编号	名称	启用日期	价格	主要设备	部门	备注	商标
1-001	复印机	05/08/01	10090.00	T	11	memo	gen
2-001	计算机	10/12/01	6500.00	F	21	memo	gen
2-002	测试仪	08/12/04	18810.00	T	22	memo	gen
2-003	服务器	06/01/02	40305.00	T	23	memo	gen
2-004	摄像机	05/08/02	12000.00	F	23	memo	gen

图 3-32

【例 3-39】查询其价格小于部门“23”中某一设备的价格的设备情况。

```
SELECT * FROM sb WHERE 价格<ANY (SELECT 价格 FROM sb WHERE 部门="23")
```

查询结果如图 3-33 所示。

编号	名称	启用日期	价格	主要设备	部门	备注	商标
1-001	复印机	05/08/01	10090.00	T	11	memo	gen
1-002	传真机	02/15/02	4080.00	F	12	memo	gen
1-003	计算机	07/21/00	4500.00	T	12	memo	gen
2-001	计算机	10/12/01	6500.00	F	21	memo	gen
2-002	测试仪	08/12/04	18810.00	T	22	memo	gen
2-004	摄像机	05/08/02	12000.00	F	23	memo	gen

图 3-33

- 例题 3.39 中，当某一条记录的价格小于部门号为“23”的某一设备价格时，就满足条件。子查询的结果为（40305.00，12000.00）。从查询结果中可以看出，价格为 12000.00 的记录仍然被查询出来，这是因为此条记录的值小于 40305.00，根据 ANY 的语义，小于子查询结果中的其一就可以，所以仍被显示。
- 使用 ANY、SOME 和 ALL 时必须与比较运算符连用。

3.3.3 自联接查询

除了可以对多个表实行联接操作，在 SQL 中，也可以将同一表与其自身进行联接，这种联接就称为自联接。在可以进行这种自联接操作的表上，实际存在着一种特殊的递归关系，即表中的两个字段，它们出自相同的域，但在自然语义中，它们之间又存在着对应关系。

假设有一个课程表（course.dbf），具体内容如表 3-3 所示。

表 3-3　　课程表

课　号	课 程 名	先 行 课 号
01	数据库	04
02	信息系统	01
03	操作系统	05
04	数据结构	06
05	数据处理	
06	C 语言	05

从表 3-3 可以看出，课程表有两个字段出自相同的域，即课号和先行课号。它们之间存在着一对多的关系。

若想查询每门课程的间接先修课号，我们经过分析可知，所用到的表只有一个，即课程表。这时就可以使用自联接的方法。

为了区分自联接中的两个表，可采用给表加别名的方法，格式为：

<表名> <别名>

在 FROM 子句中使用这种格式后，在此条查询语句的其他地方就可以用别名取代表名。

【例 3-40】查询每门课程的间接先修课号。

```
SELECT c1.课号,c1.课程名,c2.先行课号 间接先修课号;
        FROM course c1 LEFT JOIN course c2 ON c1.先行课号=c2.课号
```

查询结果如图 3-34 所示。

课号	课程名	间接先修课号
01	数据库	06
02	信息系统	04
03	操作系统	
04	数据结构	05
05	数据处理	.NULL.
06	c语言	

图 3-34

因为操作系统和 C 语言的先行课号均为 05，即为数据处理课，而数据处理没有先行课，其先行课号字段的值为空串，所以这两门课的间接先修课号的对应内容也为空串。但读者可能已经注意到，在图 3-34 中，数据处理的对应内容却为.NULL.，这是因为根据左联接，没有对应记录时，用.NULL.来代替。

3.3.4 集合的并运算

SQL 支持集合的并(UNION)运算，即可以将两个 SELECT 语句的查询结果通过并运算合并成一个查询结果。为了进行并运算，要求这样的两个查询结果具有相同的字段个数，并且对应字段的值要出自同一个值域，即具有相同的数据类型和取值范围。

【例 3-41】查询部门为“12”和“23”的设备信息。

```
SELECT * FROM sb WHERE 部门="12" UNION SELECT * FROM sb WHERE 部门="23"
```

3.4　操 作 功 能

SQL 的操作功能是指对表中数据的操作功能，主要包括数据的插入、更新和删除三个方面的内容。

1．插入记录

根据插入的数据来源不同，Visual FoxPro 6.0 把插入分为两种格式。

格式一：

```
INSERT INTO <表名>[(<字段名 1>[,<字段名 2>,……])]
        VALUES (<表达式 1>[,<表达式 2>,……])
```

格式二：

```
INSERT INTO <表名> FROM ARRAY <数组名>| FROM MEMVAR
```

功能：表打开或关闭时，在表中增加记录。

说明：

（1）INTO：指出将要添加新记录的表名。

（2）字段名列表：如果省略前面的字段名列表，那么按照表结构中定义的顺序依次指定每个字段的值；添加新记录之后，该记录中所包含的数据就是 VALUE 子句中所包含的数据。

（3）VALUE 子句：指出输入到新记录的指定字段中的数据值，表达式的个数应与前面字段列表的个数相同，且类型也要相同，可以是常量，也可以是有值的变量。

（4）FROM ARRAY <数组名>：表示数据来源为指定的数组，数组中各元素与表中各字段顺序对应，若数组元素与表中对应字段类型不一致，则该字段为空。

（5）FROM MEMVAR：数据来源为同名内存变量。若无同名内存变量，则相应字段为默认值或空。

在例题 3.1 中我们建立了表 sc.dbf，其结构为：sno c(2)，cno c(2)，g n(3)。当建立完之后并没有输入数据，这里我们用 INSERT 插入数据。

【例 3-42】向 sc.dbf 中插入记录（s1，c1，98）。

```
INSERT INTO sc VALUES ("s1","c1",98)
```

【例 3-43】向 sc.dbf 中插入 s4 的选课记录，刚选修 c1，还没有成绩。

```
INSERT INTO sc(sno,cno) VALUES ("s4","c1")
```

- 这条命令必须在 sc 后指定字段名列表，因为 VALUES 中只有两个表达式的值，并不能代表全部字段，要用字段名列表指名字段和表达式的对应关系。
- 采用格式一的 INSERT 命令一次只能插入一条记录，若想插入多条，需使用多条 INSERT 命令。对 sc.dbf 插入所有数据后的表如图 3-35 所示。

【例 3-44】建立表 sb1.dbf。结构如下：编号，名称，价格，其字段类型和宽度及数据内容均同 sb.dbf。

```
CREATE DBF sb1(编号 C(5)PRIMARY KEY,名称 C(6),价格 N(9,2))
```

```
SELECT 编号,名称,价格 FROM sb INTO ARRAY sbtemp
INSERT INTO sb1 FROM ARRAY sbtemp
SELECT * FROM sb1
```

显示结果如图 3-36 所示。

Sno	Cno	G
s1	c1	98
s1	c2	89
s1	c3	87
s2	c1	97
s2	c2	76
s2	c3	67
s3	c1	80
s3	c2	87
s3	c3	85
s4	c1	

图 3-35

编号	名称	价格
1-001	复印机	10090.00
1-002	传真机	4080.00
1-003	计算机	4500.00
2-001	计算机	6500.00
2-002	测试仪	18810.00
2-003	服务器	40305.00
2-004	摄像机	12000.00

图 3-36

2. 更新记录

格式：

```
UPDATE <表名>
       SET <列名 1>=<表达式 1>[,<列名 2>=<表达式 2>,……]
       WHERE <条件表达式>
```

功能：表打开或关闭时，在表中更新记录内容。

说明：

（1）SET 子句：指出将被更新的列及其新值。

（2）WHERE 子句：指定条件。UPDATE 将根据 SET 和 WHERE 子句内容更新满足条件的一些记录的字段值，并且一次可以更新多个字段；如果不使用 WHERE 子句，则更新全部记录。

【例 3-45】把 sb.dbf 中所有的设备价格加上 200 元。

```
UPDATE sb  SET 价格=价格+200
```

【例 3-46】把计算机学院的所有设备价格加上 200 元。

```
UPDATE sb SET 价格=价格+200 WHERE 部门 IN ;
       (SELECT 代码 FROM bmdm WHERE 名称="计算机学院")
```

3. 删除记录

格式：

```
DELETE FROM <表名> [WHERE <条件表达式>]
```

功能：表打开或关闭时，在表中逻辑删除符合条件的记录。

说明：

（1）FROM 子句：指定从哪个表中删除数据。

（2）WHERE 子句：指定被删除的记录所满足的条件，如果不使用 WHERE 子句，则删除该表中的全部记录。

【例 3-47】删除教务处所有设备的大修记录。

```
DELE FROM dx WHERE 编号 IN (SELECT 编号 ;
       FROM sb,bmdm WHERE sb.部门=bmdm.代码 AND bmdm.名称="教务处" )
```

在 Visual FoxPro 6.0 中 SQL DELETE 命令同样是逻辑删除记录，如果要物理删除记录需要继续使用 PACK 命令。

3.5　查　　询

虽然 SQL 能够实现所有的查询要求，但过于专业，用户使用较为困难，且 SELECT 语句不能保存。针对 SQL 的诸多不足，VFP 在其中推出了“查询设计器”，可以用它来搜索那些满足指定条件的记录，也可以根据需要对这些记录排序和分组，并根据查询结果创建报表、表及图形。若要保存创建的查询，可以给它指定一个名称，将查询文件保存为带扩展名为.qpr 扩展名的文件。

“查询设计器”的基础是 SQL-SELECT，只有很好地理解了 SQL-SELECT 才能设计好查询。利用“查询设计器”时，首先选择想从中获取信息的表或视图，指定从这些表或视图中提取记录的条件，然后按照想得到的输出类型定向查询结果的输出位置，诸如浏览、报表、表、标签等。一般设计一个查询总要反复使用，查询以扩展名.qpr 保存在磁盘上，这是一个文本文件，它的主体是 SQL SELECT 语句，另外还有和输出定向有关的语句。

3.5.1　建立查询

建立查询的方法很多：

（1）可以用 CREATE QUERY 命令打开查询设计器来建立查询。

（2）可以选择“文件”菜单下的“新建”，或单击“常用”工具栏上的“新建”按钮，打开“新建”对话框，然后选择“查询”并单击“新建文件”来打开查询设计器，建立查询。

（3）可以在项目管理器的“数据”选项卡下选择“查询”，然后单击“新建”命令按钮打开查询设计器建立查询。

（4）如果读者熟悉 SQL-SELECT，还可以直接编辑.qpr 文件建立查询。

下面介绍使用查询设计器建立查询的方法。它的一般步骤为：

① 启动“查询设计器”添加表或视图。

② 选择将出现在查询结果中的字段。

③ 设置选择条件来查找可给出所需结果的记录。

④ 设置排序或分组选项来组织查询结果。

⑤ 选择查询结果的输出类型：表、报表、浏览等。

⑥ 运行查询。

【例 3-48】查询各部门 2001 年之后启用的主要设备的大修记录。

步骤 1：启动“查询设计器”添加表或视图。

启动“查询设计器”，出现如图 3-37 所示的窗口，为查询添加表或视图。

首先选择数据库，然后选择要添加的表或视图，单击“添加”按钮，则可把一个表或视图加到查询中，若想选择多个，可以重复此操作。如果单击“其他”按钮还可选择自由表。把 sb.dbf、bmdm.dbf 和 dx.dbf 添加到查询中，选择了全部表或视图后，Visual FoxPro 6.0 将显示“查询设计器”窗口。如图 3-38 所示。

图 3-37　为查询选择表

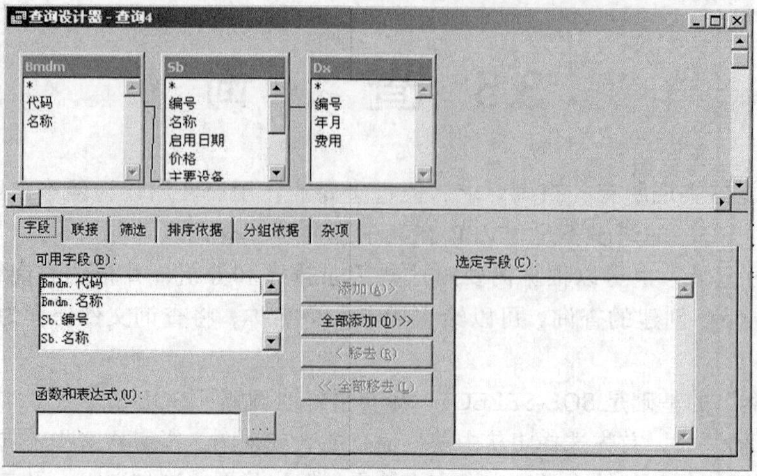

图 3-38　查询设计器窗口

• 当一个查询是基于多个表时，这些表之间必须是有关联的。如果使用的数据库中表或视图间具有永久关系，Visual FoxPro 6.0 就会利用这些已有的关系作为默认的联接。查询设计器会自动根据关联提取联接条件，否则在打开图 3-38 所示的查询设计器之前还会打开一个指定联接条件的对话框，由用户来设计联接条件。仅当字段的大小相等、数据类型相同时才能联接。
• 若联接条件不合适，需要增加或修改联接条件，可以选择“联接”选项卡，如图 3-39 所示，联接不必基于完全匹配的字段，可基于“LIKE”、“= =”、“>”或“<”条件设置不同的联接关系。
• 当涉及多表查询时，注意“联接”选项卡中的联接顺序，它会影响查询的结果。如果顺序不对，虽然这时的查询仍然可以运行，但已经失去了实际意义。读者可以把图 3-39 中的联接顺序改变一下，观察查询结果。

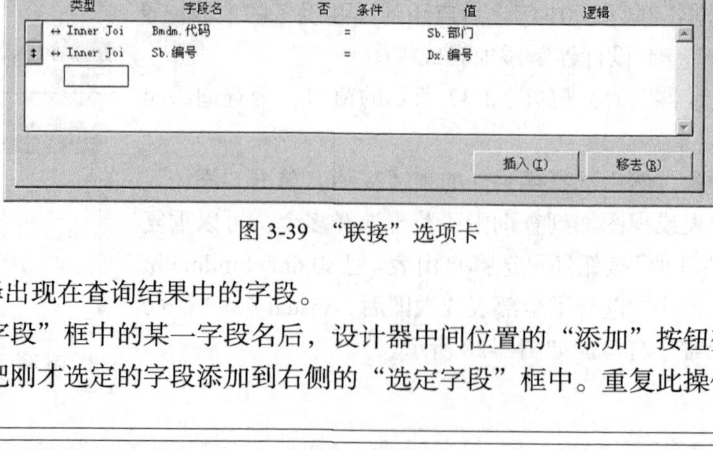

图 3-39　“联接”选项卡

步骤 2：选择出现在查询结果中的字段。

选择“可用字段”框中的某一字段名后，设计器中间位置的“添加”按钮变成可用状态，这时单击它，可以把刚才选定的字段添加到右侧的“选定字段”框中。重复此操作，把需要的字段依次添加到“选定字段”框中。这里我们选择 sb.编号、sb.名称、sb.价格、bmdm.名称、dx.年月、dx.费用，如图 3-40 所示。

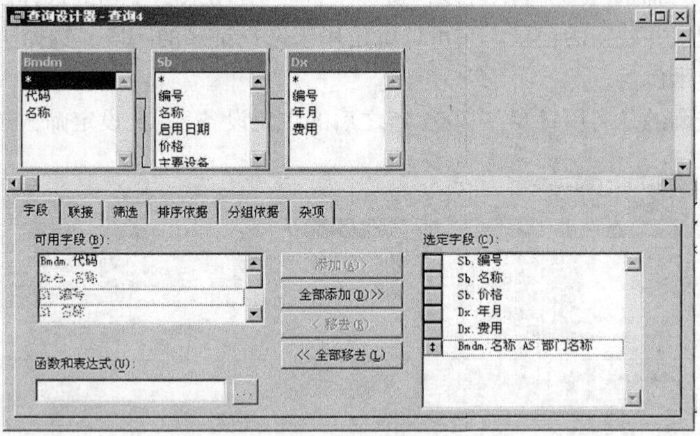

图 3-40　“字段”选项卡

- 如果想用某些字段给查询结果排序或分组，一定要确保在查询输出中包含这些字段。选定这些字段后，可以为它们设置顺序作为输出结果。
- 若要在查询中一次添加所有可用的字段，可以选择“全部添加”，或者将表顶部的 * 号拖到“选定字段”框中。
- 若要给字段添加别名，可以在“函数和表达式”框输入字段名，接着输入“AS”和别名，例如：为 bmdm.名称指定别名，可以单击“函数和表达式”框右端的省略号按钮，弹出表达式生成器，如图 3-41 所示，在其中的表达式栏输入 bmdm.名称 AS 部门名称，确定后选择“添加”，在“选定字段”框中即出现带有别名的字段。
- 选择“选定字段”框中的某个字段，然后单击“移去”或“全部移去”按钮，可以把选择好的字段移回“可用字段”框。
- 可以选择“选定字段”框中左侧按钮上的双向箭头，拖动移动框上下移动，改变字段的输出顺序。

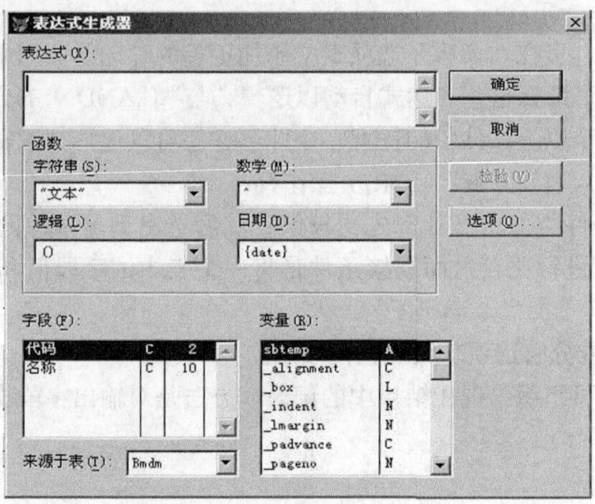

图 3-41　表达式生成器

步骤 3：设置选择条件以给出所需的结果记录。

选取需要查找的记录是决定查询结果的关键。如果对查询结果有某些条件的限制，需要采用“查询设计器”中的“筛选”选项卡，可以构造一个带有 WHERE 子句的选择语句，来通知 Visual FoxPro 6.0 想要搜索并检索的记录。它可以确定用于选择记录的字段、选择比较准则以及输入与该字段进行比较的示例值。

本题中想要查询的是启用日期在 2001 年之后的主要设备，因此设定筛选条件如图 3-42 所示。

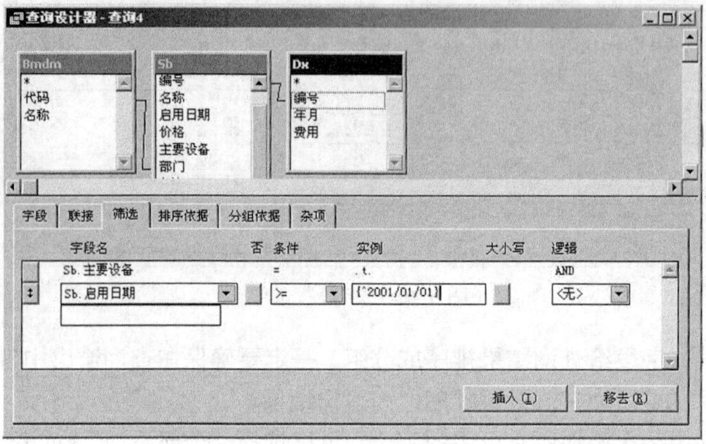

图 3-42 “筛选”选项卡

从“字段名”列表中选取用于选择记录的字段。注意，通用字段和备注字段不能用于过滤器中。从“条件”列表中选择比较的类型。在“实例”文本框中，输入比较条件。

- 仅当字符串与查询的表中字段名相同时，用引号括起字符串。否则，无须将字符串用
- 引号括起来。
- 逻辑值的前后必须使用句点号，如.T.。
- 如果向查询中输入表的字段名，Visual FoxPro 6.0 就将它识别为一个字段。

在搜索字符型数据时，如果想忽略大小写匹配，请选择“大小写”下面的按钮。若想对逻辑操作符的含义取反，请选择“否”下面的按钮。例如，若想查询非主要设备，可使用下面的选择表达式：NOT 主要设备 =.T.。

若要更进一步搜索，可在“筛选”选项卡中添加更多的筛选项。如果在“筛选”选项卡中连续输入选择条件表达式，那么这些表达式自动以逻辑“与”(.AND.)的方式组合起来，如果您想使待查找的记录满足二个以上条件中的任意一个即可，您可以选择“逻辑”下拉框中的“或”选项在这些表达式中间插入逻辑“或”(.OR.)操作符。

联接条件和筛选条件类似，二者都先比较值，然后选出满足条件的记录。不同之处在于筛选是将字段值和筛选值进行比较，而联接条件是将一个表中的字段值和另一个表中的字段值进行比较。

步骤 4：设置排序或分组选项来组织查询结果。

定义查询输出后，可组织出现在结果中的记录，方法是对输出字段排序和分组。也可筛选出现在结果中的记录组。

- 对查询结果排序

排序决定了查询输出结果中记录或行的先后顺序。例如，此题要指定首先按编号升序，编号

相同的按年月降序。先选定“排序依据”选项卡中的“选定字段”框，选取要使用的字段，并单击“添加”按钮把它们移到“排序条件”框中，然后根据查询结果中所需的顺序排列这些字段。操作结果如图 3-43 所示。

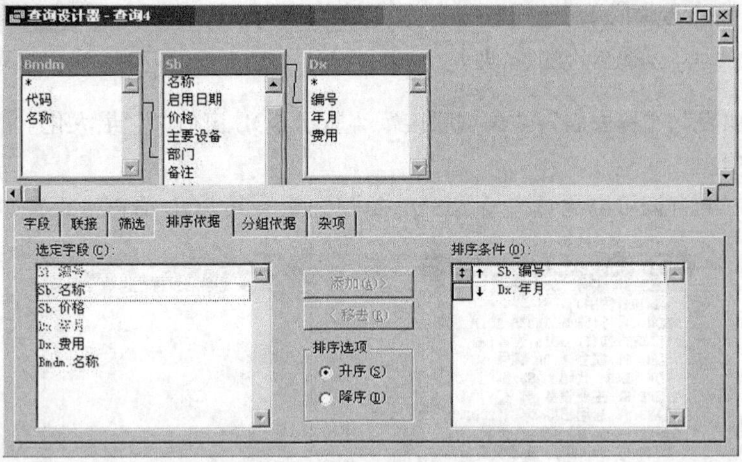

图 3-43　“排序依据”选项卡

查询结果如图 3-44 所示。

编号	名称	价格	年月	费用	部门名称
1-001	复印机	10190.00	0311	1000.0	教务处
1-001	复印机	10190.00	0212	500.0	教务处
1-001	复印机	10190.00	0211	92.5	教务处
2-002	测试仪	18910.00	.NULL.	.NULL.	化学学院
2-003	服务器	40505.00	.NULL.	.NULL.	计算机学院

图 3-44　未分组前的查询结果

- 对查询结果分组

若要控制记录的分组，可使用“查询设计器”中的“分组依据”选项卡。分组在与某些合计函数，诸如 SUM、COUNT、AVG 等联合使用时效果最好。若要用到函数构造的表达式应首先在“字段”选项卡中创建字段。

设置分组选项的步骤如下：

（1）在“字段”选项卡中，在“函数和表达式”框中键入表达式。或者选择弹出“表达式生成器”的对话按钮，在“表达式”框中键入表达式。

（2）选择“添加”按钮，在“选定字段”框中放置表达式。

（3）在“分组依据”选项卡中，加入分组结果依据的表达式。

在“字段”选项卡的“函数和表达式”框中键入 SUM(DX.费用)，单击“添加”按钮，把它添加到“选定字段”框中。并在“分组依据”选项卡中选择 BMDM.名称，把它添加到“分组字段”中。分组后的查询结果如图 3-45 所示。

在“杂项”选项卡中，可以设定记录的输出是否允许重复（对应于 DISTINCT）及要显示在窗口中的记录数（对应于 TOP）。这里我们不再举例。

步骤 5：选择查询结果的输出类型——表、报表、浏览等。

可以把查询结果输出到不同的目的地。如果没有选定输出目的地，查询结果将显示在“浏览”窗口中。

从“查询”菜单中选择“查询去向”，或在“查询设计器”工具栏中选择“查询去向”按钮，此时将显示一个“查询去向”对话框，您可以在其中选择将查询结果送往何处。

当“查询设计器”打开时，系统菜单栏就会显示出“查询”的菜单项，我们在此节介绍的功能在“查询”菜单中都可以找到，利用菜单操作的方法请读者自行实践。“查询设计器”工具栏也是随着“查询设计器”的打开而打开的，如图 3-46 所示。

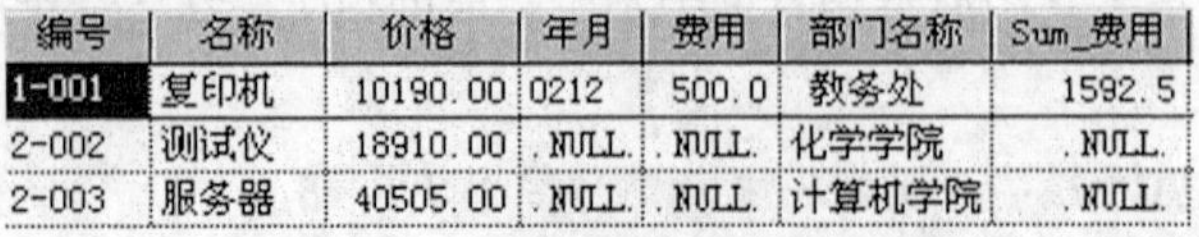

编号	名称	价格	年月	费用	部门名称	Sum_费用
1-001	复印机	10190.00	0212	500.0	教务处	1592.5
2-002	测试仪	18910.00	.NULL.	.NULL.	化学学院	.NULL.
2-003	服务器	40505.00	.NULL.	.NULL.	计算机学院	.NULL.

图 3-45　分组后的查询结果

图 3-46　“查询设计器”工具栏

它包括“添加表”、“移去表”、“添加联接”、“显示 SQL 窗口”、“最大化上部窗格”及“查询去向”等几个选项。

对于刚刚建好的查询可以通过“显示 SQL 窗口”查看其 SQL 语言格式，如图 3-47 所示。

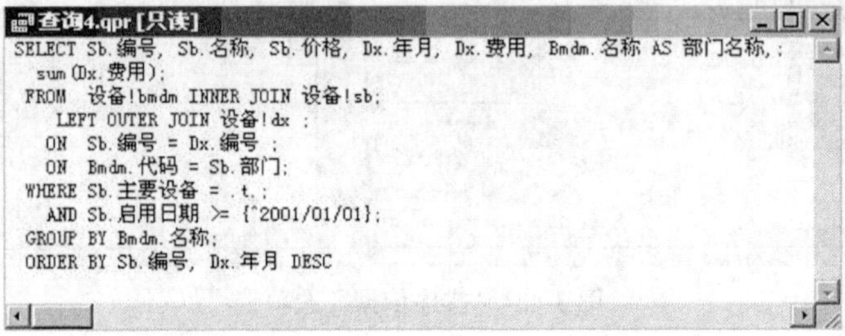

图 3-47　SQL 窗口

在最后的“查询去向”选项可以设定查询的输出位置，选择“查询去向”按钮，弹出“查询去向”对话框，如图 3-48 所示。

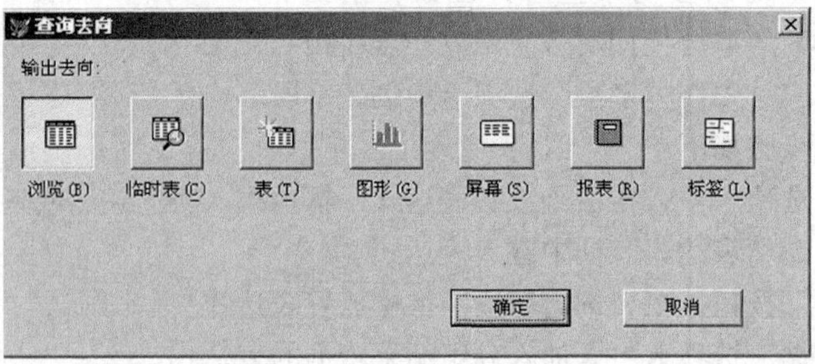

图 3-48　“查询去向”对话框

可以根据表 3-4 所示的目的来决定查询的各种去向。

表 3-4

目　　的	选择的输出选项
在“浏览”窗口中显示查询结果	浏览
将查询结果存储在一个命名的临时只读表中	临时表
使查询结果保存为一个命名的表	表
使查询结果可用于 Microsoft Graph（Graph 是包含在 Visual FoxPro 6.0 中的一个独立的应用程序）	图形
在 Visual FoxPro 6.0 主窗口或当前活动输出窗口中显示查询结果	屏幕
将输出送到一个报表文件（.frx）	报表
将输出送到一个标签文件（.lbx）	标签

本题中我们选择输出到“浏览”。

到此为止，我们已经完成了一个查询的创建工作。这个查询几乎用到了设计器中的所有选项，但在实际问题中，可以不用所有的选项，而只是根据需要选择其中的若干。

最后，保存创建好的查询，这将在磁盘上产生出一个.qpr 文件，它是一个文本文件。我们可以使用任何文本编辑器对它进行修改。

3.5.2　运行查询

查询的运行可以有两种环境，一种是在查询设计器或项目管理器中，另一种是在退出查询设计器后，通过命令方式在命令窗口中运行。

• 在查询设计器或项目管理器中

在查询设计器中，可以通过“查询”菜单中的“运行查询”选项或按快捷键 Ctrl+Q 来运行查询。另外，在查询设计器中的任意位置右击键，在弹出的快捷菜单中也可以使用 “运行查询”选项。

在项目管理器中，则可将“数据”选项卡的查询项展开，然后选择要运行的查询，单击“运行”命令按钮执行查询。

• 在命令窗口中

退出查询设计器后，还可以在命令窗口中使用命令执行查询。

格式：

```
DO <查询文件名>
```

功能：执行某个已经定义好的查询。

说明：指定查询文件名时，必须同时给出查询文件的扩展名。

本章重点讲述了关系数据库的标准查询语言 SQL，它是使用 VFP“查询设计器”的基础，本章同时对查询设计器作以讲解。查询设计器虽然直观、方便，但也要注意到查询设计器的局限性，它只能建立一些比较规则的查询，对复杂的查询就无能为力了。希望读者在学习这部分的时候能够采用对比的方法，把查询的两种环境互相借鉴使用，以求融会贯通。

习 题 三

一、选择题

1. SQL 语言是（　）语言。

A. 层次数据库　　B. 网络数据库　　C. 关系数据库　　D. 非数据库

2. SQL 语言中，实现数据检索的语句是（　　）。

A. SELECT　　B. INSERT　　C. UPDATE　　D. DELETE

3. 创建一个名为 student.dbc 的数据库文件，使用的命令是（　　）。

A. CREATE　　B. CREATE　student

C. CREATE　TABLE　student　　D. CREATE　DATABASE　student

4. SQL 语言的数据操纵语句包括 SELECT、INSERT、UPDATE 和 DELETE 等。其中使用最频繁的语句是（　　）

A. SELECT　　B. INSERT　　C. UPDATE　　D. DELETE

5. 在 Visual FoxPro 6.0 中，使用 SQL 命令将学生表 STUDENT 中的学生年龄 AGE 字段的值增加 1 岁，应该使用的命令是（ ）。

A. REPLACE age WITH age + 1 B. UPDATE student age WITH age + 1

C. UPDATE SET age WITH age + 1 D. UPDATE STUDENT SET age = age + 1

6. 使用 SQL 语句在表 student 中查询姓"李"的同学，正确的命令是（ ）。

A. SELECT * FROM student WHERE LEFT(姓名，2) = "李"

B. SELECT * FROM student WHERE RIGHT(姓名， 2) = "李"

C. SELECT * FROM student WHERE TRIM(姓名， 2) = "李"

D. SELECT * FROM student WHERE STR(姓名， 2) = "李"

7. 关于查询的去向，以下说法不正确的是（ ）。

A. 可以输出到浏览窗口 B. 可输出到一临时表

C. 可输出到一报表文件 D. 只可输出到屏幕

第 8 题~第 13 题使用如下数据表：

```
学生.dbf:学号(C,8),姓名(C,6),性别(C,2),出生日期(D)
选课.dbf:学号(C,8),课程号(C,3),成绩(N,5,1)
```

8. 查询所有 1990 年 1 月 1 日以后（含）出生的学生，正确的 SQL 语句是（ ）。

A. SELECT * FROM 学生 WHERE 出生日期>={ ^ 1990-01-01}

B. SELECT * FROM 学生 WHERE 出生日期<={ ^ 1990-01-01}

C. SELECT * FROM 学生 WHERE 出生日期>={ ^ 1990-01-01}

D. SELECT * FROM 学生 WHERE 出生日期<={ ^ 1990-01-01}

9. 计算张强同学选修的所有课程的平均成绩，正确的 SQL 语句是（ ）。

A. SELECT AVG(成绩) FROM 选课 WHERE 姓名="张强"

B. SELECT AVG(成绩) FROM 学生，选课 WHERE 姓名="张强"

C. SELECT AVG(成绩) FROM 学生，选课 WHERE 学生.姓名="张强"

D. SELECT AVG(成绩) FROM 学生，选课 WHERE 学生.学号=选课.学号 AND 姓名="张强"

10. 假定学号的第 3、4 位为专业代码。要计算各专业学生选修课程号为"101"的课程的平均成绩，正确的 SQL 语句是（ ）。

A. SELECT 专业 AS SUBS(学号，3，2)，平均分 AS AVG(成绩) FROM 选课 WHERE 课程号="101" GROUP BY 专业

B. SELECT SUBS(学号, 3, 2) AS 专业， AVG(成绩) AS 平均分 FROM 选课 WHERE 课程号="101" GROUP BY 1

C. SELECT SUBS(学号, 3, 2) AS 专业， AVG(成绩) AS 平均分 FROM 选课 WHERE 课程号="101" ORDER BY 专业

D. SELECT 专业 AS SUBS(学号，3，2)，平均分 AS AVG(成绩) FROM 选课 WHERE 课程号="101" ORDER BY 1

11. 将学号为"201341020101"、课程号为"119"的选课记录的成绩改为 95，正确的 SQL 语句是（ ）。

A. UPDATE 选课 SET 成绩 WITH 95 WHERE 学号="201341020101"AND 课程号="119"

B. UPDATE 选课 SET 成绩=95 WHERE 学号="201341020101"AND 课程号="119"

C. UPDATE FROM 选课 SET 成绩 WITH 95 WHERE 学号="201341020101"AND 课程号="119"

D. UPDATE FROM 选课 SET 成绩=95 WHERE 学号="201341020101"AND 课程号="119"

12. 查询选修课程号为“101”的课程得分最高的同学，正确的 SQL 语句是（　　）。

A. SELECT 学生.学号,姓名 FROM 学生,选课 WHERE 学生.学号=选课.学号 AND 课程号="101" AND 成绩>=ALL(SELECT 成绩 FROM 选课)

B. SELECT 学生.学号,姓名 FROM 学生,选课 WHERE 学生.学号=选课.学号 AND 成绩>=ALL(SELECT 成绩 FROM 选课 WHERE 课程号="101")

C. SELECT 学生.学号,姓名 FROM 学生,选课 WHERE 学生.学号=选课.学号 AND 成绩>=ANY(SELECT 成绩 FROM 选课 WHERE 课程号="101")

D. SELECT 学生.学号,姓名 FROM 学生,选课 WHERE 学生.学号=选课.学号 AND 课程号="101" AND 成绩>=ALL(SELECT 成绩 FROM 选课 WHERE 课程号="101")

13. 插入一条记录到“选课”表中，学号、课程号和成绩分别是“201341020131”、“103”和 80，正确的 SQL 语句是（　　）。

A. INSERT INTO 选课 VALUES("201341020131"，"103"，80)

B. INSERT VALUES("201341020131"，"103"，80) TO 选课(学号，课程号，成绩)

C. INSERT VALUES("201341020131"，"103"，80) INTO 选课(学号，课程号，成绩)

D. INSERT INTO 选课(学号，课程号，成绩) FORM VALUES("201341020131"，"103"，80)

二、填空题

1. 建立查询的方法有 3 种，分别为__________、__________和__________。

2. 视图有两种，分别是：__________和__________。

3. ORDER BY 的选项中，ASC 表示__________排序，DESC 表示__________排序。

4. 在 SQL 语句中要查询表 s 在 AGE 字段上取空值的记录，正确的 SQL 语句为 SELECT * FROM s WHERE__________。

5. SELECT * FROM student__________FILE student 命令将查询结果存储在 student.txt 文本文件中。

6. 已有“歌手”表，将该表中的“歌手号”字段定义为候选索引、索引名是 temp，正确的 SQL 语句是__________ TABLE 歌手 ADD UNIQUE 歌手号 TAG temp。

7. 为“学生”表增加一个“平均成绩”字段的正确命令是：ALTER TABLE 学生 ADD__________平均成绩 N(5，2)。

三、操作题

1. 试对 sb.dbf 分别排序：

（1）将价格超过 10 000 元的设备按部门升序排序，并要求新文件只包含编号、名称、价格、部门 4 个字段。

（2）将主要设备按名称降序排序，当名称相同时则按启用日期降序排序。

2. 试算出 2006 年前启用的主要设备的台数。

3. 根据 sb.dbf 进行以下汇总：

（1）按部门汇总价格。

（2）设法按部门汇总设备的台数。

4. 对于下列查询要求，分别写出查询的操作步骤及 SQL-SELECT 命令

（1）查询 2006 年启用的设备的名称和部门名。

（2）查询有增值设备的设备名和部门名。

（3）查询价格小于十万元的设备的启用日期。

（4）查询大修过的设备的编号和名称，查询结果输出到表 RESULT.dbf。

（5）查询教务处使用的设备或价格不小于十万元的设备的部门名，查询结果按启用日期从小到大排列。

（6）试算出大修过的设备中每种设备的大修费用的平均值。

（7）查询最早启用和最晚启用的设备。

5. 建立一个查询文件 query1.qpr。查询编号为“1-001”的设备的大修情况，结果存入自由表 result 中，该自由表的字段项包括：“编号”、“名称”、“年月”和“费用”。各记录按费用降序排列，最后运行该查询。

第 4 章 视 图

前一章介绍了 SQL 查询，视图与 SQL 查询有很多类似之处，二者都是对表中数据进行查询（检索）的重要工具，即向数据库发出检索信息的请求，提取满足特定条件的记录信息，但视图兼有表和查询的特点。本章将介绍视图的定义、创建和使用。

4.1 视图的定义

1. 视图的定义

视图是关系数据库系统提供给不同用户以多种角度观察数据库中数据的一个重要机制。一个数据库可以拥有多个用户，不同用户关心和需要不同的数据，因此可按个人需求定义不同的视图。这样，同一个数据库在不同用户的眼中就呈现为不同的视图，从而提高了数据应用的灵活性和共享性。

视图是从基本表（一个或多个）或其他视图导出的表，它与基本表不同，是一个虚表。数据库中只存放视图的定义，而不存放视图对应的数据，这些数据仍存放在原来的基本表中。所以一旦基本表中的数据发生变化，从视图中查询出的数据也就会随之改变。可以说视图就像一个窗口，透过它可以看到数据库中自已感兴趣的数据及其变化。

视图一经定义，就和基本表一样可以被查询、删除，我们也可以在一个视图之上再定义新的视图，但对视图的更新(增加、删除、修改)操作则有一定的限制。

2. 视图与查询

SQL 查询和视图都可以对数据表进行数据检索。创建查询和创建视图的过程类似，它们之间的主要差别在于视图是可更新的，视图可以更新数据并将更新结果发送回源表（与之相关的基本表），而查询则不可以更新。如果想从本地或远程表中提取一组可以更新的数据，就需要使用视图。可以由本地表生成本地视图，也可由远程表建立远程视图。

此外，查询生成的结果是一个文件，即一个应用程序，这个程序是完全独立的，生成的程序文件扩展名为.QPR；而视图只生成一个视图定义。用户不能执行它，只能按操作表的方法使用。视图虽然具有表的一般特性，但它并不是表，视图的定义只能存在于数据库中，不能独立存在。

3. 视图的优点

视图最终是定义在基本表之上的，对视图的一切操作最终要转换为对基本表的操作。视图查询和 SQL 查询十分相似，而且对于视图进行查询或更新时还有可能出现问题，既然如此，为什么还要定义视图和引入视图查询的概念呢？这是因为合理使用视图具有很多优点。

（1）视图能够简化用户的操作

视图机制使用户可以将注意力集中在所关心的数据上。如果这些数据不是直接来自基本表，则可以通过定义视图，使数据库看起来结构简单、清晰，并且可以简化用户的数据查询操作。例如：那些定义了若干张表连接的视图，就将表与表之间的连接操作对用户隐蔽起来了。换句话说，用户所做的只是对一个虚表的简单查询，而这个虚表是通过视图的定义得来的，用户无须了解。

（2）视图使用户能以多种角度看待同一数据

视图机制能使不同的用户以不同的方式看待同一数据，当许多不同用户共享同一个数据库时，这种灵活性是非常重要的。

（3）能够对机密数据提供安全保护

有了视图机制，在设计数据库应用系统时就可以，对不同的用户定义不同的视图，使机密数据不出现在没有权限的用户视图上，这样视图机制就自动提供了对机密数据的安全保护功能。

4.2 视图的创建

在 VFP 6.0 中，可以使用如下 3 种方法建立视图。

（1）利用 SQL 标准语言创建视图；

（2）利用视图向导创建视图；

（3）利用视图设计器创建视图。

其中第一种方法属于命令方式，后面两种方法均属于界面操作方式。视图是操作表的一种手段，通过视图可以查询表，也可以更新表。视图中的数据是从已有的数据库表或其他视图中抽配出来的，视图并不实际存储数据，只在数据库中存储视图的定义。因此视图是一个虚拟表，基于数据库表，根据表是否属于本地数据库可以将视图分为本地视图和远程视图。

4.2.1 使用 SQL 语言创建视图

在 VFP 6.0 中视图是一个定制的虚拟表，可以是本地的、远程的或带参数的。视图可引用一个或多个表，或者引用其他视图。视图是可更新的。

在关系数据库中，视图也称作窗口，即视图是操作表的窗口，可以把它看作是从表中派生出来的虚表，它依赖于表，不能独立存在。

定义视图的一般格式为：

```
CREATE  SQL VIEW <视图名> [( <字段名 1>,[ <字段名 2> ],…)][REMOTE] [CONNECTION <新建连接名> [SHARE]|<已连接数据源名>] [AS  <SELECT-SQL 语句>]
```

其功能是按照 AS 子句中的查询语句的要求，创建一个本地的或者远程的 SQL 视图。视图的名称由命令中的<视图名>指定。其中查询语句可以是任意的 SELECT 查询语句，它说明和限定了视图中的数据。当没有为视图指定字段名时，视图的字段名将与查询语句中指定的字段名或表中的字段名同名。由于视图是根据表定义或派生出来的，所以在涉及视图的时候，为了区分表与视图常把表称作基本表。若要创建远程视图，需使用 REMOTE 可选项，用 CONNECTION 子句创建新的联接或指定一个已连接的数据源。没有 REMOTE CONNECTION 子句，则创建本地视图。

1. 利用单个表生成视图

【例 4-1】定义一个 SQL 视图 e_w1，通过此视图能且只能查询到姓名和语文成绩。

定义视图如下：

```
CREATE SQL VIEW e_w1 AS SELECT 姓名,语文 FROM cj
```

其中 e_w1 是视图的名称，cj 为学生成绩表。查询姓名和语文成绩可用如下方法：

```
SELECT * FROM e_w1
```

或

```
SELECT 姓名,语文 FROM e_w1
```

或

```
SELECT 姓名,语文 FROM cj
```

【例 4-2】定义一个视图 e_w2，通过此视图能且只能查询到全体女学生的姓名和语文成绩。

```
CREATE VIEW e_w2 AS;
  SELECT 姓名,语文 FROM cj;
  WHERE 性别= "女"
```

2. 利用多个表生成视图

【例 4-3】从设备管理数据库中的 sb 和 dx 表中创建视图 e_w3，查询在一次大修中维修费用在 500 元（包括 500 元）以上的设备的编号、名称、启用日期、价格、维修年月和费用情况。

先建立一个视图（名称为 e_w3）。

```
OPEN DATABASE 设备管理
CREATE SQL VIEW e_w3 AS;
    SELECT sb.编号,名称,启用日期,价格,年月,费用 FROM sb,dx;
    WHERE 费用>=500 .AND. (sb.编号=dx.编号)
```

建立了如上视图以后，再需以上信息，只要输入如下命令即可。

```
SELECT * FROM e_w3
```

根据表的内容，查询结果如下：

编号	名称	启用日期	价格	年月	费用
100-1	复印机	05/08/2001	10090.00	0212	500.0
100-1	复印机	05/08/2001	10090.00	0311	1000.0

视图一经定义，就可以和基本表一样进行各种查询，也可以进行一些修改操作。对于最终用户来说，有时并不需要知道操作的是基本表还是视图。

3. 视图中的虚字段

用一个查询所建立的视图中的 SELECT 子句中可以包含算术表达式或函数，这些表达式或函数与视图的其他字段一样对待，由于它们是计算得来的，并不是存储在表内，所以称为虚字段。

【例 4-4】定义一个视图，它包含姓名和数学、物理、化学成绩的合计。

```
OPEN DATABASE 设备管理
CREATE VIEW e_w4 AS SELECT 姓名,数学+物理+化学 AS 数理化 FROM cj
```

上述视图定义在 SELECT 短语中利用 AS 重新定义了视图的字段名。由于其中的一个字段是计算得来的，所以必须给出字段名。这里数理化是虚字段，它是由 cj.dbf 表的数学+物理+化学得来的。由此可见，在视图中还可以重新命名字段名。查询 e_w4：

```
SELECT * FROM e_w4
```

显示如下结果：

姓名　　　　　　　　数理化

```
张三                    263
李四                    235
王五                    279
刘六                    226
吴七                    224
赵一                    241
雷二                    243
洪九                    284
```

4.2.2 使用视图向导创建视图

可以使用“本地视图向导”创建本地视图。如果要在 ODBC 数据源的表上建立可更新的视图，可以使用“远程视图向导”。

例如，在“设备管理”项目中，要查找计算机或服务器都配备给了哪些部门，可以使用“视图向导”来创建一个视图查询。步骤如下：

（1）在“设备管理”项目管理器中，选定“设备管理”数据库。

（2）选择“本地视图”后，选择“新建”按钮，选择“视图向导”按钮，打开“本地视图”的“步骤 1-字段选取”对话框。选定 bmdm 表的代码、名称字段，选 sb 表的名称字段，如图 4-1 所示。

（3）单击“下一步”按钮。弹出“步骤 2-为表建立关系”对话框。在此对话框中，设置关联关系如图 4-2 所示。

将 bmdm.代码与 sb.部门建立关联。

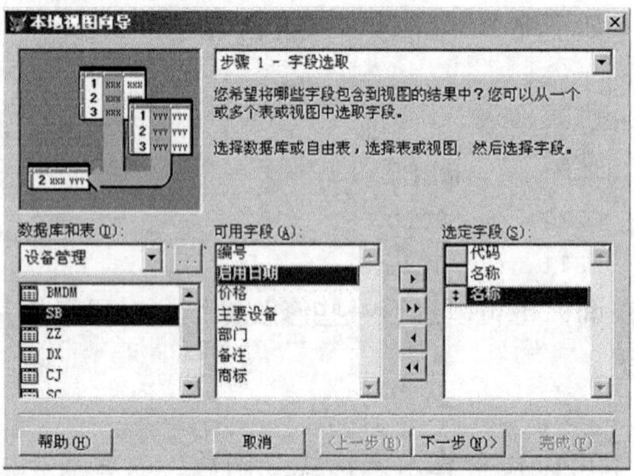

图 4-1 步骤 1-选取字段

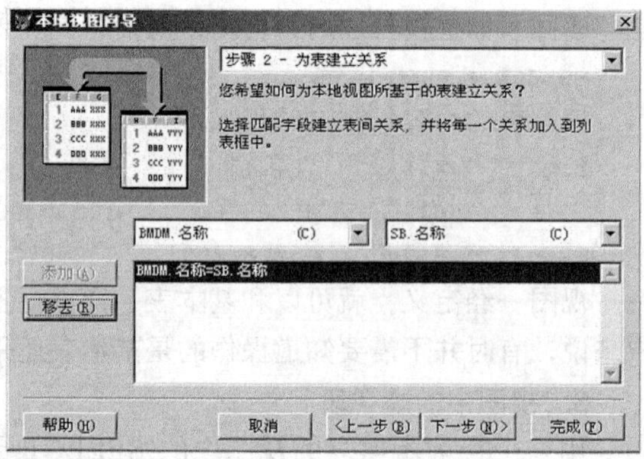

图 4-2 步骤 2-为表建立关系

（4）单击“下一步”按钮，弹出“步骤 3-筛选记录”对话框。

设置筛选条件为 sb.名称="计算机"或 sb.名称="服务器"，如图 4-3 所示。

（5）单击“下一步”按钮。弹出“步骤 4-排序记录”对话框。

在“可用字段”列表中单击 bmdm.代码，单击“添加”按钮，在“升序”和“降序”框中选“升序”，表示结果将按照部门代号升序排列。如图 4-4 所示。

（6）单击“下一步”按钮，弹出“步骤 4a-限制记录”对话框，如图 4-5 所示。

在“部分类型”框中，如果选“所占记录百分比”，则“数量”框中“部分值”选项将决定选取的记录的百分比数；如果选 “记录号”，则“数量”框中的“部分值”选项将决定选取的记录数。

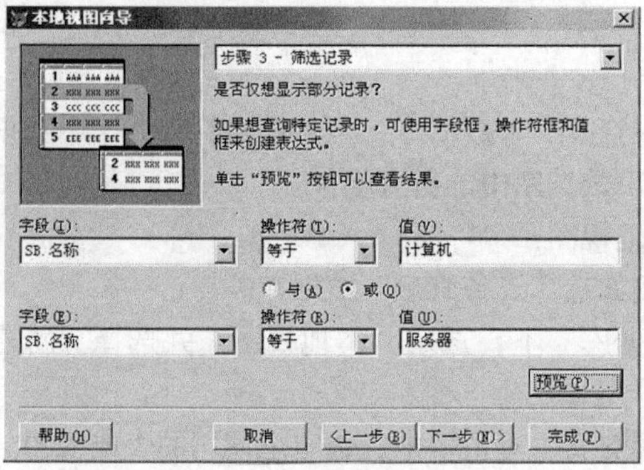

图 4-3　步骤 3-筛选记录

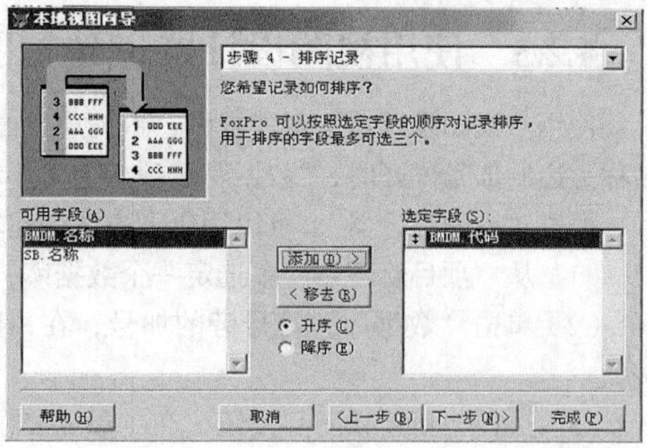

图 4-4　步骤 4-排序记录的排序方式

这里，选“数量”框中的“全部记录”，将显示满足前面条件的所有记录。

（7）单击“下一步”按钮。弹出“步骤 5-完成”对话框。如图 4-6 所示。

该对话框中各选项说明如下：

- “保存本地视图”：将所设计的视图保存，以后再在“项目管理器”或程序中运行。
- “保存本地视图并浏览”：将所设计的视图保存，并运行该视图。
- “保存本地视图并在‘视图设计器’中修改”：将所设计的视图保存，同时打开“视图设计器”修改该视图。

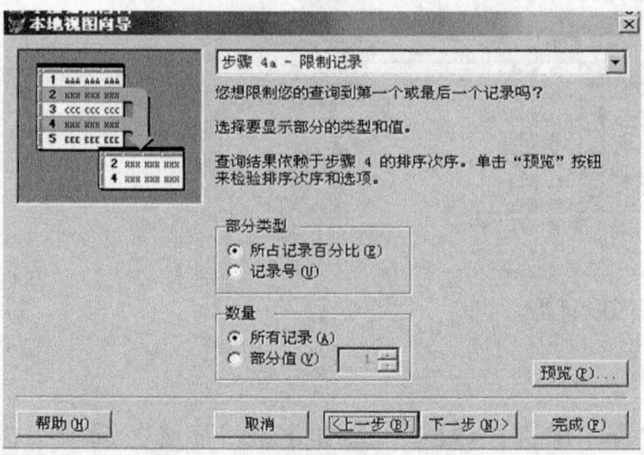

图 4-5　步骤 4a-限制记录

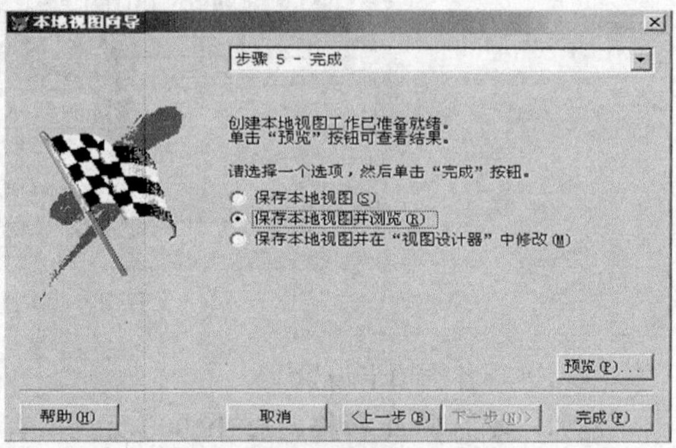

图 4-6　步骤 5-完成

这里，选“保存本地视图并浏览”将视图保存，并打开表的浏览窗口查看视图的运行效果。

（8）单击“完成”按钮，弹出保存视图的“视图名”对话框。

再次注意，视图不是以表格文件的形式存储的，仅保存视图的定义，调用视图时直接从源表调用数据。如图 4-7 所示，输入视图名“计算机分布”。

（9）单击“确定”按钮，将打开“浏览”窗口，如图 4-8 所示。可以看到表中列出了所有配备“计算机”或“服务器”的部门。

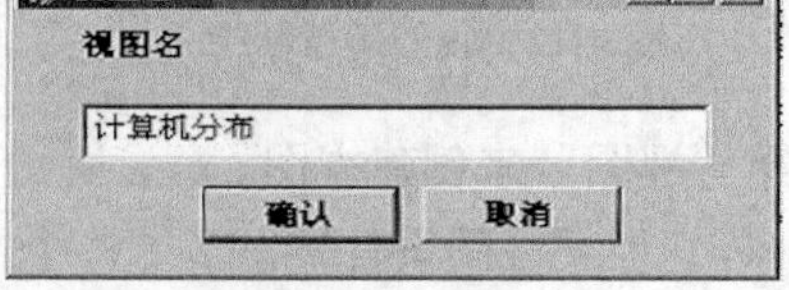

图 4-7　视图名

图 4-8　视图运行结果

4.2.3 使用视图设计器创建视图

使用“视图设计器”创建视图，首先应创建或打开一个数据库。当“项目管理器”中数据库名称旁边的加号展开时，“数据”选项卡上将显示出数据库中的所有组件。

通过“视图设计器”，可以用以下方法创建本地视图：

（1）从“项目管理器”中选定一个数据库，例如选“设备管理”数据库。

（2）单击“数据库”符号旁的加号，在“数据库”下，选定“本地视图”并选择“新建”按钮。

（3）选择“新建视图”按钮，在“添加表或视图表”对话框中，选定想使用的表或视图。

例如，选 sb.dbf，再选择“添加”。选择视图中想要的表或视图后，选择“关闭”。将出现“视图设计器”，如图 4-9 所示。在“视图设计器”上部显示选定的表或视图，这里显示的是 sb.dbf 表。在“字段”选项卡上，选择要在视图结果中显示的字段，这里单击“全部添加”。

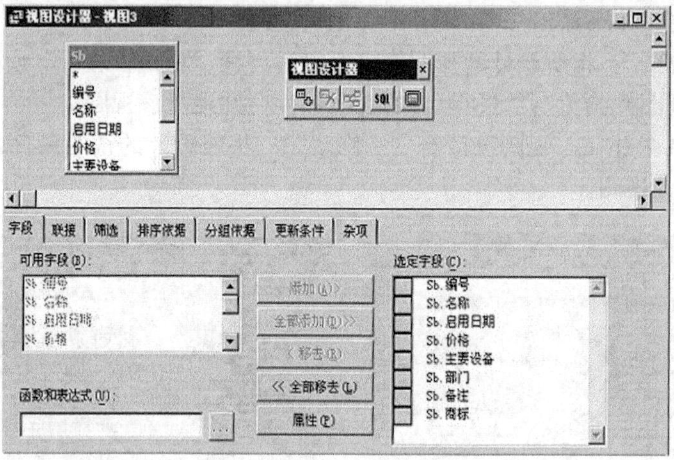

图 4-9　本地视图设计器

（4）进行各选项卡设置。

例如，要提取 sb.价格超过 10 000 元的所有设备，单击“筛选”选项，在“筛选”选项中输入条件如图 4-10 所示。

（5）将视图以视图名“部门视图”保存。

在“项目管理器”中选“部门视图”，单击“浏览”按钮，则在“浏览”窗口就会显示视图结果，如图 4-11 所示。

图 4-10　设置筛选条件

编号	名称	启用日期	价格	主要设备	部门	备注	商标
1-001	复印机	05/08/01	10090.00	T	11	memo	Gen
2-002	测试仪	08/12/04	18810.00	T	22	memo	Gen
2-003	服务器	06/01/02	40305.00	T	23	memo	Gen
2-004	摄像机	05/08/02	12000.00	F	23	memo	Gen

图 4-11　视图运行结果

也可以在“文件”菜单中，选择“新建”命令并选择“视图”来创建视图。

使用“视图设计器”基本上与使用“查询设计器”一样，但“视图设计器”多了一个选项卡，即“更新条件”选项卡，它可以控制数据的更新。

下面重点介绍“更新条件”选项卡的详细内容。

1．更新数据

可用本地或远程视图更新数据。为便于介绍，先在“设备管理”项目中创建一个基于 sb.dbf 表的本地视图。在“字段”选项中单击“全部添加”按钮，将所有字段选定。

（1）使表可更新。

如果希望在视图上所作的修改能回送到源表中，需要选择“发送 SQL 更新”选项，必须至少设置一个关键字段来使用这个选项。如果选择的表中有一个主关键字段并且已在字段选项卡中，则“视图设计器”自动使用表中的该主关键字段作为视图的关键字段。

在“更新条件”选项卡中，设置“发送 SQL 更新”选项，如图 4-12 所示。

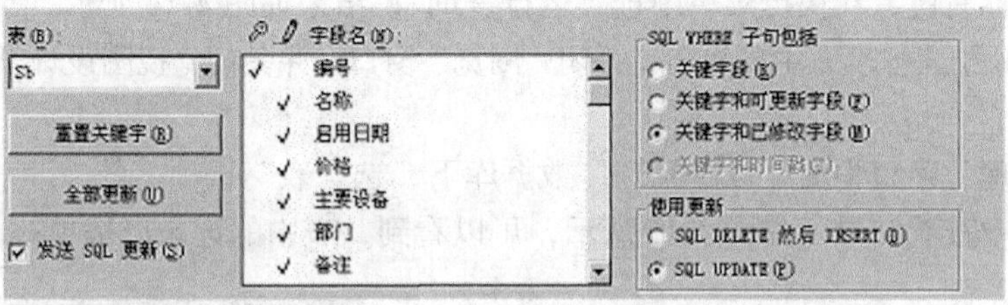

图 4-12　更新条件选项卡

（2）设置关键字段。

当在“视图设计器”中首次打开一个表时，“更新条件”选项卡会显示表中哪些字段被定义为关键字段。Visual FoxPro 6.0 用这些关键字段来唯一标识那些已在本地修改过的远程表中的更新记录。

如在 sb.dbf 表中，由于已按编号作为主关键字建立索引，所以在“关键列”按钮下面的“编号”前有“√”号。

设置关键字段，可以用以下方法：

① 在“更新条件”选项卡中，单击字段名旁边的“关键列”按钮，使之出现小方框。

② 设置关键字段，即使之前面出现“√”。可以通过单击“关键列”按钮来设置或取消关键字段。

如果已经改变了关键字段，而又想把它们恢复到源表中的初始设置，选择“重置关键字”按钮。Visual FoxPro 6.0 会检查表并重新利用这些表中的关键字段。

（3）更新指定字段

可以指定任意给定表中仅有某些字段允许更新。如果要使表中的任何字段都是可更新的，在表中必须有已定义的关键字段。如果字段未标注为可更新的，用户也可以在表单中或浏览窗口中修改这些字段，但修改的值不会返回到远程表中。

要使字段为可更新的，可以用以下方法：

① 在“更新条件”选项卡中，单击字段名旁边的“可更新列”。

② 选择希望可更新的字段，即使之前面出现“√”。如图 4-13 所示。如果想使表中的所有字段都可更新，可以直接在“更新条件”选项卡中，选择“全部更新”。

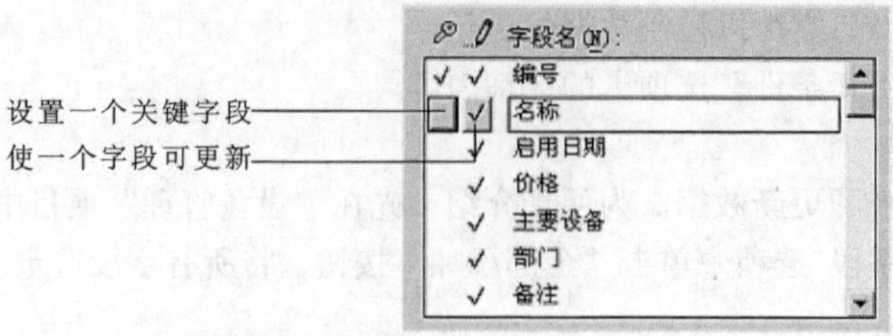

图 4-13　在更新条件中使字段可更新

注意 如果要使用“全部更新”，在表中必须有已定义的关键字段。“全部更新”不影响关键字段。设置“全部更新”后，所有字段的 前将出现“√”。

（4）单击鼠标右键，在快捷菜单中选“运行查询”，结果如图 4-14 所示。

（5）将 2-001 号设备改为主要设备，关闭“浏览”窗口，并关闭“视图设计器”，将视图以“设备视图”保存。

在“设备管理”项目中的“设备管理”数据库下，选“表”选项上的 sb 表，单击“浏览”，在“浏览”窗口中查看结果。如图 4-15 所示，可以看到，表中的记录已被更改。

图 4-14　视图运行结果

图 4-15　视图更新发送回源表

（6）控制如何检查更新冲突。

如果在一个多用户环境中工作，服务器上的数据也可以被别的用户访问，也许别的用户也在试图更新远程服务器上的记录，为了让 Visual FoxPro 6.0 检查用视图操作的数据在更新之前是否被别的用户修改过，可使用“更新条件”选项卡上的选项。

在“更新条件”选项卡中，“SQL WHERE 子句包括”框中的选项（如图 4-16 所示）可以帮助管理多用户访问同一数据的情况。在允许更新之前，Visual FoxPro 6.0 先检查远程数据的来源表中的指定字段，看看它们在记录被提取到视图中后有没有改变，如果数据源中的这些记录被修改，就不允许更新操作。

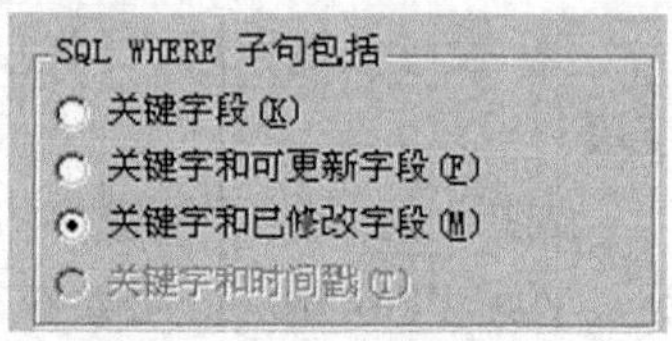

图 4-16　设置 SQL 子句

SQL WHERE 子句各选项的说明见表 4-1。

表 4-1　SQL WHERE 子句选项说明

SQL WHERE 子句选项	说　明
关键字段	当源表中的关键字段被改变时，使更新失败
关键字段和可更新字段	当远程表中任何标记为可更新的字段被改变时，使更新失败
关键字段和已修改字段	当在本地改变的任一字段在源表中已被改变时，使更新失败
关键字段和时间戳	当远程表上记录的时间戳在首次检查之后被改变时，使更新失败（仅当远程表有时间戳列时有效）

这些选项决定哪些字段包含在 UPDATE 或 DELETE 语句的 WHERE 子句中，Visual FoxPro 6.0 正是利用这些语句将在视图中修改或删除的记录发送到远程数据源或源表中，WHERE 子句是用来检查自从提取记录用于视图后，服务器上的数据是否已改变。

2. 定制视图

前面介绍过，我们可以在视图中包含表达式。

又因为视图是数据库的一部分，所以在视图中也可利用数据库提供的表中字段的一些相同属性。例如，可分配标题、输入注释或设置控制数据输入的有效性规则等。

控制字段显示和数据输入，方法如下：

（1）在“视图设计器”中创建或修改视图。

（2）在“字段”选项卡中，从“选定字段”列表中选择一个字段。

（3）选择“属性”，打开“视图字段属性”对话框。

（4）在“视图字段属性”对话框中，输入有效性规则及显示内容，并设置字段类型。

例如，对于前面建立的 “部门视图”，在“字段”选项中选 sb.编号，单击“属性”，打开“视图字段”属性窗口，如图 4-17 所示。

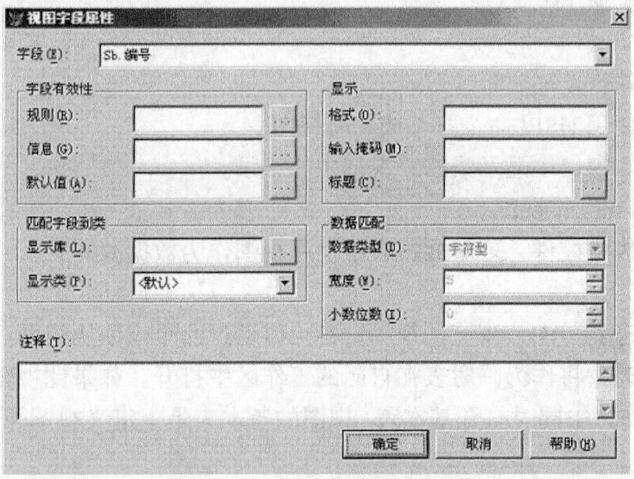

图 4-17 “视图字段属性”对话框

之后就可以对“编号”字段进行自定义设置了。

4.2.4 远程视图与连接

为了建立远程视图，必须首先建立连接远程数据库的“连接”。“连接”是 VFP 6.0 数据库中的一种对象。

1. 定义数据源和连接

从 VFP 6.0 内部可定义数据源和连接。

数据源一般是 ODBC 数据源。ODBC 是指开放数据库互连，是一种连接数据库的通用标准。为了定义 ODBC 数据源必须首先安装 ODBC 驱动程序。利用 ODBC 驱动程序可以定义远程数据库的数据源，也可以定义本地数据库的数据源。

连接是 VFP 6.0 数据库中的一种对象，它是根据数据源创建并保存在数据库中的一个命名连接，以便在创建远程视图时按其名称进行引用。还可以通过设置命名连接的属性来优化 VFP 6.0

与远程数据源的通信。当激活远程视图时，视图连接将成为通向远程数据源的管道。

2. 建立连接

可以用如下方法建立连接：

（1）用 CREATE CONNECTION 命令打开“连接设计器”，或完全用命令方式建立连接，但命令格式较复杂，一般不使用。

（2）选择“文件”菜单下的“新建”，或单击“常用”工具栏上的“新建”按钮，打开“新建”对话框，然后选择“连接”并单击“新建文件”打开连接设计器来建立连接。

（3）在项目管理器的“数据”选项卡下将要建立连接的数据库分支展开，并选 择“连接”，然后单击“新建”命令按钮打开连接设计器建立连接。

4.3 视图的使用

视图建立之后，不但可以用它来显示、查询和更新数据，而且还可以通过调整它的属性来提高性能。视图的使用类似于表。

1. 视图操作

视图允许以下操作：

（1）在数据库中使用 USE 命令打开或关闭视图。

（2）在“浏览器”窗口中显示或修改视图中的记录。

（3）使用 SQL 语句操作视图。

（4）在文本框、表格控件、表单或报表中使用视图作为数据源等。

2. 使用视图

可以在“项目管理器”中“浏览”视图，也可以通过命令来使用视图。

一个视图在使用时，将作为临时表在自己的工作区中打开。如果此视图基于本地表，即本地视图，则在另一个工作区中同时打开基本表。视图的基本表是由定义视图的 SQL SELECT 语句访问的。

在项目管理器中使用视图的方式是：选择一个数据库，接着再选择视图名，然后选择“浏览”按钮，则在“浏览”窗口中会显示视图，并可对视图进行操作。

如果用命令来使用一个视图则必须首先打开数据库，如：

```
OPEN DATABASE 设备管理
USE e_w3              && e_w3 是根据 sb.dbf 和 dx.dbf 建立的视图
BROW
```

也可以使用 SQL 语句直接操作视图（当然也要首先打开数据库），例如：

```
SELECT * FROM e_w3 WHERE 启用日期-{^2002-12-31}<0
```

对视图的更新是否反映在基本表里，则取决于在建立视图时是否在“更新条件”选项卡中选择了“发送 SQL 更新”。

总的来说，视图一经建立就基本可以像表一样使用，适用于表的命令基本都可以用于视图，比如在视图上也可以建立索引，此索引当然是临时的，视图一关闭，索引自动删除，多工作区时也可以建立联系等。但视图不可以用 MODIFY STRUCTURE 命令修改结构。因为视图毕竟不是独立存在的基本表，它是由基本表派生出来的，只能修改视图的定义。

3. 删除视图

由于视图是从表中派生出来的，所以不存在修改结构的问题，但是视图的定义可以删除。删除视图的命令格式是：

```
DROP VIEW <视图名>
```

例如要删除视图 e_w3，只要键入命令：

```
DROP VIEW e_w3
```

习 题 四

一、选择题

1. 在 Visual FoxPro 中，以下关于视图的描述错误的是（　　）。

A. 通过视图可以对表进行查询　　B. 通过视图可以对表进行更新

C. 视图是虚表　　D. 视图就是一种查询

2. 以下关于视图的描述正确的是（　　）。

A. 视图保存在项目文件中　　B. 视图保存在数据库文件中

C. 视图保存在表文件中　　D. 视图保存在视图文件中

3. 查询设计器与视图设计器的主要不同表现在（　　）。

A. 查询设计器有“更新条件”选项卡，有“查询去向”选项卡

B. 查询设计器没有“更新条件”选项卡，有“查询去向”选项卡

C. 视图设计器没有“更新条件”选项卡，有“查询去向”选项卡

D. 视图设计器有“更新条件”选项卡，没有“查询去向”选项卡

4. 视图不能单独存在，它必须依赖于（　　）。

A. 视图　　B. 数据库　　C. 查询　　D. 数据表

5. 视图设计器中含有的，但查询设计器中却没有的选项卡是（　　）。

A. 筛选　　B. 排序依据　　C. 分组依据　　D. 更新条件

6. 在 Visual FoxPro 中，关于查询和视图的叙述正确的是（　　）。

A. 查询是一个预先定义好的 SQL-SELECT 语句文件

B. 视图是一个预先定义好的 SQL-SELECT 语句文件

C. 查询和视图是同一种文件，只是名称不同

D. 查询和视图都是一个存储数据的表

7. 关于视图和查询，以下叙述正确的是（　　）。

A. 视图和查询都只能在数据库中建立　　B. 视图和查询都不能在数据库中建立

C. 视图只能在数据库中建立　　D. 查询只能在数据库中建立

8. 在 Visual FoxPro 中，关于视图的叙述正确的是（　　）。

A. 视图与数据库表相同，用来存储数据

B. 视图不能同数据库表进行连接操作

C. 在视图中不能进行更新操作

D. 视图是从一个或多个数据库表导出的虚拟表

二、填空题

1. 视图中的数据取自数据库中的__________或__________。

2. 建立远程视图必须首先建立与远程数据库的__________。

3. 在 Visual FoxPro 中视图可以分为本地视图和__________视图。

4. 在 Visual FoxPro 中为了通过视图修改基本表中的数据，需要在视图设计器的__________选项卡设置有关属性。

5. 在数据库中可以设计视图和查询，其中__________不能独立存储为文件（存储在数据库中）。

三、操作题

1. 设计视图，在“设备管理”项目的“设备管理”数据库中，查找 sb.dbf 表中所有名称为计算机的设备，查询中输出的字段包括编号、名称、启用日期、价格、主要设备。并以“计算机清单”为视图名保存。

2. 由视图设计器打开第 1 题建立的“计算机清单”视图，设置更新条件选取项，使主要设备字段可更新，然后运行计算机清单视图，在“浏览”窗口中，修改编号为 1-003 的计算机，改为非主要设备，将结果发回源表。打开 sb.dbf，查看其变化。

第 5 章 数据与数据运算

本章主要介绍在 Visual FoxPro 6.0（后面简称 VFP 6.0）中数据的分类以及如何对数据进行操作。包括不同类型数据的表示和处理，以及常量、变量、常用函数、表达式的使用。

每个数据都有一定的类型，数据类型决定了数据的存储方式和运算方式。在 VFP 6.0 中，数据主要有两种不同的形式，一种是 VFP 表中每个字段的数据（在前面第 2 章中已经用到），另一种为 VFP 应用程序处理的数据（VFP 6.0 程序设计将在第 6 章中介绍）。

向表中输入数据时，每个字段的数据类型是在表结构中定义的，分为数值型[包括数值型(N)、浮点数型(F)、双精度型(B)和整型(I)]、字符型(C)、日期型（D）、日期时间型（T）、逻辑型（L）、货币型（Y）、备注型（M）、通用型（G）以及二进制字符型和二进制备注型。

VFP 6.0 应用程序中的数据则通常以常量、变量、函数和表达式的形式出现。常量、变量、函数以及表达式的数据类型包括字符型（C）、数值型（N）、货币型（Y）、逻辑型（L）、日期型（D）和日期时间型（T）等 6 种基本数据类型。

无论是表中的数据还是程序中的数据，类型相同的数据的表示方式在 VFP 6.0 中都相同。而不同类型数据的常量、变量、常用函数和表达式的具体使用方法有所不同。

5.1 常量与变量

5.1.1 常量

常量是指在程序运行过程中固定不变的数据，它具有数值型、字符型、逻辑型、日期型、日期时间型、货币型 6 种类型。

1. 数值型（N）常量

数值型常量也就是数学中的常数，用来表示一个数值的大小，由数字 0 ~ 9、小数点和正负号构成。如：99、30.58、-126、-34.567。为了表示很大或很小的数值型常量，也可以使用科学记数法表示，如：3.14E10 表示数学中的 3.14×10^{10}，-8.6E-8 表示数学中的 -8.6×10^{-8}。

【例 5-1】在命令窗口输入如下命令：

```
?800,-123,50.70,-500
??2.78E6,-5.9E-4
```

单问号(?) 命令的功能是在下一行行首显示表达式的值（可以有多个，中间用逗号分隔）。双问号(??)的功能则是在当前行行尾显示表达式的值（也可以有多个，中间用逗号分隔）。

分别回车执行以上两条命令之后，屏幕显示：

```
800 -123 50.70 -500 2780000 -.00059
```

2. 字符型（C）常量

字符型常量是用一对半角单引号（' '）、双引号（" "）或方括号（[ ]）括起来的字符串。例如：'吉林师范大学'，"Visual FoxPro 6.0"，[2.7182]。这里的单引号、双引号或方括号称为字符型数据的定界符，用于说明该数据的类型是字符型。定界符本身虽然不作为常量的内容，但它规定了常量的类型以及常量的起始和终止界限。VFP 6.0 中字符串的最大长度不超过 254 个字符。

字符型常量的定界符必须成对匹配，不能一边用单引号而另一边用双引号。如果某种定界符本身也是字符串的内容，则需要用另一种定界符为该字符串定界。例如：["大家好"]。

注意　不包含任何字符的字符串("")叫空串。空串与包含空格的字符串(" ")不同。

【例 5-2】在命令窗口输入如下命令：

```
? "Visual FoxPro 6.0",'Computer'
?? [吉林师范大学], ["计算机学院"]
```

分别回车执行以上命令之后，屏幕显示：

```
Visual FoxPro 6.0 Computer 吉林师范大学 "计算机学院"
```

3. 逻辑型（L）常量

逻辑型常量只有逻辑真和逻辑假两个值。逻辑真的常量表示形式有：.T.、.t.、.Y.、.y.。逻辑假的常量表示形式有：.F.、.f.、.N.、.n.。注意：逻辑真的显示结果为.T.，逻辑假的显示结果为.F.。

前后两个点作为逻辑型常量的定界符是必不可少的，否则会被误认为变量名。注意：逻辑型数据只占有一个字节。

【例 5-3】在命令窗口输入如下命令：

```
?.T.,.y.,.f.,.n.
```

回车执行以上命令之后，屏幕显示：

```
.T. .T. .F. .F.
```

4. 日期型（D）常量

日期型常量的定界符是一对花括号（{ }）。花括号内包括年、月、日三部分内容，各部分内容之间用分隔符分隔。分隔符可以是斜杠(/)、连字符(-)、句点(.)和空格等，其中斜杠(/)是系统在显示日期型数据时使用的默认分隔符。

日期型常量的格式有两种：

（1）传统的日期格式

VFP 6.0 默认的日期型数据为美国日期格式 mm/dd/yy(月/日/年)，其中月、日各为 2 位数字，而年可以是 2 位数字，也可以是 4 位数字，如：{08/10/13}、{08-10-13}、{08.10.2013}等。在应用传统的日期格式之前，必须先执行命令：SET STRICTDATE TO 0，表示不进行严格的日期格式检查（即在 VFP 6.0 中接受传统的日期格式），目的是与早期的 VFP 兼容。在 VFP 6.0 中，如果不执行该命令，系统将只识别严格的日期格式。SET STRICTDATE TO 1 语句即表示进行严格的日期格式检查，若执行该命令传统日期格式将失效。

【例 5-4】在命令窗口依次输入如下命令：

```
?{12-15-2012}
SET STRICTDATE TO 0
```

```
?{12-15-2012}
SET STRICTDATE TO 1
?{12-15-2012}
```

分别回车执行以上命令，最终屏幕显示如图 5-1 所示的出错提示对话框。

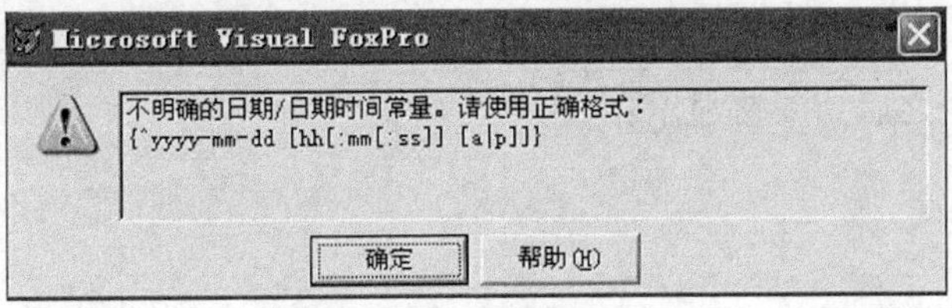

图 5-1　格式错误对话框

另外，这种格式的日期型常量还要受到 SET DATE TO 和 SET CENTURY TO 等命令语句设置的影响。也就是说在不同的设置状态下，计算机会对同一日期型常量做出不同的解释。如日期型常量{10/08/12}可以解释为：2012 年 10 月 8 日、2010 年 8 月 12 日等。

（2）严格的日期格式

即{^yyyy-mm-dd}，用这种格式书写的日期型常量能表达一个确切的日期，它不受 SET DATE 等语句设置的影响。这种格式的日期常量在书写时要注意：花括号内第一个字符必须是字符(^)；年必须要 4 位数表示，月和日必须要 2 位数表示；年月日的次序不能颠倒且内容不能缺省。日期型数据用 8 个字节表示，取值范围为：{^0001-01-01} ~ {^9999-12-31}。严格的日期格式是系统默认的日期格式。

【例 5-5】在命令窗口输入如下命令：

```
?{^2013-05-15}
```

回车执行以上命令之后，屏幕显示：

05/15/13

> **注意**　屏幕显示的为月日年格式，其中年用两位，默认的分隔符为“/”。这与 SET MARK TO、SET DATE TO 和 SET CENTURY 等语句的设置有关。

（3）影响日期格式的设置命令

① SET MARK TO [日期分隔符]

用于指定在屏幕上显示日期型数据时使用的分隔符，如“-”、“.”、“/”等。如果执行 SET MARK TO 没有指定任何分隔符，表示恢复系统默认的斜杠（/）分隔符。

【例 5-6】在命令窗口输入如下命令：

```
SET MARK TO ","
?{^2013-07-08}
SET MARK TO
?{^2013-07-08}
```

回车执行以上命令之后，屏幕显示：

```
07,08,13
07/08/13
```

② SET DATE TO MDY|DMY|YMD

用于设置日期在屏幕上显示的格式。MDY 表示月/日/年，DMY 表示日/月/年，YMD 表示年/月/日。其中 MDY 是默认的格式。

【例 5-7】在命令窗口输入如下命令：

```
?{^2013-08-10}
SET DATE TO YMD
?{^2013-08-10}
SET DATE TO MDY
?{^2013-08-10}
```

回车执行以上命令之后，屏幕显示：

```
08/10/13
13/08/10
08/10/13
```

③ SET CENTURY ON|OFF

用于设置在屏幕上显示日期型数据时年份采用 2 位还是 4 位。选 ON 表示年份采用 4 位，选 OFF 表示年份采用 2 位表示。如果执行 SET CENTURY TO 表示恢复系统默认状态，即年用 4 位表示。

【例 5-8】在命令窗口输入如下命令：

```
?{^2013-08-15}
SET CENTURY ON
?{^2013-08-15}
SET CENTURY OFF
?{^2013-08-15}
```

回车执行以上命令之后，屏幕显示：

```
08/15/13
08/15/2013
08/15/13
```

④ SET CENTURY TO R1 ROLLOVER R2

该语句表示：在 SET CENTURY ON 的状态下，如果给出的日期年份采用的是 2 位数，则小于 R2 的两位数年份属于 R1+1 世纪，而大于等于 R2 的两位数年份属于 R1 世纪。

【例 5-9】在命令窗口输入如下命令：

```
SET STRICTDATE TO 0
SET DATE TO MDY
SET CENTURY ON
SET CENTURY TO 19 ROLLOVER 51
?{09/01/13},{09/01/51}
```

回车执行以上命令之后，屏幕显示：

```
09/01/2013 09/01/1951
```

5. 日期时间型（T）常量

日期时间型常量包括日期和时间两部分内容：{<日期> <时间>}。<日期>部分与日期型常量相似，也有传统的和严格的两种格式。<日期>部分和<时间>部分之间的分隔符可以采用空格或逗号(“,”)。

<时间>部分的格式为：[hh[:mm[ss][a|p]]。其中 hh、mm 和 ss 分别代表时、分和秒，默认值分别为 12、0 和 0。a 和 p 分别代表上午和下午，默认值为 a。如果指定的时间大于等于 12，则自然为下午的时间。

【例 5-10】显示日期和时间型常量。

在命令窗口输入命令：

```
SET MARK TO
```

```
? {^2012-11-02 3:15 p},{^2012-11-02,},{^2012-11-02,3}
```

回车执行以上命令之后，屏幕显示：

```
11/02/2012 03:15:00 PM 11/02/2012 12:00:00 AM 11/02/2012 03:00:00 AM
```

日期时间型常量的使用还要受 SET HOURS TO 12|24 语句的影响。系统默认的是十二小时制。

日期时间型数据用 8 个字节存储。日期部分的取值与日期型数据相同，时间部分的取值范围是：00:00:00 AM ~ 11:59:59 PM。

6. 货币型常量（Y）

货币型常量用来表示货币值，其书写格式与数值型常量类似，但要加上一个前置字符($)。货币型数据存放和计算时，采用 4 位小数。如果一个货币型常量多于 4 位小数，那么系统会自动将多余的小数位四舍五入，如果少于 4 位小数，那么系统会自动在小数后面用零补齐 4 位。

货币型常量没有科学计数法形式，在内存中占 8 个字节，取值范围为：-922337203685477.5807 ~ 922337203685477.5807。

【例 5-11】在命令窗口输入命令：

```
?$123.456789
??$123.45
```

回车执行以上命令之后，屏幕显示：

```
123.4568   123.4500
```

5.1.2 变量

变量是指在程序运行过程中其值可以变化的量。通常由变量名、变量的数据类型和变量的当前值（简称变量值）3 部分构成。为了使用变量，必须得给变量起个名字，称为变量名。VFP 6.0 中，内存变量以及函数的取名，均遵循以下规则：由字母（或汉字）、数字、下划线组成；以字母（或汉字）或下划线开头；最多由 128 个字符构成；不能与系统保留字（VFP 语言所使用的关键字，例如 use 等）同名。

每个变量名由其存放数据的类型来决定它的类型，称为变量的数据类型。

每个变量使用时都必须有值，称为变量的当前值。

VFP 6.0 的变量分为字段变量、内存变量和系统变量三大类。字段变量用来存放表文件中某个记录的某字段的值，内存变量用来存放处理过程的中间结果或最终结果，系统变量是 VFP 系统所使用的内存变量，用于控制系统的相关信息。

1. 字段变量

字段变量，是用户在建立表文件结构时定义的所有字段名。即：表中的每一个字段名就是一个字段变量名。只要用户通过命令打开该表文件，则这些字段不但都有定义，而且都有值，其值等于该表文件的当前记录中对应字段的值。即：表中字段当前值就是字段变量的值。如果当前记录改变了，则所有和该数据库文件相关的字段变量的值，将全部自动换成新的当前记录对应字段的值。字段变量的类型就是定义表文件结构时对应字段的类型。字段类型有数值型（数值型、浮点型、双精度型、整型）、字符型、日期型、日期时间型、货币型、逻辑型、备注型、通用型、二进制备注型和二进制字符型等。

2. 内存变量

内存变量是一种独立于表文件而存在的变量，或者说是一种临时工作单元，需要时可以临时定义，不需要时可随时释放。它用于存储数据处理过程中所需要的常量、中间结果、最终结果，也可以作为控制变量来控制应用程序的运行。

内存变量的数据类型包括字符型(C)、数值型(N)、货币型(Y)、逻辑型(L)、日期型(D)和日期时间型(T)6 种。

（1）简单内存变量

每个变量都有一个名字，可以通过变量名访问变量。如果当前存在一个与内存变量同名的字段变量，并且当前字段变量所在的表处于打开状态，则同名的内存变量名和字段变量名均可被访问，此时在访问内存变量时，必须在变量名前加前缀 M.(或 M->)，否则系统将访问同名的字段变量。

向简单内存变量赋值不必事先定义，变量的赋值命令有以下两种格式：

```
<内存变量名>=<表达式>
STORE <表达式> TO <内存变量名表>
```

功能注释：

① 赋值号“=”一次只能给一个内存变量赋值。STORE 命令可以同时给若干个内存变量赋予相同的值，各内存变量名之间必须用逗号隔开。

② 在 VFP 6.0 中，一个变量在使用之前并不需要特别地声明或定义。当用赋值语句命令给变量赋值时，如果该变量并不存在，那么系统会自动建立它。

③ 可以通过对内存变量重新赋值来改变其内容和类型。而字段变量不能用赋值语句进行赋值。

【例 5-12】内存变量和字段变量的访问。这里用到一个表文件“cj.dbf”，其结构如下：

```
cj (姓名(C,6) 性别(C,2) 语文(N,3) 数学(N,3) 物理(N,3) 化学(N,3) 总成绩(N,3) 平均成绩(N,2))
```

在命令窗口中输入如下命令：

```
USE cj
LIST
GO 1
? 姓名,性别,语文          && 显示字段变量
STORE "赵一" TO 姓名     &&用字符串向内存变量“姓名”赋值
x=100
? 姓名, m->姓名,x
```

依次回车执行以上命令之后，屏幕显示：

```
记录号   姓名   性别   语文    数学    物理    化学    总成绩   平均成绩
  1      张三    男     95      89      86      88       0        0.00
  2      李四    男     83      89      70      76       0        0.00
  3      王五    男     95      90      99      90       0        0.00
  4      刘六    女     68      89      68      69       0        0.00
  5      吴七    女     66      78      60      86       0        0.00
张三      男     95
张三     赵一    100
```

（2）数组

数组是内存中连续的一片存储区域，它由一系列元素组成，每个数组元素可通过数组名及相应的下标来访问。每个数组元素相当于一个简单变量，可以给各元素分别赋值。在 VFP 6.0 中，一个数组中各元素的数据类型可以不同。

与简单内存变量不同，数组在使用之前要用 DIMENSION 或 DECLARE 命令定义，规定数组是一维还是二维数组，并说明数组名和数组大小。数组大小由下标值的上、下限决定，下限规定

为 1。

创建数组的命令格式为：

```
DIMENSION <数组名>(<下标上限 1> [,<下标上限 2>][,…])
DECLARE <数组名>(<下标上限 1>[,<下标上限 2>][,…])
```

以上两种格式的功能完全相同。数组创建后，系统自动给每个元素赋以逻辑假（.F.）。如：DIMENSION x(3)，y(2，3)命令定义了两个数组。

一维数组 x 含 3 个元素：x(1)，x(2)，x(3)。

二维数组 y 含 6 个元素：y(1，1)，y(1，2)，y(1，3)，y(2，1)，y(2，2)，y(2，3)。

整个数组的数据类型为 A(Array)，而各个数组元素可以分别存放不同类型的数据。在使用数组和数组元素时，应注意如下问题：

① 在一切使用简单内存变量的地方，均可以使用数组元素。

② 在赋值和输入语句中使用数组名，表示将同一个值同时赋给该数组的全部数组元素。如，在命令窗口输入命令：

```
declare a(3)
a=3
?a(1),a(2),a(3)                      && 屏幕显示结果为：3 3 3
```

③ 在同一个运行环境下，数组名不能与简单变量名重复。

④ 赋值语句中的表达式位置可以出现数组名。如，在命令窗口输入命令：

```
DIMENSION a(3)                       && 定义了一个数组
a(1)=1,a(2)=2,a(3)=3                 && 分别赋值
b=a                                  && 将数组 a 的第一个元素 a(1)的值赋给内存变量 b
?b                                   && 结果为 1
```

⑤ 可以用一维数组形式访问二维数组。如，数组 y 中的各元素用一维数组形式可依次表示为：y(1)，y(2)，y(3)，y(4)，y(5)，y(6)，其中 y(4)与 y(2，1)是同一变量。

3．系统变量

VFP 6.0 提供了一批系统变量，它们均以下划线开头，分别用于控制外部设备（例如打印机、鼠标等），屏幕输出格式，或者处理计算器、日历、剪贴板等信息。因此，用户定义的内存变量尽量不要以下划线开头，以区别于系统变量。系统变量也可以被赋值或显示，和简单内存变量用法类似。系统变量举例如下：

（1）_CLIPTEXT 表示接受文本并送入到剪贴板。例如执行命令_CLIPTEXT=“计算机”后，剪贴板中就存储了文本“计算机”。

（2）_DIARYDATE 用于存储当前日期。

5.1.3　内存变量常用命令

1．给内存变量赋值

格式 1：

```
STORE <表达式> TO <变量名>
```

格式 2：

```
<内存变量名>=<表达式>
```

功能：计算表达式并将表达式的值赋给一个或多个内存变量，格式 2 只能给一个变量赋值。

2. 显示表达式值

格式 1：

```
? [<表达式表>]
```

格式 2：

```
?? <表达式表>
```

功能：计算表达式表中的各表达式值，并输出至屏幕。使用格式 1 时，在一个新行行首输出表达式的值。如果输出的是表达式表，间隔用逗号，各输出项之间空一格。使用格式 2 时在当前行的光标处开始输出，不重新起一行。

3. 显示内存变量

格式 1：

```
LIST MEMORY [LIKE<通配符>[TO PRINTER|TO FILE<文件名>]
```

格式 2：

```
DISPLAY MEMORY [LIKE<通配符>][TO PRINTER|TO FILE<文件名>]
```

功能：显示内存变量的当前信息，包括变量名、作用域、类型、取值。

选用 LIKE 短语将只显示与通配符相匹配的内存变量。通配符包括“*”和“?”，“*”表示任意多个字符，“?”表示任意一个字符。

可选子句 TO PRINTER 或 TO FILE<文件名>用于在显示的同时将内存变量信息送往打印机，或者存入指定的文本文件中，文件的扩展名为.txt。

LIST MEMORY 命令将一次性显示出与通配符匹配的所有内存变量，如果内存变量较多，一屏显示不下，则自动向上滚动。DISPLAY MEMORY 命令则会分屏显示与通配符匹配的所有内存变量，它在显示一屏后将暂停，在用户按任意键之后再继续显示下一屏。

4. 清除内存变量

格式 1：

```
CLEAR MEMORY
```

格式 2：

```
RELEASE  <内存变量表>
```

格式 3：

```
RELEASE ALL [LIKE <通配符>|EXCEPT <通配符>]
```

功能：格式 1 清除所有内存变量。

格式 2 清除指定的内存变量。

格式 3 选用 LIKE 短语清除与通配符相匹配的内存变量，选用 EXCEPT 短语清除与通配符不相匹配的内存变量。如：

```
RELEASE ALL LIKE m*
```

表示只清除以 m 开头的所有内存变量。

```
RELEASE ALL EXCEPT m?
```

表示将现有的内存变量中变量名为两个字符并且是以 m 开头的变量之外的其他内存变量清除。

如果该命令出现在程序中，该命令不能清除公共内存变量。

5. 交换表中数据与数组数据

表文件的数据内容是以记录的方式存储与使用的，它是以一组数据为基本单位，而数组也是把一批数据组织在一起的数据处理方法，为使它们之间可以进行数据交换，以利于程序的使用，Visual FoxPro 6.0 提供了相互之间的数据传递功能，可以方便地完成表记录与内存变量之间的数据交换。

（1）将表的当前记录复制到数组

格式 1：

```
SCATTER [FIELDS <字段名表>] [MEMO] TO <数组名> [BLANK]
```

格式 2：

```
SCATTER [FIELDS LIKE <通配符>|FIELDS EXCEPT<通配符>] [MEMO] TO <数组名>
    [BLANK]
```

格式 1 的功能是将表的当前记录从指定字段表中的第一个字段内容开始，依次复制到数组名中的从第一个数组元素开始的各数组元素中。如果不使用 FIELDS 短语指定字段，则复制除备注型 M 和通用型 G 之外的全部字段。

如果事先没有创建数组，系统将自动创建；如果已创建的数组元素个数少于字段数，系统自动建立其余数组元素；如果已创建的数组元素个数多于字段数，其余数组元素的值保持不变。

若选用 MEMO 短语，则同时复制备注型字段。若选用 BLANK 短语，则产生一个空数组，各数组元素的类型和大小与表中当前记录的对应字段相同。

格式 2 的功能是用通配符指定包括或排除的字段。如果使用 FIELDS 选项指定字段，则依次对指定的各个字段进行复制，如果数组元素个数多于记录中字段的个数，则多余部分被忽略。若选用 MEMO 短语，则在复制时包括备注型字段，否则备注型字段不予考虑。

【例 5-13】打开表文件“cj.dbf”，其中包括 8 个字段：姓名(C，6)、性别(C，2)、语文(N，3)、数学(N，3)、物理(N，3)、化学(N，3)、总成绩(N，3)、平均成绩(N，5，2)。

当前记录为第一条记录，把它复制到数组 a 中。程序如下：

```
USE cj                     &&打开成绩表
SCATTER TO a
? a(1),a(2),a(3),a(4),a(5),a(6),a(7),a(8)
```

屏幕显示结果为：

```
张三  男   95   89   86   88  0  0.00
```

（2）将数组数据复制到表的当前记录

格式 1：

```
GATHER FROM <数组名>[FIELDS<字段名表>][MEMO]
```

格式 2：

```
GATHER FROM <数组名>[FIELDS LIKE <通配符>|FIELDS EXCEPT <通配符>][MEMO]
```

格式 1 的功能是将数组中的数据作为一个记录复制到表的当前记录中。从第一个数组元素开始，依次向字段名表指定的字段填写数据。如果缺省 FIELDS 选项，则按先后顺序依次将数组中的数据复制到表中各个字段，如果数组元素个数多于记录中字段的个数，则多余部分忽略。若选用 MEMO 短语，则在复制时包括备注型字段，否则备注型字段不予考虑。

格式 2 的功能是用通配符指定包括或排除的字段。FIELDS LIKE <通配符>和 FIELDS EXCEPT <通配符> 不可以同时使用。

【例 5-14】打开表文件“cj.dbf”，追加一条空记录，将数组 b 中的内容复制到空记录中。注意数组中各个数组元素的数据类型必须与字段的数据类型一致。

程序如下：

```
DIMENSION B(2,4)
b(1,1)="孙明明"
b(1,2)="女"
b(1,3)=92
b(1,4)=78
b(2,1)=66
b(2,2)=85
USE cj
APPEND BLANK
GATHER FROM b
? 姓名,性别,语文,数学,物理,化学
```

屏幕显示结果为：

```
孙明明 女  92 78 66 85
```

5.2 常 用 函 数

函数其实就是预先编好的一段程序，具有特定的功能。在 VFP 6.0 中，除了系统向用户提供的“标准函数”，用户也可自己编写“用户自定义函数”。

函数一般由函数名、参数和函数值 3 个基本要素构成。

函数名起标识的作用，标准函数的函数名由 VFP 系统给出，用户自定义函数的函数名命名规则和简单内存变量相同（具体如前面所述）。

参数也称自变量，可以是常量、变量或者表达式，需写在括号内。不同的函数的参数个数不同，可以有一个或多个，也可以没有参数，要根据具体函数而定。有的函数缺省参数，但仍有返回值。例如函数 DATE()可以返回系统当前日期。

函数调用后可以返回一个运算结果，称为函数值或返回值。函数值因参数值的不同而不同。

对于 VFP 6.0 的标准函数可用函数名的前 4 个字母调用，用户自定义函数必须取全名。一般函数调用格式如下：

```
<函数名> ([<参数表>])
```

函数调用可以出现在表达式里，表达式将函数的返回值作为自己运算的对象。函数调用也可作为一条命令使用，但此时系统忽略函数的返回值。

VFP 6.0 函数库中提供了 200 余种标准函数，它们都实现了某种功能或能够完成某种运算。有效地利用这些标准函数将大大提高程序开发效率和程序的可读性。

函数分为数值型函数、字符处理函数、日期处理函数、数据类型转换函数、测试函数 5 类。下面分类介绍常用的函数。

5.2.1 数值函数

数值函数是指函数值为数值的一类函数，它们的自变量和返回值往往都是数值型数据。

1. 绝对值和符号函数

格式：

```
ABS(<数值表达式>)
```

```
SIGN(<数值表达式>)
```

功能：ABS()返回指定的数值表达式的绝对值。

SIGN()返回指定数值表达式的符号。当表达式的结果为正、负或零时，函数值分别为 1、-1 和 0。

【例 5-15】在命令窗口中输入如下命令：

```
STORE 15 TO x
? ABS(10-x),ABS(x-5),SIGN(10-x),SIGN(x-5)
```

依次回车执行以上命令之后，屏幕显示：

```
5  10  -1  1
```

2. 求平方根函数

格式：

```
SQRT(<数值表达式>)
```

功能：返回指定表达式的平方根，表达式的值不能为负。

【例 5-16】在命令窗口中输入如下命令：

```
? SQRT(10*SQRT(9))
```

回车执行以上命令之后，屏幕显示：

```
5.48
```

【例 5-17】在命令窗口中输入如下命令：

```
STORE -100 TO x
? SIGN(x)*SQRT(ABS(x))
```

依次回车执行以上命令之后，屏幕显示：

```
-10.00
```

3. 圆周率函数

格式：

```
PI()
```

功能：返回圆周率 π (数值型)，该函数没有自变量。

4. 取整数函数

格式：

```
INT(<数值表达式>)
CEILING(<数值表达式>)
FLOOR(<数值表达式>)
```

功能：INT()返回指定数值表达式的整数部分。

CEILING()返回大于或等于指定数值表达式的最小整数。

FLOOR()返回小于或等于指定数值表达式的最大整数。

【例 5-18】在命令窗口中输入如下命令：

```
STORE 3.8 TO x
? INT(x),INT(-x),CEILING(x),CEILING(-x),FLOOR(x),FLOOR(-x)
```

依次回车执行以上命令之后，屏幕显示：

```
3  -3  4  -3  3  -4
```

5. 四舍五入函数

格式：

```
ROUND(<数值表达式 1>, <数值表达式 2>)
```

功能：将“数值表达式 1”的结果四舍五入到“数值表达式 2”的位置。<数值表达式 2>指明

四舍五入的位置。若<数值表达 2>大于等于 0，那么它表示的是要保留的小数位数；若<数值表达式 2>小于 0，那么它表示的是要保留到小数点前|数值表达式 2|+1 位。

【例 5-19】在命令窗口中输入如下命令：

```
x=89.537
? ROUND(x,2),ROUND(x,1),ROUND(x,0),ROUND(x,-2)
```

依次回车执行以上命令之后，屏幕显示：

```
89.54  89.5  90  100
```

6. 求余数函数

格式：

```
MOD(<数值表达式 1>, <数值表达式 2>)
```

功能：返回两个数值相除后的余数。<数值表达式 1>是被除数，<数值表达式 2>是除数。余数的正负号与除数相同。如果被除数与除数同号，那么函数值即为两数相除的余数；如果被除数与除数异号，则函数值为两数相除的余数再加上除数的值。

【例 5-20】在命令窗口中输入如下命令：

```
? MOD(15,4),MOD(15,-4),MOD(-15,4),MOD(-15,-4)
```

依次回车执行以上命令之后，屏幕显示：

```
3  -1  1  -3
```

7. 求最大值和最小值函数

格式：

```
MAX(<数值表达式 1>,<数值表达式 2>,…)
MIN(<数值表达式 1>,<数值表达式 2>, …)
```

功能：MAX()计算各自变量表达式的值，并返回其中的最大值。

MIN()计算各自变量表达式的值，并返回其中的最小值。

说明：这些自变量表达式必须具备相同的数据类型(可以同是数值型、字符型、货币型、双精度型、日期型和日期时间型)。

【例 5-21】在命令窗口中输入如下命令：

```
? MAX("5","8","54"),MIN("语文","数学","物理","化学")   &&结果为:8 化学
```

8. 求指数函数

格式：

```
EXP(<数值表达式>)
```

功能：返回以 e 为底，以<数值表达式>为幂次的指数值。

9. 求对数函数

格式：

```
LOG(<数值表达式>)
```

功能：返回<数值表达式>的自然对数值。

说明：数值表达式的值必须大于零。

5.2.2 字符处理函数

字符处理函数是指自变量一般是字符型数据的函数。

1. 求字符串长度函数

格式：LEN(<字符表达式>)

功能：返回指定字符表达式值的长度，即所包括的字符个数。函数值为数值型。

【例 5-22】在命令窗口中输入如下命令：

```
x="你好,China!"   && 一个汉字长度为 2
? LEN(x)
```

依次回车执行以上命令之后，屏幕显示：

```
11
```

2. 大小写转换函数

格式：

```
LOWER(<字符表达式>)
UPPER(<字符表达式>)
```

功能：LOWER()将指定表达式值中的大写字母转换成小写字母，其他字符不变。

UPPER()将指定表达式值中的小写字母转换成大写字母，其他字符不变。

【例 5-23】在命令窗口中输入如下命令：

```
? LOWER("abc987Hi"),UPPER("Hello")
```

回车执行以上命令之后，屏幕显示：

```
abc987hi HELLO
```

3. 空格字符串生成函数

格式：SPACE(<数值表达式>)

功能：返回一个由<数值表达式>值确定数目的空格组成的字符串。

4. 删除字符串空格函数

格式：

```
TRIM(<字符表达式>)
LTRIM(<字符表达式>)
ALLTRIM(<字符表达式>)
```

功能：TRIM()返回指定字符表达式值去掉尾部空格后形成的字符串。

LTRIM()返回指定字符表达式值去掉前导空格后形成的字符串。

ALLTRIM()返回指定字符表达式值去掉前导和尾部空格后形成的字符串。

【例 5-24】在命令窗口中输入如下命令：

```
STORE SPACE(1)+"COMPUTER"+SPACE(4)TO x
? TRIM(x)+LTRIM(x)+ALLTRIM(x)
? LEN(x),LEN(TRIM(x)),LEN(LTRIM(x)),LEN(ALLTRIM(x))
```

依次回车执行以上命令之后，屏幕显示：

```
COMPUTERCOMPUTERCOMPUTER
13   9   12   8
```

5. 取子串函数

格式：

```
LEFT(<字符表达式>,<长度>)
RIGHT(<字符表达式>,<长度>)
SUBSTR(<字符表达式>,<起始位置>[,<长度>])
```

功能：LEFT()从指定表达式值的左端取一个指定的子串作为函数值。

RIGHT()从指定表达式值的右端取一个指定长度的子串作为函数值。

SUBSTR()从指定表达式值的指定位置取指定长度的子串作为函数值。

说明：在 SUBSTR()函数中，若缺省第三个自变量<长度>，则函数从指定位置一直取到最后一个字符。

【例 5-25】在命令窗口中输入如下命令：

```
STORE "abcdef fedcba" TO x
? LEFT(x,2),SUBSTR(x,5,3)+SPACE(2)+SUBSTR(x,7),RIGHT(x,3)
```

依次回车执行以上命令之后，屏幕显示：

```
ab ef   fedcba cba  &&输出项之间的逗号,输出时占一个空格
```

6. 计算子串出现次数的函数

格式：

```
OCCURS(<字符表达式 1>,<字符表达式 2>)
```

功能：返回第一个字符串在第二个字符串中出现的次数，函数值为数值型。若第一个字符串不是第二个字符串的子串，函数值为 0。

【例 5-26】在命令窗口中输入如下命令：

```
STORE "Hello,world!" TO str
? OCCURS("l",str),OCCURS("o",str),OCCURS("h",str),OCCURS("H",str)
```

依次回车执行以上命令之后，屏幕显示：

```
3  2  0  1
```

7. 求子串位置函数

格式：

```
AT(<字符表达式 1>,<字符表达式 2>, [<数值表达式>])
ATC(<字符表达式 1>,<字符表达式 2>, [<数值表达式>])
```

功能：AT()的函数值为数值型。如果<字符表达式 1>是<字符表达式 2>的子串，则返回<字符表达式 1>值的首字符在<字符表达式 2>值中的位置；若不是子串，则返回 0。

ATC()与 AT()功能类似，但在子串比较时不区分字母大小写。

说明：第三个自变量<数值表达式>用于表明要在<字符表达式 2>值中搜索<字符表达式 1>值的第几次出现，其默认值是 1。

【例 5-27】在命令窗口中输入如下命令：

```
STORE "This is Visual FoxPor 6.0" to str
? AT("fox",str),ATC("fox",str),AT("is",str,2),ATC("is",str,2)
```

依次回车执行以上命令之后，屏幕显示：

```
0   16   6   6
```

8. 子串替换函数

格式：

```
STUFF(<字符表达式 1>,<起始位置>,<长度>,<字符表达式 2>)
```

功能：用<字符表达式 2>值替换<字符表达式 1>中由<起始位置>和<长度>指明的一个子串。替换和被替换的字符个数不一定相等。如果<长度>值 0，<字符表达式 2>则插在由<起始位置>指定的字符前面；如果<字符表达式 2>值是空串，那么<字符表达式 1>中由<起始位置>和<长度>指明的子串被删去。

【例 5-28】在命令窗口中输入如下命令：

```
S1="GOOD BYE!"
S2="MORNING"
?stuff(s1,6,3,s2)          &&结果为：GOOD MORNING!
?stuff(s1,6,0,s2)          &&结果为：GOOD MORNINGBYE!
?stuff(s1,6,3,"")          &&结果为：GOOD !
```

9. 字符替换函数

格式：

`CHRTRAN(<字符表达式 1>,<字符表达式 2>,<字符表达式 3>)`

功能：该函数的自变量是 3 个字符表达式。当第一个字符串中的一个或多个字符与第二个字符串中的某个字符相匹配时，就用第三个字符串中的对应字符(与第二个字符串相同的位置)替换这些字符；如果第三个字符串包含的字符个数少于第二个字符串包含的字符个数，因而没有对应字符，那么第一个字符串中相匹配的各字符将被删除。如果第三个字符串包含的字符个数多于第二个字符串包含的字符个数，多余字符被忽略。

【例 5-29】在命令窗口中输入如下命令：

```
str1=CHRTRAN("COMPUTER","CHIP","BOOK")
str2=CHRTRAN("大学生","中学生","电脑")
str3=CHRTRAN("中国","中央","美利坚合众国")
? str1,str2,str3
```

依次回车执行以上命令之后，屏幕显示：

```
BOMKUTER  大脑 美国
```

10. 字符串匹配函数

格式：

`LIKE(<字符表达式 1>,<字符表达式 2>)`

功能：比较两个字符串对应位置上的字符，若所有对应字符都相匹配，函数返回逻辑真(.T.)，否则返回逻辑假(.F.)。

说明：<字符表达式 1>中可以包含通配符“*”和“?”。

* 可以与任何数目的字符相匹配。

? 可以与任何单个字符相匹配。

【例 5-30】在命令窗口中输入如下命令：

```
STORE "计算机学院" TO str1
STORE "计划" TO str2
? LIKE("计*",str1),LIKE("计*",str2),LIKE(str1,str2),LIKE("aaa",str2)
```

依次回车执行以上命令之后，屏幕显示：

```
.T. .T. .F. .F.
```

11. 复制字符串函数

格式：

`REPLICATE(<字符表达式>,<数值表达式>)`

功能：返回将<字符表达式>重复<数值表达式>次的字符串。

【例 5-31】在命令窗口中输入如下命令：

```
STORE "你好,hello!" TO str1
? REPLICATE(str1,4)
```

依次回车执行以上命令之后，屏幕显示：

```
你好,hello! 你好,hello! 你好,hello! 你好,hello!
```

5.2.3 日期和时间处理函数

日期和时间处理函数的自变量一般是日期型数据和日期时间型数据。

1. 系统日期和时间函数

格式：

```
DATE()
TIME()
DATETIME()
```

功能：DATE()返回当前系统日期，函数值为日期型。

TIME()以 24 小时制 hh:mm:ss 格式返回当前系统时间，函数值为字符型。

DATETIME()返回当前系统日期时间，函数值为日期时间型。

【例 5-32】在命令窗口中输入如下命令：

```
? DATE(),TIME(),DATETIME()
Set hours to 24
? DATE(),TIME(),DATETIME()
Set hours to 12
? DATE(),TIME(),DATETIME()
```

依次回车执行以上命令之后，屏幕显示：

```
08/15/13 18:55:25 08/15/13 06:55:25 PM
08/15/13 18:55:25 08/15/13 18:55:25
08/15/13 18:55:25 08/15/13 06:55:25 PM
```

2. 求年份、月份和天数函数

格式：

```
YEAR(<日期表达式>|<日期时间表达式>)
MONTH(<日期表达式>|<日期时间表达式>)
DAY(<日期表达式>|<日期时间表达式>)
```

功能：YEAR()从指定的日期表达式或日期时间表达式中返回年份。

MONTH()从指定的日期表达式或日期时间表达式中返回月份。

DAY()从指定的日期表达式或日期时间表达式中返回月里面的天数。

说明：这三个函数的返回值都为数值型。

【例 5-33】在命令窗口中输入如下命令：

```
STORE {^2013-08-15} TO d
? YEAR(d)+5,MONTH(d),DAY(d)
```

回车执行以上命令之后，屏幕显示：

```
2018   8   15
```

3. 时、分和秒函数

格式：

```
HOUR(<日期时间表达式>)
MINUTE(<日期时间表达式>)
SEC(<日期时间表达式>)
```

功能：HOUR()从指定的时间表达式中返回小时部分(24 小时制)。

MINUTE()从指定的日期时间表达式中返回分钟部分。

SEC()从指定的日期时间表达式中返回秒数部分。

【例 5-34】在命令窗口中输入如下命令：

```
STORE {^2013-08-15 07:04:05  P}  TO  x
? HOUR(x),MINUTE(x),SEC(x)
```

依次回车执行以上命令之后，屏幕显示：

```
19   4   5
```

5.2.4 数据类型转换函数

数据类型转换函数的功能是将某一种类型的数据转换成另一种类型的数据。

1. 数值转换成字符串

格式：

```
STR(<数值表达式>,[<长度>,[<小数位数>]])
```

功能：将<数值表达式>的值转换成字符串，转换时根据需要自动进行四舍五入。

说明：

（1）返回字符串的理想长度 L 应该是<数值表达式>值的整数部分位数(包括负号)，加上<小数位数>值，再加上 1 位小数点；

（2）如果<长度>值大于 L，则字符配上前导空格以满足规定的<长度>要求；

（3）如果<长度>值大于等于<数值表达式>值的整数部分(包括负号)但又小于 L，则优先满足整数部分而自动调整小数位数；

（4）如果<长度>值小于<数值表达式>值的整数部分位数，则返回一串星号(*)；

（5）<小数位数>的默认值为 0，<长度>的默认值为 10。

【例 5-35】在命令窗口中输入如下命令：

```
STORE -135.762  TO d
?"d="+STR(d,8,3),STR(d,9,2),STR(d,6,2),STR(d,7,2),STR(d,3),STR(d)
```

依次回车执行以上命令之后，屏幕显示：

```
d=-135.762  -135.76 -135.8 -135.76 ***    -136
```

2. 字符串转换成数值

格式：

```
VAL(<字符表达式>)
```

功能：将由数字符号(包括正负号、小数点)组成的字符型数据转换成相应数值型数据。若字符串内出现非数字字符，那么只转换前面部分；若字符串的首字符不是数字符号，则返回数值零，但忽略前导空格。

【例 5-36】在命令窗口中输入如下命令：

```
STORE "587." TO str1
STORE "67" TO str2
STORE "abc89" TO str3
? VAL(str1+str2),VAL(str1+str3),VAL(str3+str2)
```

依次回车执行以上命令之后，屏幕显示：

```
587.67   587.00   0.00
```

3. 字符串转换成日期或日期时间

格式：

```
CTOD(<字符表达式>)
CTOT(<字符表达式>)
```

功能：CTOD()将<字符表达式>值转换成日期型数据。

CTOT()将<字符表达式>值转换成日期时间型数据。

说明：字符串中的日期部分要与 SET DATE TO 命令设置的格式一致。其中的年份可以用 4 位，也可以用两位。如果用两位，则世纪由 SET CENTURY TO 语句指定。

【例 5-37】在命令窗口中输入如下命令：

```
SET DATE TO YMD
SET CENTURY ON
SET CENTURY TO 19 ROLLOVER 51
str1=CTOD("2013/08/01")
str2=CTOT("2013/08/01"+" "+TIME())
? str1,str2,CTOD("50/01/01"),CTOD("51/01/01")
```

依次回车执行以上命令之后，屏幕显示：

```
2013/08/01 2013/03/01 07:12:11 PM  2050/01/01 1951/01/01
```

这里 SET CENTURY TO 语句指定：小于 51 的两位数年份属于 21 世纪(19+1)，而大于等于 51 的两位数年份属于 20 世纪(19)。

4. 日期或日期时间转换成字符串

格式：

```
DTOC(<日期表达式>|<日期时间表达式>[,1])
TTOC(<日期时间表达式>[,1])
```

功能：DTOC()将日期型数据或日期时间型数据的日期部分转换成字符串。

TTOC()将日期时间型数据转换成字符串。

说明：

（1）字符串中日期部分的格式与 SET DATE TO 语句的设置和 SET CENTURY ON|OFF(ON 为 4 位年份，OFF 为两位数年份)语句的设置有关。

（2）时间部分的格式受 SET HOURS TO 12|24 语句的设置影响。

（3）对于 DTOC()函数，如果使用选项 1，则字符串的格式为 YYYYMMDD，共 8 个字符。

对于 TTOC()函数，如果使用选项 1，则字符串的格式为 YYYYMMDDHHMMSS，采用 24 小时制，共 14 个字符。

【例 5-38】在命令窗口中输入如下命令：

```
SET DATE TO YMD
SET CENTURY ON
STORE DATETIME() TO t      &&当前日期为 2013/08/15 07:17:51 PM
? DTOC(t),DTOC(t,1),TTOC(t),TTOC(t,1)
```

依次回车执行以上命令之后，屏幕显示：

```
2013/08/15   20130815   2013/08/15 07:17:51 PM 20130815191751
```

5. 宏替换函数

格式：`&<字符型变量>[.]`

功能：替换出字符型变量的内容，即&的值是变量中的字符串。如果该函数与其后的字符无明确分界，则要用“.”作函数结束标识。宏替换可以嵌套使用。

【例 5-39】在命令窗口中输入如下命令：

```
X="5"
```

```
Y="6"
?X+Y                   && 结果为字符串"56"
?&X+&Y                 && 结果为数值 11
```

5.2.5　测试函数

在数据处理过程中，有时用户需要了解操作对象的状态。例如，要使用的文件是否存在、数据库的当前记录号、是否到达了文件尾、检索是否成功、某工作区中记录指针所指的当前记录是否有删除标记、数据类型等信息。使用测试函数可以帮助实现目的。尤其是在运行应用程序时，常常需要根据测试结果来决定下一步的处理方法或程序走向。

1. 值域测试函数

格式：

```
BETWEEN(<表达式 T>,<表达式 L>,<表达式 H>)
```

功能：判断一个表达式的值是否介于另外两个表达式的值之间。当<表达式 T>值大于等于<表达式 L>且小于等于<表达式 H>时，函数值为逻辑真(.T.)，否则函数值为逻辑假(.F.)。如果<表达式 L>或<表达式 H>有一个是.NULL.值，那么函数值也可能是.NULL.值。

说明：该函数的自变量类型可以是数值型、字符型、日期时间型、浮点型、整型、双精度型或货币型。但三个自变量的数据类型要一致。

【例 5-40】在命令窗口中输入如下命令：

```
STORE .NULL. TO a
STORE 50 TO b
? BETWEEN(100,b,b+50),BETWEEN(90,b,a),BETWEEN(90,a,b)
```

依次回车执行以上命令之后，屏幕显示：

```
.T.  .NULL.   .F.
```

2. 空值(.NULL.)测试函数

格式：

```
ISNULL(<表达式>)
```

功能：判断一个表达式的运算结果是否为.NULL.值，若是.NULL.值返回逻辑真(.T.)，否则返回逻辑假(.F.)。

【例 5-41】在命令窗口中输入如下命令：

```
STORE .NULL. TO x
? x,ISNULL(x)
```

依次回车执行以上命令之后，屏幕显示：

```
.NULL.   .T.
```

3. “空”值测试函数

格式：

```
EMPTY(<表达式>)
```

功能：根据指定表达式的运算结果是否为“空”值，返回逻辑真(.T.)或逻辑假(.F.)。

说明：

（1）这里所指的“空”值与.NULL.值是两个不同的概念。函数 EMPTY(.NULL.)的返回值为逻辑假(.F.)。

（2）该函数的自变量类型可以是数值型、字符型、逻辑型、日期型等。不同类型数据的“空”

值有不同的规定。如表 5-1 所示。

表 5-1　　不同类型数据的“空”值规定

数据类型	“空”值	数据类型	“空”值
数值型	0	双精度型	0
字符型	空串、空格、制表符、回车、换行	日期型	空(如 CTOD(""))
货币型	0	日期时间型	空(如 CTOT(""))
浮点型	0	逻辑型	.F.
整型	0	备注类型	空(无内容)

【例 5-42】在命令窗口中输入如下命令：

```
STORE 0 TO x
STORE "" TO y
? EMPTY(x), EMPTY(y)    && 结果为:.T.  .T.
```

4. 数据类型测试函数

格式：

```
VARTYPE(<表达式>, [<逻辑表达式>])
```

功能：测试<表达式>的类型，返回一个大写字母，函数值为字符型。

说明：

（1）字母的含义如表 5-2 所示。

（2）若<表达式>是一个数组，则根据第一个数组元素的类型返回字符串。若<表达式>的运算结果是.NULL.值，则根据<逻辑表达式>值决定是否返回<表达式>的类型。如果<逻辑表达式>值为.T.，就返回<表达式>的原数据类型。如果<逻辑表达式>值为.F.或者缺省，则返回 X 以表明<表达式>的运算结果是.NULL.值。

表 5-2　　用 VARTYPE()测得的数据类型

返回的字母	数 据 类 型	返回的字母	数 据 类 型
C	字符型或备注型	G	通用型
N	数值型、整型、浮点型或双精度型	D	日期型
Y	货币型	T	日期时间型
L	逻辑型	X	.NULL.值
O	对象型	U	未定义

【例 5-43】在命令窗口中输入如下命令：

```
str="AAA"
STORE 10 TO x
Y="BBB"
STORE .NULL. TO y
STORE $100.2 TO z
?VARTYPE(x),VARTYPE(x,.T.)        && 屏幕显示结果为: N N
?VARTYPE(y), VARTYPE(y,.T.)       && 屏幕显示结果为: X C
?VARTYPE(z), VARTYPE(str)         && 屏幕显示结果为: Y C
```

5. 表文件尾测试函数

系统对表中的记录是逐条进行处理的。对于一个打开的表文件来说，在某一时刻只能处理一条记录。Visual FoxPro 6.0 为每一个打开的表设置了一个内部使用的记录指针，指向正在被操作的记录，该记录称为当前记录。记录指针的作用是标识表的当前记录。

表文件的逻辑结构如图 5-2 所示。最上面的记录是首记录，记为 TOP，最下面的记录是尾记录，记为 BOTTOM。在第一个记录之前有一个文件起始标识，称为 Beginning of File(BOF)；在最后一个记录的后面有一个文件结束标识，称为 End of File(EOF)。使用测试函数能够得到指针的位置。刚刚打开表时，记录指针总是指向首记录。

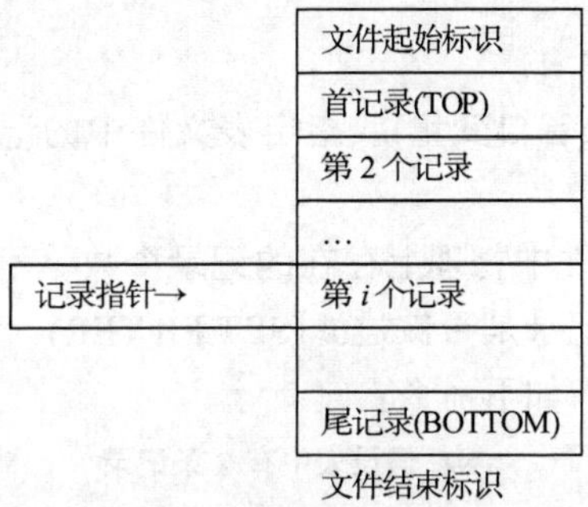

图 5-2 表文件的逻辑结构

格式：

```
EOF([<工作区号>|<表别名>])
```

功能：测试指定表文件中的记录指针是否指向文件尾，若是则返回逻辑真(.T.)，否则返回逻辑假(.F.)。

说明：表文件尾是指最后一条记录的后面位置。若缺省自变量，则测试当前表文件。若在指定工作区上没有打开表文件，函数返回逻辑假(.F.)。若表文件中不包含任何记录，函数返回逻辑真(.T.)。

【例 5-44】在命令窗口中输入如下命令：

```
USE cj
GO BOTTOM
? EOF()
SKIP
? EOF(),EOF(2)     && 2 号工作区没有打开表
```

依次回车执行以上命令之后，屏幕显示：

```
.F.
.T.  .F.
```

6. 表文件首测试函数

格式：

```
BOF(<工作区号>|<表别名>)
```

功能：测试当前表文件(若缺省自变量)或指定表文件中的记录指针是否指向文件首，若是返回逻辑真(.T.)，否则返回逻辑假(.F.)。

说明：表文件首是指第一条记录的前面位置。若指定工作区上没有打开表文件，函数返回逻辑假(.F.)。若表文件中不包含任何记录，函数返回逻辑真(.T.)。

7. 记录号测试函数

格式：

```
RECNO([<工作区号>|<表别名>])
```

功能：返回当前表文件(若缺省自变量)或指定表文件中当前记录(记录指针所指记录)的记录号。

说明：如果指定工作区上没有打开表文件，函数值为 0。如果记录指针指向文件尾，函数值为表文件中的记录数加 1。如果记录指针指向文件首，函数值为表文件中第一条记录的记录号。

8. 记录个数测试函数

格式：

```
RECCOUNT([<工作区号>|<表别名>])
```

功能：返回当前表文件(若缺省自变量)或指定表文件中的记录个数。如果指定工作区上没有打开表文件，函数值为 0。

说明：该函数返回的是表文件中物理上存在的记录个数。不管记录是否被逻辑删除以及 SET DELETED 的状态如何，也不管记录是否被过滤(SET FILTER)，该函数都会把它们考虑在内。

【例 5-45】在命令窗口中输入如下命令：

```
USE cj                            && 假设表中有 2 条记录
? BOF(),RECNO()                   && 显示  .F.  1
SKIP -1
? BOF(),RECNO()                   && 显示  .T.  1
GO BOTTOM
? EOF(),RECNO()                   && 显示  .F.  2
SKIP
? EOF(),RECNO(),RECCOUNT()        && 显示  .T.  3   2
```

9. 条件测试函数

格式：

```
IIF(<逻辑表达式>, <表达式 1>, <表达式 2>)
```

功能：测试<逻辑表达式>的值，若为逻辑真（.T.），函数返回<表达式 1>的值，若为逻辑假（.F.），函数返回<表达式 2>的值。

说明：<表达式 1>和<表达式 2>的类型不要求相同。

【例 5-46】在命令窗口中输入如下命令：

```
x=100
y=300
? IIF(x>100,x-50,x+50),IIF(y>100,y-50,y+50)
SET CENTURY ON
STORE DATE() TO d
STORE DTOC(d) TO s
? s,IIF(LEN(s)=8,"这是两位数年份","年份是: "+STR(YEAR(d), 4))
```

依次回车执行以上命令之后，屏幕显示：

```
150   250
08/15/2013 年份是: 2013
```

10. 记录删除测试函数

格式：

```
DELETED([<表的别名>|<工作区号>])
```

功能：测试指定的表，或在指定工作区中所打开的表的记录指针所指的当前记录是否有删除标记“*”。若有为真，否则为假。若缺省自变量，则测试当前工作区所打开的表。

【例 5-47】在命令窗口中输入如下命令：

```
SELECT 0
USE cj
DELETE FOR 性别="女"
LIST
GO 4
? DELETED()
```

依次回车执行以上命令之后，屏幕显示：

```
Record#    姓名   性别   语文   数学   物理   化学   总成绩   平均成绩
     1     张三   男     95     89     86     88      0       0.00
     2     李四   男     83     89     70     76      0       0.00
     3     王五   男     95     90     99     90      0       0.00
     4    *刘六   女     68     89     68     69      0       0.00
.T.
```

VFP 6.0 提供了非常丰富的函数，在此仅举出一些常用函数的例子，希望读者在今后的深入学习中逐渐体会各种函数的功能。

5.3　表　达　式

表达式是由常量、变量和函数通过特定的运算符连接起来的式子。表达式具有计算、判断和数据类型转换等作用，广泛用于命令、函数、对话框、控件及其属性之中，按照需要设计巧妙的表达式能产生很好的效果。根据表达式运算结果的数据类型不同，表达式可分为数值表达式、字符表达式、日期时间表达式和逻辑表达式。

5.3.1　数值、字符与日期时间表达式

1. 数值表达式

数值表达式是由算术运算符和数值型数据连接起来构成的式子，其运算结果仍然是数值型数据。数值型数据可以是数值型的常量或者变量。

（1）算术运算符及其优先级

数值表达式中的算术运算符及其含义和优先级如表 5-3 所示。

表 5-3　　算术运算符及其优先级

优 先 级	运 算 符	说　明
1	( )	形成表达式内的子表达式
2	**或^	乘方运算
3	*、/、%	乘、除运算、求余（取模）运算
4	+、-	加、减运算

【例 5-48】计算数学算式$(4+6-1)\times 6.5 \div 2$。

在命令窗口中输入如下命令：

```
?(4+6-1)*6.5)/2
```

回车执行以上命令之后，屏幕显示：

```
29.25
```

（2）求余运算

求余运算%和取余函数 MOD()的作用相同。余数的正负号与除数一致。当表达式中出现乘(*)、除(/)和求余运算符(%)时，它们具有相同的优先级。

【例 5-49】求余运算。

在命令窗口中输入如下命令：

```
? 18%5,17%-4
STORE 89 TO x,y
z=21
? x%z,MOD(x,z),x%(y-100)
```

依次回车执行以上命令之后，屏幕显示：

```
3   -3
5    5    -10
```

2. 字符表达式

字符表达式由字符运算符和字符型数据连接起来形成，其运算结果仍然是字符型数据。字符串运算符有以下两个，它们的优先级相同。

+：前后两个字符串首尾连接形成一个新的字符串。

-：连接前后两个字符串，并将前字符串的尾部空格移到合并后的新字符串尾部。

【例 5-50】字符串运算示例。

在命令窗口中输入如下命令：

```
x="Visual "
y="Foxpro 6.0!"
? x+y
? x-y
```

依次回车执行以上命令之后，屏幕显示：

```
Visual Foxpro 6.0!
VisualFoxpro 6.0!
```

3. 日期时间表达式

日期时间表达式可以使用的运算符有“+”和“–”两个。

日期时间表达式的格式有一定限制，不能任意组合。合法的日期时间表达式格式如表 5-4 所示，其中的<天数>和<秒数>都是数值表达式。

表 5-4 日期时间表达式的格式

格　式	结果及类型
<日期>+<天数>	日期型。指定日期若干天后的日期
<天数>+<日期>	日期型。指定日期若干天后的日期
<日期>–<天数>	日期型。指定日期若干天前的日期
<日期>–<日期>	数值型。两个指定日期相差的天数
<日期时间>+<秒数>	日期时间型。指定日期时间若干秒后的日期时间
<秒数>+<日期时间>	日期时间型。指定日期时间若干秒后的日期时间
<日期时间>–<秒数>	日期时间型。指定日期时间若干秒前的日期时间
<日期时间>–<日期时间>	数值型。两个指定日期时间相差的秒数

【例 5-51】日期时间运算：

在命令窗口中输入如下命令：

```
? {^2012-10-10} + 5
? {^2012-10-10 10:25:30} + 200
? {^2012-11-20} - 10
? {^2013-2-4}-{^2013-2-1}
```

依次回车执行以上命令之后，屏幕显示：

```
2012/10/15
2012/10/10 10:28:50
2012/11/10
3
```

5.3.2　关系表达式

关系表达式由关系运算符将两个运算对象连接起来形成，关系运算符两边的数据类型必须一致。即：<表达式 1> <关系运算符> <表达式 2>。

关系运算符的作用是比较两个表达式的大小或前后。其运算结果是逻辑型数据。关系运算符及其含义如表 5-5 所示。

表 5-5　关系运算符

运 算 符	说　明	运 算 符	说　明
<	小于	<=	小于等于
>	大于	>=	大于等于
=	等于	==	字符串精确比较
< >、# 或!=	不等于	$	子串包含测试

运算符==和$仅适用于字符型数据。其他运算符适用于任何类型的数据，但前后两个运算对象的数据类型要一致。

1. 数值型和货币型数据比较

按数值的大小比较，包括负号。如：5 > -3，$125>$88。

2. 日期或日期时间型数据比较

越早的日期或时间越小，越晚的日期或时间越大。

如：{^2012-12-08} > {^2012-12-05}的结果是真。

3. 逻辑型数据比较

.T.大于.F.。

4. 子串包含测试

关系表达式<前字符型表达式> $ <后字符型表达式>为子串包含测试，如果前者是后者的一个子字符串，结果为逻辑真(.T.)，否则为逻辑假(.F.)。

【例 5-52】关系运算符示例。

在命令窗口中输入如下命令：

```
STORE "北京" TO str1
STORE "北京奥运会" TO str2
? str1 $ str2,str2 $ str1,(str1 $ str2)>( str2 $ str1)
```

依次回车执行以上命令之后，屏幕显示：

```
.T. .F. .T.
```

5. 字符型数据的比较

（1）设置字符的排序次序

在比较字符型数据次序的时候，系统对两个字符串的字符自左至右进行比较，一旦发现两个对应字符不同，就根据这两个字符的排序序列决定两个字符串的大小。对字符序列的排序设置有人机会话和命令两种方式。

① 在人机会话方式下设置

在 VFP 6.0 环境下，选择“工具”菜单下面的“选项”命令，弹出“选项”对话框，在弹出的“选项”对话框中选择“数据” 选项卡中的“排序序列” 选项。系统提供了 3 种排序依据，分别为机器码（Machine）、拼音（Pin Yin）和笔画（Stroke）。其中拼音（Pin Yin）为系统默认的排序依据。

② 命令方式设置

按机器码排序：SET COLLATE TO "Machine"。

按拼音排序：SET COLLATE TO "Pin Yin"。

按笔画排序：SET COLLATE TO "Stroke"。

（2）字符串精确比较与 EXACT 设置

在用双等号运算符==比较两个字符串时，只有当两个字符串完全相同（包括空格以及各字符的位置），运算结果才会是真（.T.），否则为逻辑假（.F.）。

在用单等号运算符=比较两个字符串时，运算结果与 SET EXACT ON|OFF 有关。

① 系统默认为 OFF 状态。

当处于 OFF 状态时，只要右边的字符串与左边的字符串的前面部分内容相匹配，即可得到逻辑真（.T.）的结果。也就是说，字符串的比较以右面的字符串为目标，右面字符串结束即终止比较。

② 当处于 ON 状态。

当处于 ON 状态时，进行的是字符串的精确比较，只有当运算符两端的字符串长度和相应位置的字符完全一样时，运算结果才为真（.T.）。

5.3.3 逻辑表达式

逻辑表达式由逻辑运算符将逻辑型数据连接起来形成，其运算结果仍然是逻辑型数据。逻辑运算符有 3 个：

```
.NOT.（否） 或！（逻辑非）   .AND.（逻辑与）.OR.（逻辑或）
```

也可以省略两端的点。即 NOT，AND，OR。其优先级顺序由高到低位次为 NOT、AND 和 OR。

逻辑表达式实际上是一种条件，表达式值为.T.，则表示条件成立，否则表示条件不成立。在编写复杂条件时，要注意分析问题的语义。如，查询语文成绩大于 90 分的男生，条件表达式应写成：

```
语文>=90 AND 性别="男"
```

逻辑运算符运算规则如表 5-6 所示，其中，<a>、<b>分别代表两个逻辑型数据。

表 5-6　　逻辑运算规则

<a>	<b>	.NOT.<a>	<a>.AND.<b>	<a>.OR.<b>
.T.	.T.	.F.	.T.	.T.
.T.	.F.	.F.	.F.	.T.
.F.	.T.	.T.	.F.	.T.
.F.	.F.	.T.	.F.	.F.

5.3.4 运算符的优先级

前面介绍了各种表达式以及它们所使用的运算符。在每一类运算符中，各个运算符都有一定的运算优先级。而不同类型的运算符也可能出现在同一个表达式中，这时它们的运算优先级顺序为：先执行算术运算符、字符串运算符和日期时间运算符，其次执行关系运算符，最后执行逻辑运算符 (如表 5-7 所示)。

圆括号作为具有最高优先级的运算符，可以改变其他运算符的运算次序。圆括号中的内容作为整个表达式的子表达式，在与其他运算对象进行各类运算前，其结果首先要被计算出来。所以说圆括号的优先级最高。圆括号可以嵌套。有时候，在表达式的适当地方插入圆括号，并不是为了改变其他运算符的运算次序，而是为了提高代码的可读性，这是一种值得提倡的方法。

表 5-7 常用运算符的优先次序

优先次序	分 类	运算符符号及优先次序
高 ↓ 低	算术运算符	() → **或^ → * / % → + - 圆括号 → 乘方 → 乘 除 取余 → 加 减
	字符串运算符和日期时间运算符	+ - 字符串的连接
	关系运算符	< <= > >= <> 或#或!= = == $ 小于 小于等于 大于 大于等于 不等于 等于 字符串等于 字符包含
	逻辑运算符	() → .NOT.或! → .AND. → .OR. 圆括号 非 与 或

【例 5-53】不同运算符组成的表达式示例。

```
? (1-8)*2-3>7 .OR. "a" + "b" $ "123abc123"     &&运算结果为: .T.
? 13%2*6                                        &&运算结果为: 6
```

习 题 五

一、选择题

1. 依次执行以下命令后的输出结果是（　　）。

```
SET DATE TO YMD
SET CENTURY ON
SET CENTURY TO 19 ROLLOVER 10
SET MARK TO "."
?CTOD("49-05-01")
```

A. 49.05.01　　B. 1949.05.01　　C. 2049.05.01　　D. 出错

2. 下列字符型常量的表示中，错误的是（　　）。

A. "23+45"　　B. ["计算机"]　　C. [[等级考试]]　　D. " [a=b] "

3. 在 VFP 中，常量的类型有 6 种，分别为字符型、数值型、货币型、日期型、日期时间型和（　　）。

A. 备注型　　B. 通用型　　C. 逻辑型　　D. 浮点型

4. 在 Visual FoxPro6.0 中说明数组的命令是（　　）。

A. DIMENSION 和 ARRAY　　B. DECLARE 和 AEEAY

C. DIMENSION 和 DECLARE　　D. 只有 DIMENSION

5. Visual FoxPro 6.0 内存变量的数据类型不包括（　　）。

A. 数值型　　B. 货币型　　C. 备注型　　D. 逻辑型

6. 假设职员表已在当前工作区打开，其当前记录的“姓名”字段值为“张三”（字符型，宽度为 6）。

在命令窗口中输入并执行如下命令：

```
姓名=姓名-"您好"
?姓名
```

那么主窗口中将显示（　　）。

A. 张三　　B. 张三　您好　　C. 张三您好　　D. 出错

7. 在 Visual FoxPro 6.0 中，下面是几个内存变量赋值语句：

```
X={^2013-03-09 11:23:12 PM}
Y=.T.
M=$12345
N=12345
Z="12345"
```

执行上述赋值语句之后，内存变量 X、Y、M、N 和 Z 的数据类型分别是（　　）。

A. D、L、M、C　　B. L、L、Y、N、C

C. T、L、M、N、C　　D. T、L、Y、N、C

8. 在下面的 Visual FoxPro 表达式中，不正确的是（　　）。

A. {^2013-08-15 09:09:09AM}-5　　B. {^2013-03-01}-DATE()

C. {^2013-09-01}+DATE()　　D. {^2013-09-01}+20

9. 执行下列语句后：

```
STORE -25 TO X
?SIGN(X)*SQRT(ABS(X))
```

函数结果为（　　）。

A. -5　　B. 5　　C. 25　　D. -25

10. 在下面的 Visual FoxPro 6.0 表达式中，运算结果为逻辑真的是（　　）。

A. EMPTY(.NULL.)　　B. LIKE('xy?', 'xyz')

C. AT('xy', 'abcxyz')　　D. ISNULL(SPACE(0))

11. 有如下赋值语句，结果为“大家好”的表达式是（　　）。

```
a="你好"
b="大家"
```

A. a="你好"　　B. b+RIGHT(a，1)

C. b+LEFT(a，3，4)　　D. b+RIGHT(a，2)

12. 下列函数中，函数值为数值型的是（　　）。

A. EOF()　　B. CTOD('09/01/98')

C. AT(‘等级’，‘计算机等级考试’)　　D. SUBSTR(DTOC(DATE())，7)

13. 执行下列命令：

```
A="Happy new year! "
B="NEW"
```

```
?AT(B,A)
```

屏幕显示的结果是（　　）。

A. 0　　B. 3　　C. 6　　D. 错误信息

14. 设 XS.DBF 数据库文件共有 50 条记录，执行如下命令：

```
USE XS
GOTO 5
DISPLAY ALL
?RECNO()
```

执行最后一条命令后，屏幕显示的值为（　　）。

A. 5　　B. 50　　C. 51　　D. 错误信息

15. 表达式 VAL(SUBS("奔腾 586"，5，1))*LEN("Visual FoxPro")的结果是（　　）。

A. 63.00　　B. 64.00　　C. 65.00　　D. 66.00

16. 执行 STORE '11' TO A，再执行?'22'+'&A'结果为（　　）。

A. &11　　B. 33　　C. 2211　　D. 错误信息

17. 设 X=10,语句?VARTYPE("X")的输出结果是（　　）。

A. N　　B. C　　C. 10　　D. X

18. 连续执行下列命令之后：

```
SET EXACT OFF
X="A "
?IIF("A"=X,X-"BCD",X+"BCD")
```

最后显示的结果为（　　）。

A. A　　B. ABCD　　C. BCD　　D. A　BCD

二、填空题

1. 表示“1982 年 10 月 27 日”的日期常量应该写为____________。
2. 执行命令 A=2013/4/2 之后，内存变量 A 的数据类型是____________型。
3. 命令? ROUND(337.2007，3)的执行结果是____________。
4. 表达式 STUFF("GOODBOY"，5，3，"GIRL")的运算结果是____________。
5. 函数 BETWEEN(40，34，50)的运算结果是____________。
6. 表达式{^2013-1-3 10：0：0}-{^2013-10-3 9：0：0}的数据类型是____________。
7. 命令？LEN(SPACE(3)-SPACE(2))的结果是____________。

第6章 程序设计基础

程序设计方法分为面向过程的程序设计方法和面向对象的程序设计方法。面向过程的程序设计，通常将程序分为主模块和若干子模块，各子模块具有特定功能。在宏观上，主模块从前向后顺序运行，并在此过程中调用子模块来解决整个问题；在微观上，即在程序执行过程中，控制流程可能涉及控制流向不同的分支或者在一定条件下反复执行某些代码。而面向对象程序设计，以现实世界的事物作为蓝图，将要进行的设计抽象成一个个不同的对象，每个对象都具有自己的特性、行为及对外界刺激的响应。面向对象程序设计最重要的思想就是将数据以及对数据可进行的操作封装到一个类中；类的实例称为对象，在对象内部可以使用该对象的成员函数访问自己的数据成员，而其他函数将只能通过该对象存取具有相应权限的数据成员。

Visual FoxPro 6.0 与绝大多数程序设计语言一样，既支持面向过程程序设计，又支持面向对象程序设计方法。一般在设计程序界面的过程中通常使用面向对象的程序设计方法，而在具体的操作和特殊的函数内部往往使用面向过程程序设计方法。本章主要介绍程序设计的基础和面向过程的程序设计方法。

6.1 程序设计基础

在学习程序设计之初，首先要了解的就是程序控制结构。常用的程序控制结构有顺序结构、选择结构和循环结构。从宏观角度来看，一切程序都是顺序结构，即从开始到结尾顺次执行；从微观的角度来看，在顺序执行的过程中则会涉及多种程序控制结构的选择及程序代码局部的反复执行，即分支结构与自我表现结构。本节主要介绍什么是程序，如何建立、打开、保存及执行程序。

6.1.1 程序是什么

程序是能够完成一定任务的命令的有序集合。这组命令被存放在称为程序文件或命令文件的文本文件中。当程序运行时，系统会按照一定的次序自动执行包含在程序文件中的命令。与在命令窗口逐条输入命令相比，采用程序方式有如下优点：

① 可以利用编辑器方便地输入、修改和保存程序；

② 可以用多种方式、多次地运行程序；

③ 可以在一个程序中调用另一个程序。

实际上，我们学习 Visual FoxPro 6.0 的目的就是利用它提供的命令来组织和处理数据、完成一些具体任务。前面各章都是以交互方式，即在命令窗口中逐条输入命令或通过选择菜单来执行

Visual FoxPro 6.0 命令的。但许多任务单靠一条命令是无法完成的，而是要执行一组命令来完成。如果每次都采用在命令窗口逐条输入的方式进行，不仅麻烦，而且容易出错。特别是当该任务需要反复执行或所包含的命令很多时，这种逐条输入命令执行的方式几乎是不可行的，这时应该采用程序的方式。

6.1.2　建立、保存、修改与运行程序文件

1. 创建程序

程序是由若干条语句或指令组成的文本文件，在 Visual FoxPro 6.0 中有多种建立程序文件的方法。可以使用全屏幕编辑命令 MODIFY COMMAND、在新建文件过程中选择新建类型为程序等方式建立。

【方法 1】

与新建数据库、表等操作相似，选择“文件”菜单下的“新建”命令，打开如图 6-1 所示的“新建”对话框。在“文件类型”中选择“程序”，再单击“新建文件”按钮，将会打开程序文件编辑窗口。

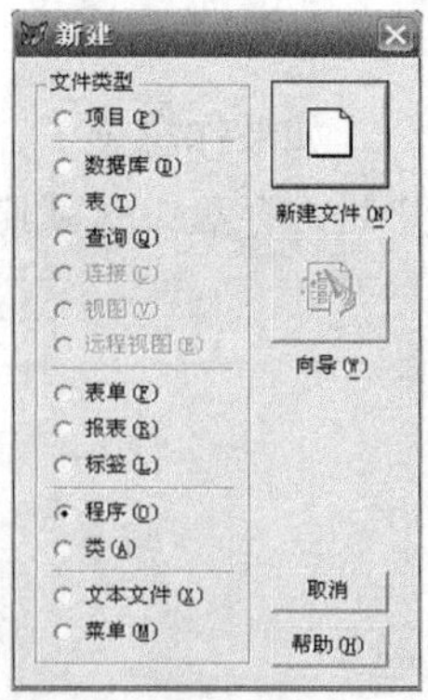

图 6-1　“新建”对话框

【方法 2】

在命令窗口中，使用 MODIFY COMMAND 命令来建立程序文件，格式如下：

```
MODIFY COMMAND <程序文件名>
```

该命令通过调用 Visual FoxPro 6.0 的文本编辑程序来建立和编辑程序。文件名称必须符合命名规则，不能含有特殊字符，文件扩展名隐含为.prg。此时将出现一个名为“程序 1”的编辑窗口，如图 6-2 所示。在窗口中依次输入程序指令即可。

【方法 3】

通过打开项目管理器对话框新建程序文件。在项目管理器对话框中，打开“代码”选项卡，从中选择“程序”项，如图 6-3 所示。单击“新建”按钮完成。

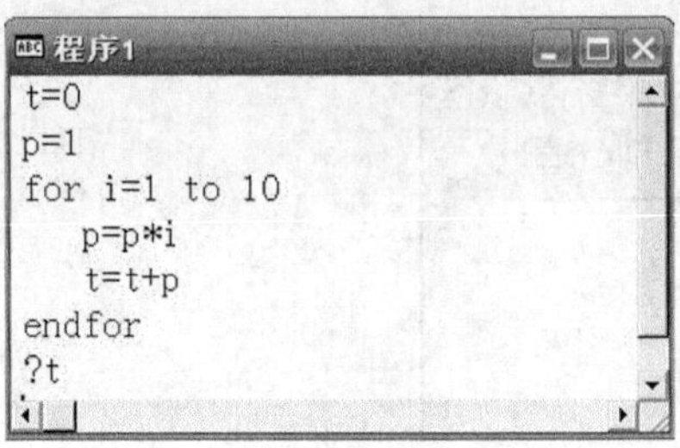

图 6-2　程序编辑窗口

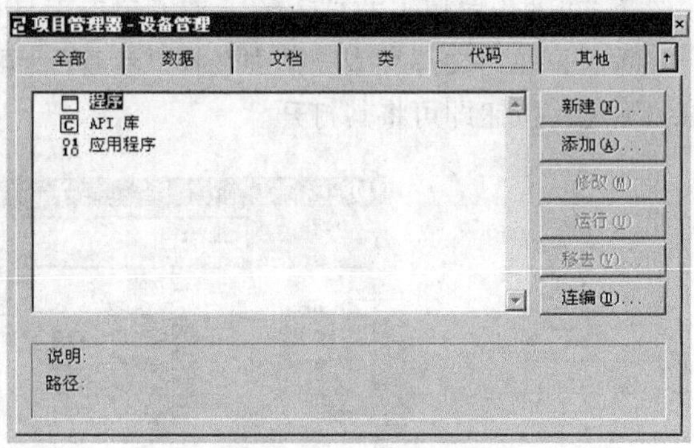

图 6-3　在“项目管理器”中新建程序

2. 保存程序

编辑新的应用程序之后需保存文件，可以单击“文件”菜单下的“保存”或按 Ctrl+W 组合键，将打开如图 6-4 所示的对话框，在其中指定合适的保存位置和文件名即可。也可以单击工具栏中的“保存”按钮来保存文件。

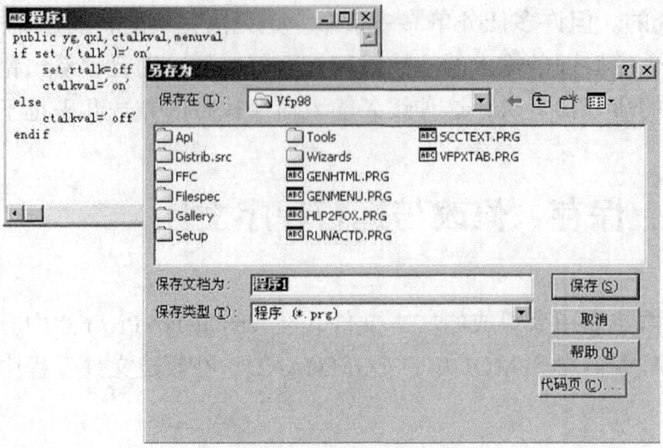

图 6-4　保存程序文件

如果你忘记了，关闭窗口时 Visual FoxPro 6.0 也会显示如图 6-5 所示的系统提示框，询问用户是否存盘，这就避免了一些由于不必要的失误所造成的损失。

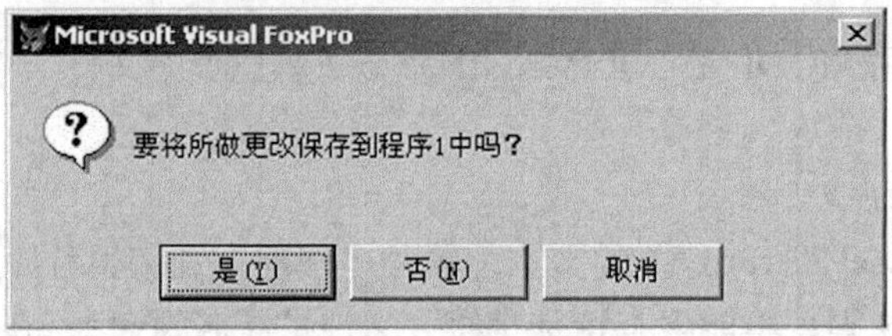

图 6-5　存盘提示对话框

3. 程序的修改

对于已有的程序文件我们有时可能需要进行修改，需要将之从磁盘上读取出来而后继续编辑，可以采取以下几种方法：

【方法 1】

选择“文件”菜单下的“打开”，或者单击工具栏上的“打开”按钮，打开如图 6-6 所示的“打开”对话框，在“文件类型”框中选择“程序”，再从“文件名”列表框中选中想要的程序文件，单击“确定”按钮即可将其打开。

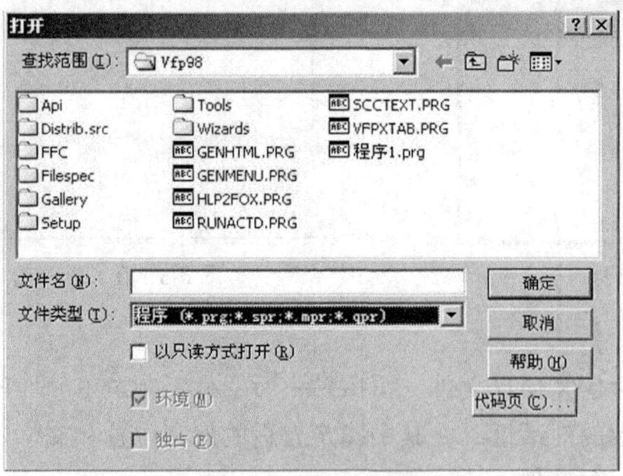

图 6-6　“打开”对话框

【方法 2】

在“命令”窗口中键入命令来打开并编辑程序文件。

```
MODIFY COMMAND <程序文件名>
```

执行该命令后，若程序文件已存在，则把该文件调入程序编辑环境，编辑前的文件保存在以.bak 为扩展名的后备文件中。若文件不存在，该命令将建立一个新的程序文件。文件编辑结束可存盘退出。

4. 执行程序

一旦建立好程序文件，就可以用多种方法多次执行它。下面是两种常用的方法。

【方法 1】

从“程序”菜单中选择“运行”命令，打开“运行”对话框。

从文件列表框中选择要运行的程序文件，并单击“运行”命令按钮。

采用此方式运行程序文件时，系统会自动将默认的盘符和目录设置为程序文件所在的盘符和目录。

【方法 2】

```
DO <文件名>
```

该命令既可以出现在命令窗口，也可以出现在某个程序文件中，这样就使得一个程序在执行的过程中还可以调用执行另一个程序。

当程序文件被执行时，文件中包含的命令将被依次执行，直到所有的命令执行完毕，或者执行到以下命令：

CANCEL，终止程序运行，清除所有的私有变量，返回“命令”窗口。

DO，转去执行另一个程序。

RETURN，结束当前程序的执行，返回到调用它的上级程序，若无上级程序则返回到命令窗口。

QUIT，退出 Visual FoxPro 6.0 系统，返回到操作系统。

6.2　程序控制结构

根据结构化程序设计的特点，每个程序都可以由 3 种基本结构组成，即顺序结构、选择结构和循环结构。

6.2.1　顺序结构

本节主要介绍顺序结构，顺序结构中各部分是按语句出现的先后顺序执行的。最基本的顺序结构由一些非控制转移语句组成。

下面介绍几个常用的语句。

1. INPUT 语句

格式：

```
INPUT [<字符表达式>] TO <内存变量>
```

功能：该语句的作用是从键盘输入表达式，并将表达式的值保存到内存变量中。

如果选用<字符表达式>，那么系统会首先显示该表达式的值，作为提示信息。

键盘输入的表达式数据可以是常量、变量，也可以是一般的表达式。但不可以不输入任何内容直接按回车键。

输入字符串时必须加定界符，输入逻辑型常量时要用圆点（如 .T.，.F.），输入日期或日期时间型常量时，要用大括号括起来，如{^2009-08-01}。

2. WAIT 语句

格式：

```
WAIT [<字符表达式>] [<TO <内存变量>][TIMEOUT<数值表达式>][WINDOWS]
```

功能：程序暂停，等待用户按任意键。

如果<字符表达式>值为空串，那么不会显示任何提示信息。如果没有指定<字符表达式>，则显示默认的提示信息“按任意键继续…”。

<内存变量>用来保存用户键入的字符，其类型为字符型。若用户按的是 Enter 键或单击了鼠标，那么<内存变量>中保存的将是空串。若不选 TO <内存变量> 短语，输入的单字符不保留。

TIMEOUT 子句用来设定等待时间(秒数)。如果超时就不再等待用户按键，自动往下执行。

WINDOWS 子句的作用是在屏幕显示 WINDOWS 提示信息窗口。

3. ACCEPT 语句

格式：

```
ACCEPT [<字符表达式>] TO <内存变量>
```

功能：该语句的作用是从键盘输入字符串，并将字符串保存到内存变量中。

如果选用<字符表达式>，那么系统会显示该表达式的值，作为提示信息。

该命令只能接收键盘输入的字符串。用户在输入字符串时不需要加定界符，否则，系统会把定界符作为字符串本身的一部分进行处理。

如果不输入任何内容而直接按回车键，系统会把空串赋给指定的内存变量。

【例 6-1】建立一个设备单价查询程序文件。新建一个程序文件，在编辑窗口中输入如下代码，保存并执行。

```
OPEN DATABASE 设备管理
USE sb
ACCEPT "请输入设备编号:" TO no
LOCATE FOR 编号=no
DISP 价格
USE
RETURN
```

6.2.2 分支结构

在多数情况下，程序的执行过程与做单项选择题有许多相似之处，需要根据题目（上下文）做出相应的选择。有时是判断题，要么对要么错；有时则是多选一，若干个选项中只有一个符合条件。但不论是哪一种情况，选择的结果只有一个，一旦选择好了之后其他情况就没有机会再去体验一遍。程序执行过程中，有时也会遇到条件判断语句，可以根据不同的条件转向不同的程序方向，这就构成了分支结构。在 Visual FoxPro 6.0 中支持两种分支结构的语句，分别为 IF 语句和 CASE 语句。

1. IF 语句

格式：

```
IF <条件>
```

```
   <语句序列 1>
ELSE
    [<语句序列 2>]]
ENDIF
```

当程序执行到该语句时，会判断<条件>是否成立，若条件成立则执行语句序列 1，然后跳转到 ENDIF 之后执行其他语句；当条件不成立则执行语句序列 2，然后跳转到 ENDIF 语句后继续执行其他语句。

ELSE 子句部分是可选的，当无 ELSE 子句时，如果<条件>成立，则执行<语句序列 1>，然后转向 ENDIF 的下一条语句；否则直接转向 ENDIF 的下一条语句去执行。

IF 和 ENDIF 必须成对出现，IF 是本结构的入口，ENDIF 是本结构的出口。

条件语句可以嵌套，但不能出现交叉。在嵌套时，为了使程序清晰、易于阅读，可以按缩进格式书写。

【例 6-2】快递公司寄件收费，从 a 地快递到 b 地，包裹重不超过 1 000 克，每克收费 0.02 元；超过 1 000 克，超过部分按每克 0.04 元收费，1 000 克以内部分仍按 0.02 元/克收费。试编写计费系统程序。

```
INPUT "请输入包裹重量：" TO w
IF w<=1000
  f=w*0.02
ELSE
  f=1000*0.02+(w-1000)*0.04
ENDIF
? "f=",f
RETURN
```

运行程序，输入 w 的值为 150，程序运行结果为：

```
f=4.00
```

【例 6-3】编写程序，由用户输入设备编号，显示该设备的信息。

```
OPEN DATABASE 设备管理
USE sb
CLEAR
ACCEPT "请输入设备编号:" TO bh
LOCATE  FOR 编号=bh
IF .NOT. EOF()
   DISPLAY
ELSE
   ? "无此设备！"
ENDIF
CLOSE DATABASE
RETURN
```

运行程序，键盘输入：1-001

得出如下结果：

编号	名称	启用日期	价格	主要设备	部门	备注	商标
1-001	复印机	05/08/01	10090.00	T	11	memo	gen

2. CASE 语句

CASE 语句是多分支的选择结构，它可以根据条件从多组代码中选择一组执行。

格式：

```
DO CASE
  CASE <条件 1>
    <语句序列 1>
  CASE <条件 2>
    <语句序列 2>
    ……
  CASE <条件 n>
    <语句序列 n>
   [OTHERWISE
    <语句序列>]
ENDCASE
```

功能：从多个条件分支中至多选择一个分支执行。

语句执行时，依次由上而下判断 CASE 后面的条件是否成立，当发现某个 CASE 后面的条件成立时，就执行该 CASE 和下一个 CASE 之间的命令序列，然后转至执行 ENDCASE 后面的命令；如果所有的条件都不成立，如有 OTHERWISE 语句则执行 OTHERWISE 与 ENDCASE 之间的命令序列，然后转向 ENDCASE 后面的语句。如没有 OTHERWISE 语句则直接转向 ENDCASE 后的语句。

在编写 CASE 结构程序时，需要注意条件之间不能存在包含关系，因为不管有几个 CASE 条件成立，只有最先成立的那个 CASE 条件的对应命令序列被执行。

同样，DO CASE 和 ENDCASE 必须成对出现，DO CASE 是本结构的入口，ENDCASE 是本结构的出口。

【例 6-4】根据给定自变量取值范围计算分段函数的值。

$$y=\begin{cases}0 & (x<=0)\\ 10+2x & (0<x<=10)\\ 30 & (10<x<=20)\\ 30-(x-20)/2 & (20<x<=40)\\ 20 & (40<x<=50)\\ 20-(x-50)*2 & (50<x<=60)\\ 0 & (x>60)\end{cases}$$

```
CLEAR
INPUT "输入自变量值 x=" TO x
DO CASE
  CASE x<=0
    y=0
  CASE x<=10
    y=10+2*x
  CASE x<=20
    y=30
  CASE x<=40
    y=30-(x-20)/2
  CASE x<=50
    y=20
  CASE x<=60
```

```
    y=20-(x-50)*2
  OTHERWISE
    y=0
ENDCASE
? "y=",y
RETURN
```

运行程序：

输入自变量值 x=15

运行结果为：

y=30

6.2.3 循环结构

在程序执行的过程中，往往需要执行一些功能相似或相同的步骤，这些步骤单独写出来既费时又费力。因此将步骤整合到一起，提取出相应的条件，形成在一定条件下重复操作的程序结构，称为循环程序结构。Visual FoxPro 6.0 提供了 3 种类型的循环结构：DO WHILE-ENDDO 循环、SCAN-ENDSCAN 循环和 FOR-ENDFOR 循环。

1. DO WHILE-ENDDO 循环

格式：

```
DO WHILE <条件表达式>
   <语句行序列>
    [LOOP]
   <语句行序列>
    [EXIT]
   <语句行序列>
ENDDO
```

功能：重复判断 <条件表达式> 的逻辑值，其值为“真” 时，执行 DO WHILE 与 ENDDO 之间的语句；当其值为“假”时，退出循环并执行 ENDDO 后面的语句。

循环语句的执行过程：

① 当程序执行到 DO WHILE 时，计算条件表达式的值。

② 若条件表达式的值为“真”时，则执行 DO WHILE 与 ENDDO 之间的语句。

③ 若条件表达式的值为“假”时，则结束循环，执行 ENDDO 后面的语句。

④ 当遇到 LOOP 或 ENDDO 时，返回到 DO WHILE，重复执行步骤①~③。

⑤ 当遇到 EXIT 时，则结束循环，转移到 ENDDO 后面的语句继续执行。

【例 6-5】编程计算 s=1+2+3+4+…+100，并求出 1~100 间的奇数之和。

```
STORE 0 TO i,s,t
DO WHILE i<100
   i=i+1
   s=s+i
   IF MOD(i,2)<>0
     t=t+i
   ENDIF
ENDDO
? "1+2+3+4+…+100 =",s
? "1~100 之间的偶数之和为：",t
RETURN
```

运行程序结果为:

```
1+2+3+4+…+100 = 5050
```

1～100 的奇数之和为：2500

【例 6-6】编写程序，输出 sb.dbf 表中价格在 1.5 万元以上（包括 1.5 万元）的设备的编号和价格。

```
USE sb
DO WHILE .NOT.EOF()
  IF 价格>=15000
    DISPLAY 编号,价格
    WAIT
  ENDIF
  SKIP
ENDDO
USE
RETURN
```

运行程序结果为：

```
编号     价格
2-002   18810.00
2-003   40305.00
```

2. SCAN-ENDSCAN 循环

该语句一般用于处理表中记录。执行该语句时，记录指针自动、依次地在指定范围内满足条件的当前表的记录上移动，然后对每一条记录执行循环体内的命令。

格式：

```
SCAN [<范围>] [FOR <条件表达式 1>] [WHILE<条件表达式 2>]
   <命令序列 1>
    [LOOP]
   <命令序列 2>
    [EXIT]
   <命令序列 3>
ENDSCAN
```

功能：在当前数据表中，针对每个符合指定条件的记录，执行指定程序代码。若<范围>缺省，指数据表内的所有记录。其中，

FOR <条件表达式 1>：对范围内的记录逐一判断，若判断的记录使条件表达式 1 为真，执行循环体，否则不执行循环体，继续对下一条记录进行判断。

WHILE <条件表达式 2>：对范围内的记录逐一判断，若判断的记录使条件表达式 2 为真，执行循环体，并继续对下一记录进行判断，否则，停止循环操作，执行 ENDSCAN 后面的语句。

【例 6-7】编写程序，输出 sb.dbf 中“11”和“12”部门的设备的编号及部门号。

```
USE sb
SCAN FOR 部门="12"
  DISPLAY 编号,部门
ENDSCAN
```

运行程序，运行结果为：

```
编号    部门
1-001  11
1-002  12
```

1-003　12

3. FOR–NEXT 循环

该语句通常用于实现循环次数已知情况下的循环结构。

格式：

```
FOR <循环变量>=<初值> TO <终值> [STEP <步长>]
  <循环体>
ENDFOR | NEXT
```

功能：使循环体执行若干次。

执行该语句时，首先将初值赋给循环变量，然后判断循环条件是否成立（若步长为正值，循环条件为<循环变量>＜=<终值>：若步长为负值，循环条件为<循环变量>＞=<终值>）。若循环条件成立，则执行循环体，然后循环变量增加一个步长值，并再次判断循环条件是否成立，以确定是否再次执行循环体。若循环条件不成立，则结束该循环语句，执行 ENDFOR|NEXT 后面的语句。

注释：

① <步长>的默认值为 1，可以取正值也可以取负值。

② <初值>、<终值>和<步长>都可以是常量、变量和表达式。但这些表达式仅在循环语句执行开始时被计算一次。在循环语句的执行过程中，初值、终值和步长是不会改变的，一般情况下均取整数。

③ 可以在循环体内改变循环变量的值，但这会影响循环体的执行次数。

④ EXIT 和 LOOP 命令同样可以出现在该循环语句的循环体内。当执行到 LOOP 命令时，结束循环体的本次执行，然后循环变量增加一个步长值，并再次判断循环条件是否成立，当执行 EXIT 时，将退出循环。

【例 6-8】编写程序，从键盘上输入 10 个数，然后输出其中的最大数和最小数。

解此题的关键先假定一个最小的数如 999，以后只要有任何一个数比它小就把那个更小的数保存下来；同时假定一个最大的数为-999，以后只要有任何一个数比它大就把那个更大的数保存下来。然后利用循环依次输入数据赋给变量 *x*，那么 *x* 和 max1(或 min1)中的较大者（或较小者）就是 10 个数中的最大数（或最小数）。

```
CLEAR
STORE -999 TO max1
STORE 999  TO min1
FOR i=1 to 10
  INPUT "请输入一个数：" TO x
  IF max1<x
max1=x
  ENDIF
  IF min1>x
min1=x
  ENDIF
ENDFOR
 ? "最大数是：",max1
 ? "最小数是：",min1
RETRUN
```

程序运行时如果依次输入 1，2，3，4，5，6，7，8，9，10 这 10 个数，运行结果如下：

最大数是：10

最小数是：1

【例 6-9】“水仙花数”是指这样的数，其各位数字的立方之和等于该数本身（如 $153=1^3+5^3+3^3$）。编写程序，打印出 100～999 之间的所有“水仙花数”。

解此题的关键是要知道如何分离出一个三位数中的各位数字。其中 *i* 代表一个三位数，*a*、*b* 和 *c* 分别代表该三位数在百位、十位和个位上的三个数字，则可用下面方法求出 *a*、*b*、*c* 三个数字。

```
a=INT(i/100)            && INT(153/100)等于1
b=INT((i-100*a)/10)     && INT((153-100*1)/10)等于5
c=MOD(i,10)             && 153与10取余等于3
```

编程如下：

```
CLEAR
? "三位水仙花数有："
FOR i=100 TO 999
   a=INT(i/100)
   b=INT((i-100*a)/10)
   c= MOD(i,10)
   IF i=a^3+b^3+c^3
   ? i
   ENDIF
ENDFOR
RETURN
```

运行结果如下：

三位水仙花数有：

```
153
370
371
407
```

6.3 程序的调试

编辑程序难免出现错误，重要的是及时发现并解决错误。程序的错误大致分为语法错误与逻辑错误两类。语法错误是指所写的程序语句有错误，不合乎 Visual FoxPro 6.0 的语法规则，比如关键字拼写错误，或者是 if 语句结构不匹配等，这类错误在程序执行之前就会被检测出来，只有更正之后才能运行。逻辑错误是比较麻烦的一类错误，存在这类错误的程序能够执行，但结果往往不是预期的，或者在一定条件下的结果是正常的，但在某些条件下结果却是完全错误的。

1947 年，编译器发明者格蕾斯·哈珀正领着她的小组构造“马克二型”计算机。突然马克二型死机了，哈珀在某出错继电器上发现一只被电死的飞蛾，她将蛾子贴到记事本中并注明“第一个发现虫子实例”，如图 6-7 所示。从此，人们将计算机错误戏称为 bug，将发现 bug 并纠正的过程叫 Debug。

计算或处理逻辑上的错误是系统无法确定的，只能由用户自己查错。Visual FoxPro 6.0 提供的功能强大的调试工具——调试器，可以帮助我们进行这项工作。

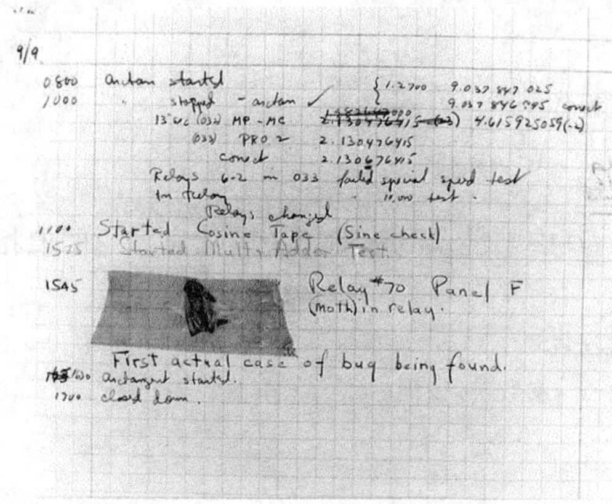

图 6-7　The First Computer Bug

打开 VFP“调试器”窗口，进入调试器环境。在“调试器”窗口中可选择地打开 5 个子窗口：跟踪、监视、局部、调用堆栈和调试输出。为了打开子窗口，可选择 “调试器”窗口的“窗口”菜单中的相应命令；要关闭子窗口，只需单击窗口右上方的“关闭”按钮。

6.4　过程及参数传递

在实际应用中很多时候程序内容比较多，功能要求会比较复杂，甚至需要多人合作编写，如果把所有的内容都放在一起，程序就会变得杂乱，难以理解、管理和维护。因此应用程序一般都是由多模块程序构成，每个模块是一个具有特定功能且相对独立的程序段，它可以被其他模块所调用，也可以调用其他模块。将一个应用程序划分成一个个功能相对简单、单一的模块程序，不仅利于程序的开发，也利于程序的阅读和维护，符合结构化程序设计的原则。

程序是由若干个模块构成，而每个模块又由一个或若干个过程构成。过程作为一个文件独立存放在磁盘上，但若每个过程都单独存在则每调用一次过程都要打开一个磁盘文件，无疑将影响程序运行的速度。从减少磁盘访问时间、提高程序运行速度出发，Visual FoxPro 6.0 提供了过程文件。过程文件是一种包含有若干过程的程序，一个过程文件可以容纳 128 个过程。过程文件被打开以后一次调入内存，在调用过程文件中的过程时，不需要频繁地进行磁盘操作，从而大大地提高了过程的调用速度。过程文件中的过程不能作为一个程序来独立运行，因而称为内部过程。

6.4.1　过程文件的定义和调用

过程文件的建立及使用方法与程序相同，且都使用相同的扩展名（.PRG）。可以用 MODIFY COMMAND 命令来建立。过程文件由若干各自独立的过程组成，每个过程以 PROCEDURE|FUNCTION <过程名> 语句起始，以 RETURN 语句终止。过程文件内容的一般格式如下：

```
PROCEDURE|FUNCTION <过程名 1>
   <过程 1 的全部语句>
RETURN
PROCEDURE|FUNCTION <过程名 2>
   <过程 2 的全部语句>
```

```
RETURN
   ......
PROCEDURE|FUNCTION <过程名 n>
   <过程 n 的全部语句>
RETURN
```

对于每一个具体的过程，其中则涉及到参数相关的信息和返回值相关的信息，过程定义的语法格式如下：

```
PROCEDURE|FUNCTION <过程名>
[PARAMETERS|LPARAMETERS <参数表列>]
<命令序列>
[RETURN [<表达式>]]
```

PROCEDURE|FUNCTION 命令表示一个过程的开始，并命名过程名。过程名必须以字母或下划线开头，可包含字母、数字和下划线。模块程序可以接收调用程序传递过来的参数，当需要传递参数时使用可选的、接收参数的命令 PARAMETERS 或 LPARAMETERS，PARAMETERS 命令声明的形参变量被定义为模块程序中建立的私有变量（有关变量的作用域在 6.4.3 节中介绍）。LPARAMETERS 命令声明的形参变量被看作是模块程序中建立的局部变量。不管是 PARAMETERS 命令还是 LPARAMETERS 命令，都应该是模块程序的第一条可执行命令。

当过程执行到 RETURN 命令时，控制权将转回到调用程序（或命令窗口），并返回表达式的值。如果缺省 RETURN 命令，则在过程结束处自动执行一条隐含的 RETURN 命令。若 RETURN 命令不带<表达式>，则返回逻辑值.T.。

过程文件里只包含过程，这些过程能被任何其他程序所调用。但在调用过程文件中的过程之前首先要打开过程文件。

打开过程文件的命令格式为：

```
SET PROCEDURE TO [<过程文件 1>], [<过程文件 2>,…]
```

总之，我们这里讨论的模块主要是指过程和命令文件里的代码。而过程的调用需要它所在的过程文件处于打开状态。

模块调用的格式有两种：

格式 1：使用 DO 命令。

```
DO <文件名>|<过程名> [WITH <实参表列>]
```

格式 2：在名字后加一对小括号。

```
<文件名>|<过程名>([<实参表列>])
```

在上面的两种格式里，如果模块是程序文件的代码，用<文件名>；否则用<过程名>。格式 2 既可以作为命令使用（返回值被忽略），也可以作为函数出现在表达式里。在这里，<文件名>不能包含扩展名。

6.4.2 参数传递

在程序设计中，参数实际上分为两种类型：形式参数（形参）和实际参数（实参）。实参可以是常量、变量，也可以是一般形式的表达式。调用模块程序时，系统会自动把实参传递给对应的形参。形参的数目不能少于实参的数目，否则系统会产生运行错误。如果形参的数目多于实参的数目，那么多余的形参取初值逻辑假（.F.）。

采用格式 1 调用模块程序时，如果实参是常量或一般形式的表达式或用括号括起来的变量，系统会计算出实参的值，并把它们赋值给相应的形参变量。这种情形称为按值传递。如果实参是变量且变量没加括号。那么传递的将不是变量的值，而是变量的地址。这时形参和实参实际上是具有相同值的两个变量。这种情形称为按引用传递。

采用格式 2 调用模块程序时，默认情况下都以按值方式传递参数。但如果实参是变量，可以通过 SET UDFPARMS 命令重新设置参数传递的方式。该命令的格式如下：

```
SET UDFPARMS TO VALUE|REFERENCE
```

TO VALUE：按值传递。形参变量值的改变不会影响实参变量的取值。

TO REFERENCE：按引用传递。形参变量值改变时，实参变量值也随之改变。

总之，按值传递，形参的改变不会改变实参变量的值；按引用传递（地址传递），形参值的改变同时改变实参变量的值。

【例 6-10】下面是一个无参数调用程序示例，共涉及 3 个文件：程序文件 k1.prg 作为主程序且包含一个过程 p1，程序文件 k2.prg 作为子程序，过程文件 k3.prg 包含两个过程 p2 和 p3。

*主程序：k1.prg

```
SET PROCEDURE TO k3
k2()
DO p1
RETURN
PROCEDURE p1
y=p3()
? y
RETURN
```

*子程序：k2.prg

```
x=p2()
? x
RETURN
```

*过程文件 k3.prg

```
PROCEDURE p2
RETURN
PROCEDURE p3
RETURN 100
```

运行 k1.prg 程序。

```
DO k1
```

运行结果为：

```
.T.
100
```

执行过程如下：

打开过程文件 k3
执行 k2()
调用子程序 k2
调用子程序 p2
返回值为.T.
调用过程 p1
调用过程 p3
返回值为 100
主程序结束

【例 6-11】有参数传递的过程调用。有如下程序文件：

```
CLEAR
STORE 200 TO a1,a2
SET UDFPARMS TO VALUE
DO m4 WITH a1,(a2)
? "Ⅰ:",a1,a2
STORE 200 TO a1,a2
m4(a1,(a2))
? "Ⅱ:",a1,a2
SET UDFPARMS TO REFERENCE
DO m4 WITH a1,(a2)
? "Ⅲ:",a1,a2
STORE 200 TO a1,a2
m4(a1,(a2))
? "Ⅳ:",a1,a2
RETURN
*过程 m4
PROCEDURE m4
PARAMETERS a1,a2
STORE a1+5 TO a1
STORE a2+5 TO a2
RETURN
```

运行结果为：

```
Ⅰ:  205  200
Ⅱ:  200  200
Ⅲ:  205  200
Ⅳ:  205  200
```

【例 6-12】数组传递。

程序文件：

```
DIMENSION a(10)
FOR i=1 to 10
  a(i)=2*i
ENDFOR
DO b3 WITH a
? a(1),a(2),a(3),a(4),a(5)
? a(6),a(7),a(8),a(9),a(10)
RETURN
 *过程 b3
PROCEDURE b3
PARAMETERS y
FOR i = 1 to 5
  k=y(i)
  y(i)=y(11-i)
  y(11-i)=k
ENDFOR
RETURN
```

运行结果：

```
20 18 16 14 12
10 8  6  4  2
```

6.4.3 变量的作用范围和生存期限

程序设计离不开变量，变量除具有类型和取值外，还有一个重要属性是作用范围。所谓的变量作用范围就是变量的“地盘”，在这个“地盘”中变量起作用，可以设置或使用变量的值。变量的生存期限是指变量存在的时间段。Visual FoxPro 6.0 中的变量按其有效范围可分为公共变量、私有变量和局部变量。

1. 公共变量

在任何模块中都可使用的变量称为公共变量。公共变量要先建立后使用，可用 PUBLIC 命令建立。具体格式如下：

```
PUBLIC <内存变量表>
```

该命令的功能是建立公共的内存变量，并为它们赋初值逻辑假（.F.）。

公共变量一旦建立就一直有效，即使程序运行结束返回到命令窗口也不会消失。只有当执行 CLEAR MEMORY、RELEASE、QUIT 等命令后，公共变量才被释放。因此公共变量的生存期限是从建立到程序结束或者被强制清除，其作用范围是整个程序的所有模块。

2. 私有变量

在程序中直接使用（没有通过 PUBLIC 和 LOCAL 命令事先声明）而由系统自动隐含建立的变量都是私有变量。私有变量的作用域是建立它的模块及其下属的各层模块。一旦建立它的模块程序运行结束，这些私有变量将自动清除。根据程序的模块化原则，建议尽量不使用私有变量。

3. 局部变量

局部变量只能在建立它的模块中使用，不能在上层或下层模块中使用。当建立它的模块程序运行结束时，局部变量自动释放。因此局部变量的作用范围是定义它的模块，生存期限是定义它的模块被执行的整个过程。局部变量用 LOCAL 命令建立：

```
LOCAL <内存变量表>
```

该命令建立指定的局部内存变量，并为它们赋初值逻辑假（.F.）。由于 LOCAL 与 LOCATE 前四个字母相同，所以这条命令的命令动词不能缩写，局部变量要先建立后使用。

【例 6-13】运行如下有关变量作用域演示的程序。

```
* ab1.prg
RELEASE ALL
PUBLIC p1
LOCAL p2
STORE .F. TO p3
DO p6
? "p1=",p1
? "p2=",p2
? "p3=",p3
RETURN
* 过程 p6
PROCEDURE p6
? "p1=",p1
? "p3=",p3
STORE .T. TO p3
STORE .T. TO p1
STORE .T. TO p2
RETURN
```

运行 ab1：

```
DO ab1.prg
```

运行结果为：

```
p1=.F.
p3=.F.
p1=.T.
p2=.F.
p3=.T.
```

在开发应用程序时，有时子程序用到的变量可能在主程序或上级程序中已用到。由于子程序的运行无意间改变了上级程序的变量值，为了解决这一问题，Visual FoxPro 6.0 允许使用 PRIVATE 命令隐藏可能在主程序中存在的变量，使这些变量在上级程序中的取值在子程序中暂时无效，格式如下：

```
PRIVATE<内存变量表>
PRIVATE ALL [LIKE <通配符>]
```

该命令并不建立内存变量，它的作用是：隐藏指定的在上层模块中可能已经存在的内存变量，使得这些变量在当前程序模块中暂时无效。这样，这些变量名就可以用来命名在当前模块或其下属模块中需要的私有变量或局部变量，并且不会改变上层模块中同名变量的取值。一旦当前程序模块运行结束返回上层模块时，那些隐藏的内存变量就自动恢复有效性，并保持原有的取值。

【例 6-14】运行如下程序，写出运行结果。

```
x1=40
x2=25
DO ab
? x1,x2
RETURN
*过程 ab
PROCEDURE ab
PRIVATE x2
x2=35
x1=60
? x1,x2
RETURN
```

运行结果：

```
60  35        && 子程序结果
60  25        && 主程序结果
```

【例 6-15】运行如下程序，写出运行结果。

```
PUBLIC p, q
q=30
p=50
DO x8
? p,q         && 显示 50,MMMM
*过程 x8
PROCEDURE x8
PRIVATE p
p=70
LOCAL q
DO x9
```

```
? p,q          && 显示 TTTT,.F.
*过程 x9
PROCEDURE x9
p="TTTT"
q="MMMM"
RETURN
```

习 题 六

一、选择题

1. 在 Visual FoxPro 中，关于过程调用的叙述正确的是（　　）。

   A. 当实参的数量少于形参的数量时，多余的形参初值取逻辑假

   B. 当实参的数量多于形参数量时，多余的实参被忽略

   C. 实参与形参的数量必须一致

   D. 上面的 A 和 B 都不正确

2. 在 Visual FoxPo 中，如果一个内存变量只限于在本过程中使用，说明这种内存变量的命令是（　　）。

   A. PRIVATE　　　　B. PUBLIC

   C. LOCAL　　　　D. 在程序中直接使用的内存变量

3. 在 DO WHILE…ENDDO 循环结构中，LOOP 命令的作用是（　　）。

   A. 退出过程，返回到程序开始处

   B. 转移到 DO WHILE 语句行，开始下一个判断和循环

   C. 终止循环，将控制转移到本循环结构 ENDDO 后面的第一条语句继续执行

   D. 终止程序执行

4. 下列程序段的输出结果是（　　）。

```
ACCEPT TO a
IF a=[123456]
  s=0
ENDIF
s=1
?s
RETURN
```

   A. 0　　　　B. 1

   C. 由 A 的值决定　　　　D. 程序出错

5. 阅读程序，输出结果是（　　）。

```
s=1
i=0
DO WHILE i<8
   s=s+i
   i=i+2
ENDDO
?s
RETURN
```

   A. 10　　　　B. 11　　　　C. 12　　　　D. 13

6. 阅读下面程序，正确的运行结果是（　　）。

```
STORE .T. TO x
STORE 0 TO y
DO WHILE x
   y=y+1
   IF INT(y/5)=y/5
      ?? y
   ELSE
      LOOP
   ENDIF
   IF y>15
      STORE .F. TO x
   ENDIF
ENDDO
RETURN
```

A. 5　10　15　　　　B. 5　10　15　20

C. 5　10　　　　D. 5　10　15　20　25

7. 阅读程序，正确的运行结果是（　　）。

```
USE student
DO WHILE NOT EOF()
   LOCATE FOR xb="男"
   DISPLAY
   CONTINUE
ENDDO
```

A. 程序出错

B. 屏幕上显示 student.dbf 数据库中所有性别为男的记录

C. 屏幕上显示 student.dbf 数据库的所有记录

D. 程序死循环，屏幕上一直显示 student.dbf 数据库的第一条性别为男的记录

8. 下列程序段的输出结果是（　　）。

```
CLEAR
STORE 10 TO A
STORE 20 TO B
SET UDFPARMS TO REFERENCE
DO SWAP WITH A,(B)
?A,B
PROCEDURE SWAP
PARAMETERS X1, X2
TEMP=X1
X1=X2
X2=TEMP
ENDPROC
```

A. 10 20　　B. 20 20　　C. 20 10　　D. 10 10

9. 假设用户名和口令存储在自由表“口令表”中，当用户输入用户名和口令并单击“登录”按钮时，若用户输入错误，则显示“用户名错误”；若用户名输入正确，而口令输入错误，则提示“口令错误”。若命令按钮“登录”的 Click 事件中代码如下：

```
use 口令表
go top
flag=0
do while not eof()
```

```
 if alltrim(用户名)==alltrim(thisform.text1.value)
   if alltrim(口令)==alltrim(thisform.text2.value)
      wait "欢迎使用" window timeout 2
   else
      wait"口令错误" window timeout 2
   endif
   flag=1
  exit
 endif
 skip
enddo
if ________
  wait "用户名错误" window timeout 2
endif
```

则在横线处应填写的代码是（　　）。

A. flag=-1　　　　B. flag=0

C. flag=1　　　　D. flag=12

二、填空题

1. 构成选择结构的语句有__________个。
2. 构成循环结构的语句有__________个。
3. 源程序文件的扩展名为__________。
4. 调用过程使用__________命令。
5. SCAN … ENDSCAN 结构的语句，是通过__________控制循环。
6. 当变量 x 的值变化时，依次显示其结果__________，注意循环体内的 LOOP 和 EXIT 语句。

```
CLEAR
x=3
DO WHILE .T.
   x=x+1
   IF x=INT(x/3)*3
    ? x
   ELSE
     LOOP
   ENDIF
   IF x>10
     EXIT
   ENDIF
ENDDO
```

7. 有如下程序：

*程序名：TEST.PRG

*调用方法：DO TEXT

```
SET TALK OFF
CLOSE ALL
CLEAR ALL
mX="Visual FoxPro"
mY="二级"
Do SUB1 with mX
? mY + mX
RETURN
```

*子程序：SUB1.PRG

```
PROCEDURE SUB1
PARAMETERS mX1
Local mX
mX="Visual FoxPro DBMS 考试"
mY="计算机等级"+mY
RETURN
```

执行命令 DO TEST 后，屏幕的显示结果为____________。

8. 下列程序段执行以后，输出结果是____________。

```
CLEAR
X=12345
Y=0
DO WHILE X>0
   y=y+x
   x=int(x/10)
ENDDO
?y
RETURN
```

三、操作题

1. 编程计算：T=1−1/2+1/3−1/4+ … +1/99−1/100。
2. 编程计算一个给定的数是否为素数。

> 提示　除了 1 和它本身之外不能被任何一个整数所整除的自然数叫质数。除去 2 之外，其他质数都是奇数，又称为素数。

3. 编程输出 3 ~ 100 之间的所有素数。
4. 现有学生成绩表 XSCJ(学号 C(5)，姓名 C(10)，性别 C(2)，出生日期 D)和学生选课表 XSXK(学号 C(5)，课程号 C(3)，成绩 N(5，1))，请先在 XSCJ 表中添加一个字段：平均成绩 N(5，1)。然后根据选课表统计每个学生选课的平均成绩，并写入新添加的字段里。

第7章 表单及控件

程序设计的最终目的是交付用户使用，用户体验的好坏、程序的界面是否友好、程序是否易于管理和维护，对于程序设计至关重要。在 Visual FoxPro 6.0 中，设计用户界面主要就是设计表单及各种控件，它们是面向对象程序设计的基本部件。本章首先介绍面向对象程序设计的基础知识，使读者初步了解对象及其属性、事件、方法等概念，了解对象、类及其联系；然后介绍表单的创建与管理，表单设计环境以及在该环境下的一些操作，最后介绍一些常用的控件。

7.1 面向对象基础知识

Visual FoxPro 6.0 是可视化的数据库开发系统，在其设计和开发过程中处处体现着面向对象的设计思想和方法。所以，在具体学习表单及控件设计之前，首先来了解一下面向对象程序设计的基础知识。

7.1.1 面向对象基本概念

在面向对象程序设计中，经常涉及如下概念。

1. 对象

现实世界里的任何实体都可以被看作是对象。对象可以是具体的物理实体，也可以是经过抽象的概念。一个对象是一个独立的实体，一方面它可以由若干其他对象组合而成，另一方面它也可能是组成其他对象的一部分。比如，将一块磁盘看作一个对象的话，它是由若干独立的电子元件构成的，每个电子元件也都是独立的对象；同时磁盘对象又是笔记本电脑对象的组成部分。从软件开发的角度来看，对象是一种将数据和操作过程结合在一起的数据结构，或者是一种具有属性和方法的集合体。每个对象都具有描述它特征的属性和附属于它的方法。属性用来表示对象的状态，方法是描述对象行为的过程。

2. 属性

属性就是对象的性质，如大小、位置、颜色等。

3. 事件和方法

所谓事件，就是外界可能发生的与对象相关的、对象感兴趣的事情，比如由系统预先定义并由用户或系统发出的动作。所谓方法，是指对象完成某种任务的动作，也叫“方法程序”。比如太阳对象有升起、落山等方法，公鸡对象有打鸣、吃东西方法；当太阳升起时，就会引发一个与公鸡相关的太阳升起事件，公鸡对这个事件感兴趣就会发出打鸣这样的动作；而公鸡打鸣时，就会引发人感兴趣的鸡叫事件，从而引发人的起床动作。

4. 类

类和对象密不可分，类就是将具有相同性质、行为和特征的一组对象提取共性而形成的一个关于公共属性和行为特征的抽象描述。或者说，类是具有共同属性、相同操作的对象的集合。类是公共的、抽象的，对象是由类生成的一个个具体的实体，每个类的不同对象都具有相同的性质、方法和相似的属性。

5. 封装、继承和多态

封装是指事物将自身的特征封藏起来，这些特征只能供其自己内部的方法去存取，或者对外只公布有限的一些特征。

继承是基于代码重用的原则，基于现有的类创建新类，新类继承了现有类的方法和属性，同时可以为新类添加新的方法和属性。我们把新类称为现有类的子类，而把现有类称为新类的父类。一个子类既包括从父类继承的属性和方法，又包括自己定义的属性和方法。

多态是指对当向相同的一类对象发送同样的消息时，不同的对象会执行各自的动作。比如总教练告诉队员进行训练，这时乒乓球队员练习的是乒乓球，排球队员则会进行排球训练，其他队员也会各自进行相应的训练。

6. 面向对象程序设计

所谓面向对象程序设计，就是先设计一个个对象，最后把这些对象用某种方式联系起来构成一个系统，即软件系统。

每个对象需要设计的内容不外乎编写它的属性以及针对需要的事件编写程序代码，在编写代码时可使用系统提供的语句、命令、函数和方法。

为了设计具有共同属性、共同操作性质的对象，我们可以先设计一个类。不管是具体的对象还是类，都可以通过继承现有的类来创建。

7. Visual FoxPro 6.0 面向对象相关内容

在 Windows 软件中，窗口（在 Visual FoxPro 6.0 中称为表单）、菜单、文本框、按钮、下拉列表等都是对象。对象有大有小，有的可容纳其他对象，我们把它叫做容器对象；有的要放在别的对象当中，被称为控件。

Visual FoxPro 6.0 中绝大多数对象都具有可视性，也就是有能看得见的直观属性，如大小、颜色、位置等。在软件的设计阶段就能看见运行后的样子，也就是“所见即所得”。为了实现软件的功能，也为了使软件运行时的各种界面看起来舒服，必须设置每个对象的有关属性。每个对象都有若干个属性，每个属性都有一个预先设置的默认值，多数不需要改动，只有部分属性需要修改。同一种对象在不同地方应用，需要设置或修改不同的属性值。对于属性的设置，有些只需用鼠标做适当的拖动即可，如大小、位置等，当然也可以在属性窗口中设置。另一些则必须在属性窗口中进行设置，如字体、颜色、标题等。

事件作用于对象，对象识别事件并做出相应的反应。事件可以由系统引发，比如对象生成时，系统就引发一个 Init 事件。事件也可以由用户引发，例如按钮被单击，对象被拖动、被改变大小、被鼠标双击等，都会引发相应的事件。软件运行时，当对象发生某个事件，需要做出相应的反应，如单击“退出”按钮后，应当结束软件运行。为了使对象在某一事件发生时能够做出所需的反应，必须针对这一事件编出相应的程序代码。这样，软件运行时，当这一事件发生，程序代码就执行，并完成相应的动作。事件不发生，这段程序就不会被执行。没有编写代码的事件，即使发生也不会有任何反应。事件是用户行为，也可以是系统行为。方法程序是和对象相联系的过程，只能通过程序以特定的方式激活。当事件触发或方法程序激活时，可以执行相应的代码。

在 Visual FoxPro 6.0 中，用户可以建立和编辑方法程序，也可以为方法程序编写代码。需要注意的是，Visual FoxPro 6.0 系统还提供了一些固有方法，其中的代码系统已事先编好，不需要我们编写，而且也看不见，只需在必要的时候调用即可。比如，窗口上有 3 个文本框，分别为 Text1、Text2 和 Text3，为了将焦点放在文本框 Text2 上，可以使用如下语句：

```
Text2.SetFocus
```

将焦点放在文本框 Text1 上，可以使用如下语句：

```
Text1.SetFocus
```

这两个语句调用了系统的 SetFocus 方法。至于方法程序是怎么编的，我们不用知道，只要达到目的就行。

此外，在 Visual FoxPro 6.0 系统中，类就像是一个模板，对象都是由类生成的，类定义了对象所有的属性、事件和方法，从而决定了对象的属性和它的行为。基于类可以生成对象。这些对象虽然采用相同的属性来表示状态，但它们在属性上的取值可以完全不同。这些对象一般有着不同的状态，且彼此间相互独立。继承可以使在一个父类上所做的改动自动反映到它的所有子类上。这种自动更新大大提高了软件开发的效率。比如，当父类添加一个属性时，它的所有子类也将同时具有该属性。当修复了父类中的某个缺陷时，这种修复也将自动体现在它的所有子类中。

7.1.2　基础类

Visual FoxPro 6.0 基础类是系统本身内含的，这些基础类多数与控件工具箱中的某一类控件相对应。我们可以利用它们生成我们所需要的对象，也可以通过扩展基类来创建自己的子类。表 7-1 所示为 Visual FoxPro 6.0 系统提供的基类。

表 7-1　Visual FoxPro 6.0 基类

类　名	含　义	类　名	含　义
ActiveDoc	活动文档	Label	标签
CheckBox	复选框	Line	线条
Column	(表格)列	ListBox	列表框
ComboBox	组合框	OleControl	OLE 容器控件
CommandButton	命令按钮	OleBoundControl	OLE 绑定控件
CommandGroup	命令按钮组	OptionButton	选项按钮
Container	容器	OptionGroup	选项按钮组
Control	控件	Page	页
Custom	定制	PageFrame	页框
EditBox	编辑框	ProjectHook	项目挂钩
Form	表单	Separator	分隔符
FormSet	表单集	Shape	形状
Grid	表格	Spinner	微调控件
Header	(列)标题	TextBox	文本框
HyperLink	超级链接	Timer	定时器
Image	图像	ToolBar	工具栏

通常我们会通过基础类来创建相应的对象，再访问对象的属性，调用对象的方法。对象属性访问以及对象方法调用的基本格式如下：

<对象引用>.<对象属性>

<对象引用>.<对象方法>[(参数列表)]

7.1.3 容器

容器(Container)也是一个对象，但可以容纳其他对象，并允许访问所包含的对象。如表单，自身是一个对象，又可以容纳按钮、编辑框、文本框等对象。

控件是一个可以用图形化的方式显示出来并能与用户进行交互的对象，控件类不能包含其他对象。如文本框，是一个对象，但在文本框中不可放置其他对象。由控件类生成的对象不能单独进行使用，它只能作为容器对象中的一个元素来使用。

容器可以被认为是一种特殊的控件，由于它能包容其他控件或容器，所以也把容器对象称为被包容对象的父对象。表 7-2 所示为 Visual FoxPro 6.0 中常用的容器及其所能包容的对象。

表 7-2　　Visual FoxPro 6.0 常用的容器及其所包容的对象

容　器	能包容的对象
表单集	表单，工具栏
表单	任意控件，页框、Container 对象、命令按钮组、选项按钮组、表格等容器对象
表格	列
列	标头，除表单集、表单、工具栏、定时器及其他列之外的任意对象
页框	页
页	任意控件，Container 对象、命令按钮组、选项按钮组、表格等容器对象
命令按钮组	命令按钮
选项按钮组	选项按钮
Container 对象	任意控件，页框、命令按钮组、选项按钮组、表格等容器对象

从表 7-2 可以看出，不同容器所能包容的对象类型是不同的。一个容器内的对象也可以是容器，这样就形成了对象的嵌套层次关系。需要注意的是，对象的层次和类的层次是两个完全不同的概念，对象的层次是指包容与被包容的关系，而类的层次是指继承与被继承的关系。

在对象的嵌套层次关系中，要引用其中的某个对象，需要指明对象在嵌套层次中的位置。引用的方式有两种：从最高容器开始逐层向下直到某个对象为止的引用称为绝对引用；从当前对象出发，通过逐层向高一层或低一层直到另一对象的引用称为相对引用。使用相对引用经常用到表 7-3 所列的属性或关键字。

表 7-3　　容器层次中的对象引用属性或关键字

属性或关键字	引　用
Parent	当前对象的直接容器对象
This	当前对象
ThisForm	当前对象所在的表单
ThisFormSet	当前对象所在的表单集

【例 7-1】假定表单 Form1 中有一个命令按钮组 CommandGroup1，该命令按钮组有两个命令

按钮：Command1 和 Command2。

如果要在命令按钮 Command1 的某个事件（如单击）代码中修改该按钮的标题可用下列命令：

```
This.Caption="确定"
```

如果要在命令按钮 Command1 的事件代码中修改命令按钮 Command2 的标题可用下列命令：

```
ThisForm.CommandGroup1.Command2.Caption="取消"
```

或者

```
This.Parent.Command2.Caption="取消"
```

但不能写成下列命令：

```
Thisform.Command2.Caption="取消"
```

如果要在命令按钮 Command1 的事件代码中修改表单的标题可用下列命令：

```
This.Parent.Parent.Caption="测试窗口"
```

或者

```
ThisForm.Caption="测试窗口"
```

7.2　表单的创建与管理

表单是 Visual FoxPro 6.0 提供的一种功能强大的界面。各种对话框和窗口都是表单的不同表现形式。它可以使用户在简单明了的界面中查看数据或将数据记录输入到表中。前面提到过，表单是一个容器，它可以容纳多个控件。表单以文件的形式存于磁盘，其扩展名为.scx 或.sct。它可以属于某个项目，也可以游离于任何项目之外。在项目管理器中创建的表单自动隶属于该项目。

7.2.1　创建、修改和运行表单

通常可以使用表单向导或者使用表单设计器来创建表单。下面分别进行介绍。

1. 使用表单向导创建表单

启动表单向导有以下 4 种方法。

【方法 1】打开“项目管理器”，选择“文档”选项卡，从中选择“表单”。然后单击“新建”按钮。在弹出的“新建表单”对话框中单击“表单向导”按钮。

【方法 2】在系统的“文件”菜单中选择“新建”命令，或者单击工具栏上的“新建”按钮，打开“新建”对话框，在文件类型栏中选择“表单”。然后单击“向导”按钮。

【方法 3】在系统的“工具”菜单中选择“向导”菜单项下的“表单”命令。

【方法 4】直接单击常用工具栏上的“表单”按钮。

不管哪种途径，都将打开如图 7-1 所示的“向导选取”对话框。

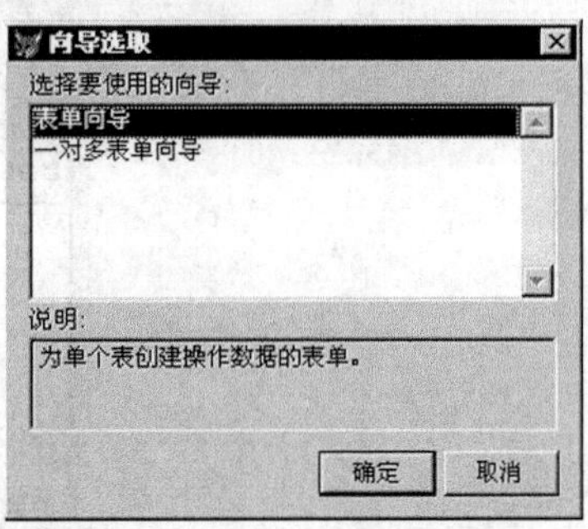

图 7-1　“向导选取”对话框

在“向导选取”对话框中，选择“表单向导”项，系统将提供单表表单向导，即为单个表创建操作数据的表单。如果选取“一对多表单向导”，则可为两个相关表创建数据输入的表单，在表单的表格中将显示子表的字段。

接下来，按步骤依照向导确定表单的数据源，进行字段选取，选择表单样式及按钮类型，确定排序字段，选择表单的存储方式，最后完成表单的设计即可。

2. 使用表单设计器创建表单

启动表单设计器有以下几种方法。

【方法 1】在项目管理器中，选择“文档”选项卡，从中选择“表单”，然后单击“新建”按钮。在弹出的“新建表单”对话框中单击“新建表单”按钮。

【方法 2】用菜单。在系统的“文件”菜单中选择“新建”命令，在文件类型对话框中选择“表单”，单击“新建文件”按钮。

【方法 3】用命令。在命令窗口输入如下命令：

```
CREATE FORM <文件名>
```

不管采用上面哪种方法，系统都将打开如图 7-2 所示“表单设计器”窗口、“属性”窗口、“表单控件”工具栏和“表单设计器”工具栏。

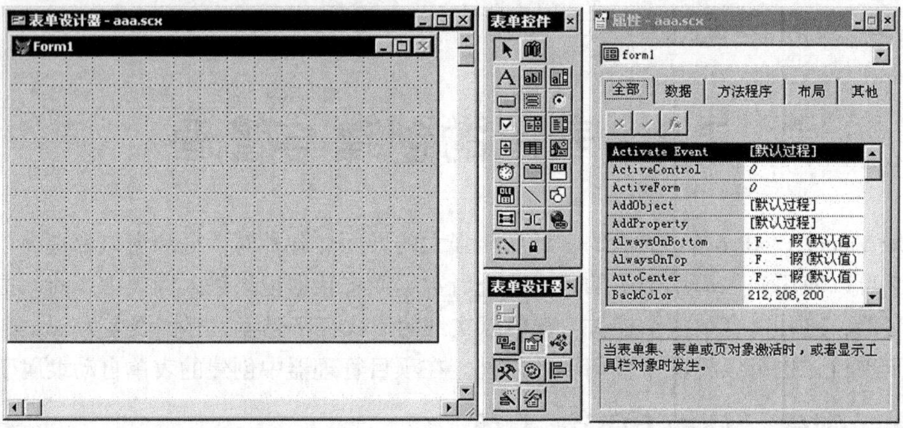

图 7-2 “表单设计器”、“属性”窗口及其相关的工具栏

3. 使用表单生成器生成表单

调用表单生成器的方法有以下 3 种。

【方法 1】当“表单设计器”打开时，在系统的“表单”菜单中选择“快速表单”命令。

【方法 2】单击“表单设计器”工具栏中的“表单生成器”按钮。

【方法 3】右击表单，然后在弹出的快捷菜单中选择“生成器”命令。

采用上面任意一种方法后，系统都会打开“表单生成器”对话框，如图 7-3 所示。

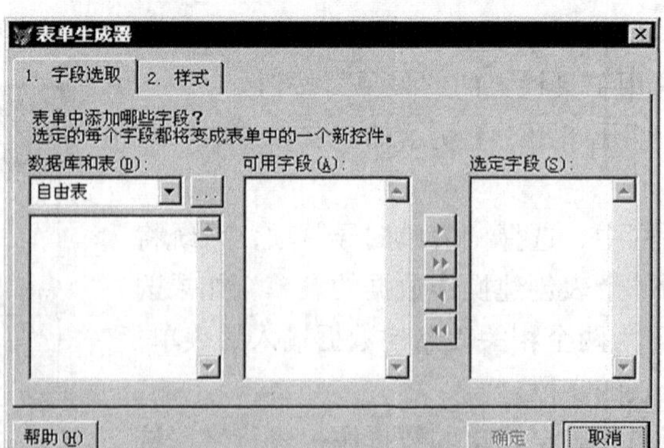

图 7-3 “表单生成器”对话框

选择数据库中的表或自由表，然后选择所需字段，加到“选定字段”列表中，在“样式”选项卡中选择表单的显示样式，最后单击“确定”按钮，便可生成用于数据操作的表单。

利用表单生成器生成的表单一般不能满足最终需要，还要在表单设计器中做进一步的修改和加工。

4. 保存表单

要保存表单，可在表单设计器环境下，选择“文件”菜单中的“保存”命令，或单击工具栏上的“保存”按钮。表单文件的扩展名为.scx，表单备注文件的扩展名是.sct。

5. 修改已有的表单

一个表单无论是用何种方式创建的，都可以用表单设计器进行编辑修改。要修改表单，首先要按下列方法打开表单并进入表单设计器环境。

【方法1】在项目管理器中，选择“文档”选项卡，从中选择“表单”项。选择要修改的表单，单击“修改”按钮。

【方法2】在系统的“文件”菜单中选择“打开”命令，或在工具栏上单击“打开”按钮，在“打开”对话框中指定文件类型为“表单”，选择要修改的表单文件名，单击“确定”按钮。

【方法3】在命令窗口输入如下命令：

```
MODIFY FORM <文件名>
```

6. 运行表单

可采用以下几种方法运行表单文件。

【方法1】在项目管理器窗口中，选择要运行的表单，然后单击“运行”按钮。

【方法2】在表单设计器窗口中，在系统的“表单”菜单中选择“执行表单”命令，或单击常用工具栏上的“运行”按钮。

【方法3】在系统的“程序”菜单中选择“运行”命令，打开“运行”对话框，然后在运行对话框中指定文件类型为“表单”，选择要运行的表单文件，单击“运行”按钮。

【方法4】在命令窗口或程序中执行 DO FORM 命令。该命令的格式为：

```
DO FORM <表单文件名> [NAME <变量>][LINKED] [WITH <实参1><,实参2>,…]
         [TO <变量>] [NOSHOW]
```

如果包含 NAME 子句，系统将建立指定名字的变量，并使它指向表单对象。否则，系统将建立与表单文件名相同的变量，并使它指向表单对象。

默认情况下，当使用 DO FORM 命令时，表单对象的名与.scx 文件名一样。例如，下面一行代码:

```
DO FORM student
```

运行 student.scx 表单。系统自动为此表单创建名为 student 的对象变量。

若要命名表单对象，可使用 DO FORM 命令的 NAME 子句。例如，下面的命令运行一个表单，同时创建两个表单对象变量名 mystud1，mystud2：

```
DO FORM student NAME mystud1
DO FORM student NAME mystud2
```

一旦在“命令”窗口发出 DO FORM 命令，表单对象就和一个公共变量相关联，可以通过这个变量名来访问表单对象。例如，在“命令”窗口发出下面的命令，打开一个名为 student 的表单并改变它的标题。

```
DO FORM student
student.Caption="学生情况登记"
```

如果在“命令”窗口发出下面的命令

```
DO FORM student NAME mystud1
mystud1.Caption="学生情况登记"
```

也会打开一个名为 student 的表单并改变它的标题。

如果命令中包含 LINKED 关键字，表单和表单对象变量将链接起来，这时，表单对象将随着指向它的变量的清除而关闭（释放），否则，即使变量已经清除，表单对象依然存在。但不管有没有 LINKED 关键字，指向表单对象的变量并不会随表单的关闭而清除。

例如，下面命令创建一个链接到对象变量 mystud2 的表单。

```
DO FORM student NAME mystud2 LINKED
```

此时，如果在命令窗口中输入命令：?VARTYPE(mystud2)，在表单窗口中会显示字母“O”，表明 mystud2 是一个对象型变量。

当释放 mystud2 时，表单也关闭。

如果在 DO FORM 命令中包含 WITH <参数列表>，则用于向表单传递参数。如果 DO FORM 命令中包含 TO <变量>，则用于从模式表单返回值。

如果包含 NOSHOW 关键字，表单运行时将不会显示，直到将表单的 Visible 属性设置为.T.，或者调用表单的 Show 方法，表单才出现。

7．隐藏和释放表单

用户可以隐藏一个表单，使它不可见。在隐藏表单后，用户不能访问表单上的控件，但仍可以用程序控制它们。

若要隐藏表单，可使用 Hide 方法程序。例如，在与命令按钮的 Click 事件相关的代码中编写下面一行代码：

```
ThisForm.Hide
```

当用户单击命令按钮时，表单仍在内存中，但不可见。

当用户完成对表单的操作后，就可以释放表单。在释放表单后，用户就不能再访问表单的属性和方法程序了。

若要释放表单，可以调用 Release 方法。例如，在“退出”命令按钮的 Click 事件相关的代码中编写下面一行代码：

```
ThisForm.Release
```

此时当用户单击“退出”命令按钮时，表单关闭。

也可以通过在“命令”窗口或程序中发出下面的命令来关闭和释放表单。

```
RELEASE <表单名>
```

注意　当释放表单时，同时也从内存中释放了与表单名相同的对象变量。

8．创建和使用表单集

表单集是包含一个或多个表单的父层次的容器。利用表单集，可同时显示或隐藏其中的全部表单，可以调整多个表单以控制它们的相对位置，可自动地同步改变多个表单中的记录指针，如果在一个表单的父表中改变记录指针，另一个表单中子表的记录指针则被更新和显示。

运行表单集时，将加载其中所有表单和表单的所有对象。

（1）创建表单集

在“表单设计器”中，若要创建表单集，可从“表单”菜单中选择“创建表单集”选项。

（2）向表单集添加和删除表单

创建了表单集后，可添加新表单或删除表单。若要向表单集中添加表单，可从“表单”菜单中选择“添加新表单”。

若要从表单集中删除表单，可以在“表单设计器”或“属性”窗口的对象列表框中，选择要删除的表单，然后从“表单”菜单中选择“移除表单”。

如果表单集中只有一个表单，可删除表单集而只剩下表单。若要删除表单集，可从“表单”菜单中选择“移除表单集”。

7.2.2　表单的属性、方法和事件

1. 表单常用属性

VFP 程序的表单属性大约有 100 多个，但绝大多数不需要修改，使用默认值即可。需要在设计阶段设置或修改的常用属性如表 7-4 所示。

表 7-4　表单常用的属性

属　性	描　述	默 认 值
AlwaysOnTop	指定表单是否总是位于其他打开窗口之上	.F.
AutoCenter	居中显示	.F.
BackColor	指定表单窗口的背景颜色	255，255，255
BorderStyle	指定表单边框的风格：3(系统边框，大小可调)	3
Caption	显示于表单标题栏上的文本	Form1
Closable	决定表单右上角的关闭按钮是否有效	.T.
DataSession	指定表单中的表是在全局能访问的工作区打开(设置值为 1)还是在表单自己的工作区打开(设置值为 2)	1
MaxButton	确定表单右上角是否有最大化按钮	.T.
MinButton	确定表单右上角是否有最小化按钮	.T.
Movable	确定表单是否能移动	.T.
ScrollBars	指定表单的滚动条类型：0(无)、1(水平)、2(垂直)、3(既水平又垂直)	0
WindowState	指定表单的状态：0(正常)、1(最小化)、2(最大化)	0
WindowType	指定表单是模式表单(设置值为 1)还是非模式表单(设置值为 0)。在一个应用程序中，如果运行了一个模式表单，那么在关闭该表单之前不能访问应用程序中的其他表单	0

2. 表单常用方法

（1）Release 方法

将表单从内存中释放（清除）。比如，表单有一个命令按钮，如果希望单击该命令按钮时释放表单，就可以在该命令按钮的 Click 事件中编写如下代码：

```
ThisForm.Release
```

表单运行时，用户单击表单右上角的关闭按钮，系统就会自动执行 Release 方法。

（2）Refresh 方法

重新绘制表单或控件，并刷新它的所有值。当表单被刷新时，表单上的所有控件也刷新。当页框被刷新时，只有活动页面刷新。

（3）Show 方法

显示表单。该方法将表单的 Visible 属性设置为.T.，并使表单成为活动对象。

（4）Hide 方法

隐藏表单。该方法将表单的 Visible 属性设置为.F.。与 Release 方法不同，Hide 只是把表单隐藏，但并不将表单从内存释放，以后仍可用 Show 方法重新显示表单。

（5）SetFocus 方法

让控件获得焦点，使其成为活动对象。如果一个控件的 Enabled 属性或 Visible 属性值为.F.，将不能获得焦点。

3. 表单及控件的常用事件

（1）Init 事件

在对象创建时引发。表单对象的 Init 事件引发之前会先引发它所包含的对象的 Init 事件，所以在表单的 Init 事件代码中能够访问它所包含的所有控件对象。

（2）Destroy 事件

在对象释放时引发。表单对象的 Destroy 事件在它所包含的控件对象的 Destroy 事件引发之前引发，所以在表单对象的 Destroy 事件代码中仍能够访问它所包含的所有控件对象。

（3）Error 事件

当对象方法或事件代码在运行过程中产生错误时引发。事件引发时，系统会把错误类型和错误发生的位置等参数传递给事件代码，事件代码可以据此对错误进行相应的处理。

（4）Load 事件

在表单对象建立之前引发。即表单运行时，先引发表单的 Load 事件，再引发表单的 Init 事件。

（5）Unload 事件

在表单对象释放时引发，这是表单对象释放时最后一个要引发的事件。比如，在关闭一个包含命令按钮的表单时，先引发表单的 Destroy 事件，然后引发命令按钮的 Destroy 事件，最后引发表单的 Unload 事件。

（6）GotFocus 事件

当对象获得焦点时引发。对象可能由于用户的动作（如单击鼠标）或代码中有调用 SetFocus 方法而获得焦点。

（7）Click 事件

用鼠标单击对象时引发。引发该事件通常有以下几种情况：

① 鼠标单击复选框、命令按钮、组合框、列表框和选项按钮。

② 在命令按钮、选项按钮或复选框获得焦点时，按空格键。

③ 当表单中包含一个确认按钮（Default 属性值为.T.），按回车键就会引发确认按钮的 Click 事件。

④ 按控件的访问键（热键）。

⑤ 单击表单的空白处，引发表单的 Click 事件。但是，单击表单的标题栏或窗口边界不会引发 Click 事件。

（8）DblClick 事件

用鼠标双击对象时引发。

（9）RightClick 事件

用鼠标右键单击表单时引发。

（10）InterActiveChange 事件

通过鼠标或键盘交互式改变一个控件的值时引发。

4. 建立新属性

可以添加新的属性和方法程序到一个表单。属性应拥有一个值，方法程序则应具有调用时可运行的过程代码。新建的属性和方法程序与其他属性和方法程序的引用方式一样。

如果有一个表单集，则在“表单设计器”中添加的属性和方法程序就属于此表单集。如果没有建立表单集，则属性和方法程序属于表单。

若要向表单或表单集中添加新属性，可以按如下步骤进行。

① 从“表单”菜单中选择“新建属性”命令。打开“新建属性”对话框，如图 7-4 所示。

② 在“新建属性”对话框中，键入属性名。还可以加入关于这个属性的说明，它将显示在“属性”窗口底部的属性描述中。

在表单或表单集中可以建立数组属性，数组属性可用 Visual FoxPro 6.0 的数组命令和函数进行处理。若要创建一个数组属性，可以在“新建属性”对话框的“名称”框中键入数组名称，并包括数组的大小和维数。

例如，可在“新建属性”对话框的“名称”框中输入 myarray(10，5)，创建一个 10 行 5 列的二维数组。若要同时对该属性加以说明，则可以在下部的“说明”框中输入需要对该属性进行说明的内容，如“自定义数组”等。当添加数组属性到表单时，属性以只读状态显示在属性窗口中。可以在运行时管理数组，重新设置数组的维数，也可对数组属性的元素赋值。

5. 建立新方法程序

可以向表单中添加方法程序，并且可以像调用表单其他方法程序一样调用它。若要在表单或表单集中创建一个新方法程序，可以：

① 在系统的“表单”菜单中选择“新建方法程序”命令，打开如图 7-5 所示的“新建方法程序”对话框。

图 7-4 “新建属性”对话框

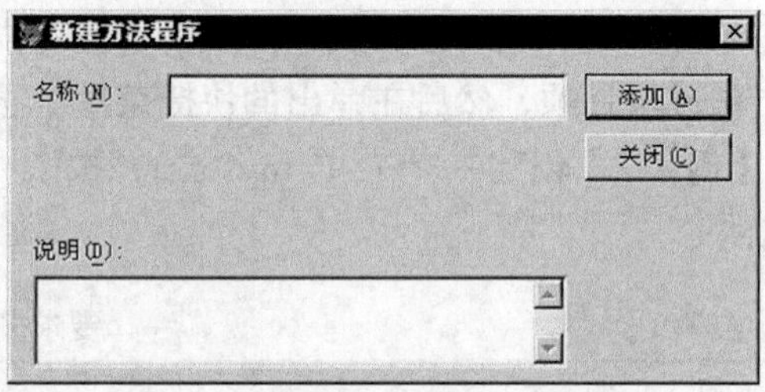

图 7-5 “新建方法程序”对话框

② 在“新建方法程序”对话框中，输入方法程序的名称。同样还可以包含有关这个方法程序的说明，这是可选的。

调用用户自定义方法程序和调用基类方法程序一样，都使用下面的语法：

<对象名>.<方法程序名>

建立的方法程序同样可以接受参数并返回值，这种情况下，可以使用赋值语句来调用方法程序：

<变量名> = <对象名>.<方法程序名>(<参数表列>)

要删除用户添加的属性或方法，可以选择“表单”菜单的“编辑属性/方法程序”命令，打开对话框，在列表框中选择不需要的属性或方法程序，单击“移去”按钮。

6. 编辑方法或事件代码

事件可以是用户的行为，如单击鼠标或移动鼠标，也可以是系统行为，如系统时钟的进程。方法程序是和对象相联系的过程，只能通过程序以特定的方式激活。但有一点相同，当触发事件或激活方法程序时，可以执行相应的代码。

要为表单或控件的某个事件或方法程序编写代码，可按下列步骤进行。

第一步，打开表单设计器。

第二步，用以下方法打开代码编辑窗口。

【方法 1】从“显示”菜单中选择“代码”命令。

【方法 2】在表单或控件上右击鼠标，在弹出的快捷菜单上选“代码”项。

【方法 3】在表单或控件上双击鼠标左键。

【方法 4】在属性窗口的列表框中双击某个方法或事件项。

代码编辑窗口如图 7-6 所示。

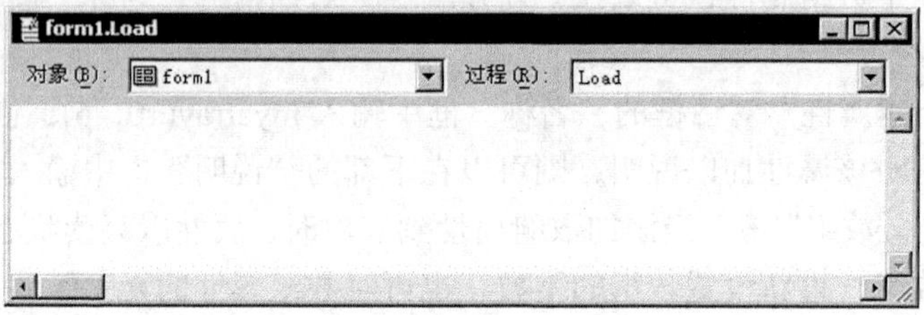

图 7-6　代码编辑窗口

第三步，从“对象”框中选择对象（表单或表单中的控件）。如果用双击对象的方式打开代码编辑窗口，对象框会自动选中被双击的表单或控件。

第四步，从“过程”框中选择需要编写代码的方法或事件。

第五步，在编辑区输入或修改代码。

要想将编辑过的方法或事件重新设置为默认值。可在“属性”窗口的列表框中用鼠标右击某一方法或事件项，然后在弹出的快捷菜单中选“重置为默认值”命令。

【例 7-2】创建一个表单 myform，按表 7-5 所示设置相应事件的代码，然后运行表单并观察结果。

表 7-5　要求设置的事件代码

事　件	代　码
Load	WAIT “引发 Load 事件！” WINDOW
Init	WAIT “引发 Init 事件！” WINDOW
Destroy	WAIT “引发 Destroy 事件！” WINDOW
Unload	WAIT “引发 Unload 事件！” WINDOW

操作步骤：

① 在命令窗口输入命令 MODIFY FORM myfrom，打开表单设计器窗口；

② 在“显示”菜单中选择“代码”命令，打开代码编辑窗口；

③ 从“过程”框中选择 Load，并在编辑区输入相应的代码。用类似方法输入其他 3 个事件代码，然后关闭代码编辑窗口；

④ 从“文件”菜单中选择“保存”命令，保存表单文件，然后单击“关闭”按钮，关闭表单设计器窗口。

⑤ 在命令窗口输入命令 DO FORM myform。

由此可以看出各个事件的引发顺序。

7. 在设计时设置表单属性

前面提到过，在打开表单时，系统将同时打开如图 7-2 所示“属性”窗口。属性窗口包括“数据”、“方法程序”、“布局”、“其他”和“全部”几个选项卡，分类列出了选定对象的各属性和方法程序。如果选择了多个对象，这些对象共有的属性将显示在“属性”窗口中。若要编辑另一个对象的属性或方法程序，可在属性窗口上方的组合框（下拉列表框）中选择这个对象，或者直接从表单中选择这个控件。

若要设置属性，首先在“属性”窗口中选择一个属性。然后在“属性设置”框中键入或选择需要的设置。注意：那些在设计时为只读的属性，例如对象的 Class 属性，在属性窗口的属性列表框中以斜体显示。

如果属性要求输入字符值，不必用引号将这个值括起来。例如，要将一个表单的标题设为 student，只需在“属性设置”框中键入 student。

通过属性窗口可以将属性设置为表达式或函数的结果。若要用表达式设置属性，可以用以下方法。

【方法 1】在“属性”窗口中，选择“函数”按钮来打开“表达式生成器”。

【方法 2】在“属性设置”框中键入“=”号，并在后面键入表达式。

例如，如果想设置表单的 Caption 属性，使它在运行时能够指示当前表的别名，可在“属性设置”框中键入“=ALIAS()”。

8. 在运行时设置表单属性

表单由控件等对象组成。每个对象都有自己的属性，对象的属性是独立存在的，可以分别定义每个对象的属性。除了在设计时确定以外，还能在运行时对属性进行控制。在运行时可为属性指定一个表达式，或者为属性指定一个用户自定义函数的结果。

【例 7-3】建立一个“属性（设置）示例”表单 myfrom，在该表单中，可以根据一个变量的不同值，将一个按钮的标题设置为“添加”或“保存”，另一个按钮的标题设置为“编辑”或“还原”。

首先建立一个表单，在上面放 3 个命令按钮 Command1、Command2、Command3。

然后在表单的 Init 事件程序中写入如下代码：

```
PUBLIC glediting                          &&定义变量
glediting=.F.                             &&为变量赋初始值
ThisForm.Caption="属性示例"               &&设置表单名称
ThisForm.Command3.Caption="退出"          &&将 Command3 按钮名设为“退出”
```

这段代码声明一个变量并设置表单和第三个命令按钮的名称。

接下来，在第一个和第二个命令按钮的 Click 事件中，分别添加如下代码：

```
glediting=IIF(glediting=.F.,.T.,.F.)  &&当单击事件发生时,改变变量值
ThisForm.Refresh                      &&调用表单的刷新方法程序
```

在第三个命令按钮的 Click 事件中，编写如下代码：

```
ThisForm.Release
```

最后在表单的 Refresh 方法程序中添加如下代码：

```
ThisForm.Command1.Caption =IIF(glediting=.F.,"添加","保存")
```

```
ThisForm.Command2.Caption =IIF(glediting=.F.,"编辑","还原")
```

这段程序的第 1、2 行是根据变量 glediting 的值来设置命令按钮的名称。

IIF()函数计算一个逻辑表达式的值，然后根据计算结果，返回两个表达式中的一个。如果逻辑表达式的值为“真”，则返回第一个表达式；如果值为“假”，则返回第二个表达式。

表单运行后的结果如图 7-7 所示。此时单击前两个命令按钮，命令按钮的名称会发生改变，单击第三个命令按钮，表单关闭。

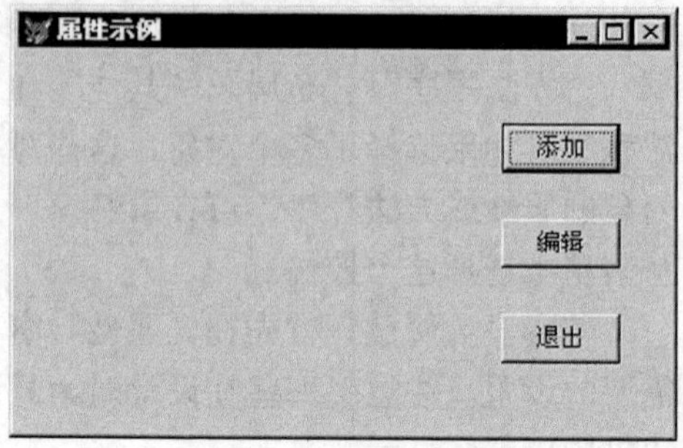

图 7-7　示例表单运行结果

用户也可以同时为一个表单的多个对象设置多个属性，此时可使用 WITH … ENDWITH 结构。例如，对于上面例子中的两个命令按钮，在标题名称变化时还要使它们的宽度、字体、字体风格、背景颜色变化，可把表单的 Refresh 方法程序改为下面的语句：

```
IF glediting=.F.
  WITH ThisForm.Command1
    .Caption="添加"
    .Width=100
    .FontName="黑体"
    .FontBold=.T.
    .ForeColor=RGB(0,128,255)
  ENDWITH
  WITH ThisForm.Command2
    .Caption="编辑"
    .Width=100
    .FontName="黑体"
    .FontBold=.T.
    .ForeColor=RGB(0,128,255)
  ENDWITH
ELSE
  WITH ThisForm.Command1
    .Caption="保存"
    .Width=75
    .FontName="宋体"
    .FontBold=.F.
    .ForeColor=RGB(0,0,0)
  ENDWITH
  WITH ThisForm.Command2
    .Caption="还原"
    .Width=75
    .FontName="黑体"
    .FontBold=.F.
    .ForeColor=RGB(0,0,0)
  ENDWITH
ENDIF
```

7.2.3　表单与其他程序模块间的通信

1. 将参数传递到表单

在运行表单时，有时为设置属性值或者指定操作的默认值，需要将参数传递到表单。若要将参数传递到表单，可以进行如下操作：

① 创建容纳参数的表单属性。

② 在表单的 Init 事件代码中，用 PARAMETERS 定义形式参数，语句格式为：

```
PARAMETERS <参数 1>,<参数 2>,…
```

③ 在表单的 Init 事件代码中，可以直接访问参数。但是，如果在表单的其他方法或事件中需要使用该参数，必须在表单的 Init 事件中将参数保存到表单的属性或变量中。

④ 运行表单时，使用带 WITH 子句的 DO FORM 命令，系统会将 WITH 子句的实参值传递给 Init 事件代码的 PARAMETERS 子句中的各形参。

【例 7-4】按下列要求修改例 7-3 中生成的表单 myform：

① 为表单添加一个新的属性 newp。

② 修改 Init 事件代码，使其能接收从 DO FORM 命令传递过来的参数，并将参数赋值给新添加的属性 newp。

③ 设置表单的 Click 事件代码，使属性 newp 的值加 10，然后显示该属性的新值。

④ 设置表单的 RightClick 事件代码，使属性 newp 的值减 10，然后显示该属性的新值。

操作步骤：

① 在命令窗口输入命令 MODIFY FORM myform，打开表单设计器窗口；

② 从“表单”菜单中选择“新建属性”命令，打开“新建属性”对话框，在“名称”框中输入属性名称 newp，单击“添加”和“关闭”按钮；

③ 从“显示”菜单中选择“代码”命令，打开代码编辑窗口；

④ 从“过程”框中选择 Init，将代码改为：

```
LPARAMETERS P
ThisForm.newp=p
WAIT "引发 Init 事件! " WINDOW
```

⑤ 从“过程”框中选择 Click，在编辑区输入如下代码：

```
ThisForm.newp=ThisForm.newp+10
WAIT "newp="+STR(ThisForm.newp) WINDOW
```

⑥ 从“过程”框中选择 RightClick，在编辑区输入代码：

```
ThisForm.newp=ThisForm.newp-10
WAIT "newp="+STR(ThisForm.newp) WINDOW
```

⑦ 从“文件”菜单中选择“保存”命令，保存表单文件。然后单击“关闭”按钮，关闭代码编辑窗口和表单设计器窗口；

⑧ 在命令窗口输入命令 DO FORM myform with 5。

表单运行时，系统会自动将参数 5 传递给表单属性 newp。当鼠标单击表单窗口时，newp 值就会加 10 并显示在一个 WAIT 提示窗口里；鼠标右击表单窗口时，newp 值会减 10 显示在 WAIT 提示窗口里。

注意　新添加的属性 newp 的初始值为.F.，如果不先给它数值，将无法进行加减运算。所以用 DO FORM 命令运行表单时，如果不加 WITH 子句将会出错。

【例 7-5】建立一个“参数传递示例”表单，在运行时传递参数，实现属性设置。

第一步，建立一个表单，上面放一个命令按钮 Command1，保存为“参数传递”，创建两个表单属性 itemname 和 itemquantity。

第二步，在表单的 Init 事件中，编写如下代码：

```
PARAMETERS cstring,nnumber
This.itemname=cstring
```

```
This.itemquantity=nnumber
```

第三步，在表单的 ReFresh 方法程序中写入如下代码：

```
ThisForm.Command1.Caption=This.itemname
ThisForm.Command1.FontSize=This.itemquantity
```

第四步，在命令窗口执行如下命令：

```
DO FORM 参数传递 WITH "确定",20
```

此时，我们会看到窗口中命令按钮文字和字号的变化。

也可以在表单的 Init 事件中，编写如下代码：

```
PARAMETERS cstring,nnumber
ThisForm.Command1.Caption=cstring
ThisForm.Command1.FontSize=nnumber
```

这样，可省略表单 Refresh 方法程序中的代码，移去表单自定义的属性 itemname 和 itemquantity，会得到同样的结果。

2. 从表单返回值

在应用程序中可以使用表单接收用户输入的数据，然后从表单返回值。方法是：

① 将表单的 WindowType 属性设置为 1，使表单成为模式表单；

② 在表单的 Unload 事件代码中，使用带返回值的 RETURN 命令；

③ 在运行表单的 DO FORM 命令中包含 TO 关键字。

【例 7-6】建立一个“参数传递示例”表单，在运行时向其传递参数，设置命令按钮的文字和字号，在结束表单时，将文本框内容返回到一个变量 sign 中。

第一步，建立一个表单，上面放一个命令按钮 Command1，一个文本框 Text1，创建一个表单属性 s_val，将表单的 WindowType 属性设置为“1-模式”，保存为“参数传递”。

第二步，在表单的 Init 事件中，编写如下代码：

```
PARAMETERS cstring,nnumber
ThisForm.Command1.Caption=cstring
ThisForm.Command1.FontSize=nnumber
```

第三步，在命令按钮 command1 的 Click 事件中写入如下代码：

```
ThisForm.s_val= ThisForm.Text1.Value
```

第四步，在表单的 Unload 事件中，编写如下代码：

```
RETURN ThisForm.s_val
```

第五步，在命令窗口执行如下命令：

```
DO FORM 参数传递 WITH "传值",20 to sign
```

此时，我们会看到窗口中命令按钮文字和字号的变化。

在文本框中输入文字“吉林”，单击命令按钮，关闭表单，然后在“命令”窗口执行命令

```
? sign
```

会显示出“吉林”字样，说明表单中的参数已经传递给变量 sign。

7.3 表单设计器

本节介绍表单设计器的环境，以及在该环境下如何添加表单控件、管理表单控件和设置数据环境。

7.3.1 表单设计器简介

启动表单设计器，将打开“表单设计器”窗口、“属性”窗口、“表单控件”工具栏、“表单设计器”工具栏以及“表单”菜单。

1. 表单设计器窗口

“表单设计器”窗口内包含正在设计的表单。用户可在“表单设计器”窗口中用可视化方式添加和修改控件，改变控件布局。表单只能在“表单设计器”窗口内移动。以新建方式启动表单设计器时，系统为用户创建一个空白表单。

2. 表单控件工具栏

设计表单的主要任务就是利用“表单控件”设计交互式用户界面。“表单控件”工具栏是表单设计的主要工具。默认包含21个控件、4个辅助按钮。

表单控件工具栏可以通过表单设计器工具栏中的“表单控件工具栏”按钮或通过“显示”菜单中的“工具栏”命令打开。

利用表单控件工具栏可以方便地向表单添加控件。方法是：先用鼠标单击表单控件工具栏中相应的控件按钮，然后在表单窗口合适的位置单击或拖动鼠标以确定控件大小。

4个辅助按钮的作用如下。

①“选定对象”按钮：处于按下状态时，可以对已创建的控件进行编辑，如改变大小、移动位置等。该按钮处于未按下状态，表示允许创建控件。

②“按钮锁定”按钮：处于按下状态时，可将选定的控件连续往表单中添加多个。

③“生成器锁定”按钮：处于按下状态时，每次往表单添加控件时，系统都自动打开生成器对象框。

④“查看类”按钮：用来将一个类库文件中的类添加到表单控件工具栏中。单击“查看类”按钮，在弹出的菜单中选择“添加”命令，调出“打开”对话框，在对话框中选择所需的类库文件，单击“确定”按钮，便可将指定类库文件中的类添加到表单控件工具栏中。要使表单控件工具栏重新显示 Visual FoxPro 6.0 基类，可选择“查看类”按钮弹出菜单的“常用”命令。

3. 表单设计器工具栏

打开“表单设计器”时，主窗口中会自动出现“表单设计器”工具栏。其中有“属性窗口”、“代码窗口”、“表单控件工具栏”、“布局工具栏”、“调色板工具栏”等按钮，用来打开/关闭相应的窗口或工具栏。此外，还有“设置 Tab 键次序”、“表单生成器”、“自动格式”和“数据环境”等按钮，单击可执行相应的操作。

表单设计器工具栏可以通过“显示”菜单中的“工具栏”命令打开和关闭。

4. 属性窗口

设计表单的绝大多数工作都是在属性窗口中完成的，因此用户必须熟悉属性窗口的用法。如果在表单设计器中没有出现属性窗口，可在系统的“显示”菜单中单击“属性”命令。

属性窗口的使用在7.2.2节已有所涉及，这里再做些补充。

属性窗口包括对象框，属性设置框和属性、方法、事件列表框等部分。对象框显示当前被选中的对象。单击对象框右侧的下拉箭头将打开当前表单相关的所有对象名称列表，从中可以选择需要的对象。属性窗口的列表框显示当前被选定对象的所有属性、方法和事件，用户可以从中进行选择。如果选择的是属性项，窗口内出现属性设置框，在此可以进行属性设置。

有些属性的设置需要从系统提供的一组属性值中指定，此时可以单击设置框右端的下拉箭头，打开列表从中选择，或者在属性列表框中双击属性，在各属性值之间进行切换。有些属性需要指定文件名或颜色，这时可以单击设置框右侧的对话框按钮，打开相应的对话框进行设置。

5. **表单菜单**

表单菜单中的命令主要用于创建、编辑表单或表单集，如为表单增加新的属性等。

【例 7-7】建立一个项目文件 myproject.pjx，在其中新建一个程序文件 lx.prg 作为应用程序的主文件，其功能是运行表单 myform，然后启动事件处理。

所谓的主文件，可以是一个程序文件（.prg），一个表单文件（.scx）或 ActiveX Document 类。该文件将作为已编译应用程序的执行开始点，在该文件中可调用应用程序中的其他组件，并使用 read events 命令建立应用程序的事件循环。应在连编前在项目管理器中指定主文件，或项目中没有程序，则新建立的程序为主文件，以黑体显示；否则在项目管理器中，在对象上单击右键即可以设置某一对象为主文件。在同一时刻，主文件中只有一个 read events 有效，若一个启用则其他的无效；clear events 用于停止事件处理。

将例 7-5 中生成的表单 myform 添加到项目中，并按下列要求修改表单。

① 为表单添加一个新方法 newm，功能是将表单的 Caption 属性值设置成 newp 的值。

② 在表单中添加两个命令按钮："设置 Caption" 和 "退出"。分别通过 Click 事件代码调用表单的 newm 方法和释放表单。

③ 修改表单的 Unload 事件代码，使其能停止事件处理。

④ 最后将项目连编成应用程序文件 myapp.app。

操作步骤如下。

① 在命令窗口输入命令：CREATE PROJECT myproject，打开"项目管理器"窗口。

② 新建主文件 lx.prg。

在"项目管理器"中选择"代码"下的"程序"项，然后单击"新建"按钮，打开程序文本编辑窗口。

在程序编辑窗口输入以下代码，并将程序保存为 lx.prg。

```
DO FORM myform WITH 5
READ EVENTS&&启动事件处理
```

此时，在"程序"项下出现程序 lx。lx 是用黑体显示的，表明该程序文件已经被设置成了主文件。如果不是主文件，选定该文件项，从 Visual FoxPro 6.0 窗口的"项目"菜单中选择"设置主文件"命令，也可以使其成为项目的主文件。

③ 添加表单 myform。

在"项目管理器"中选择"文档"下的"表单"项，单击"添加"按钮。在出现的"打开"对话框中，选择表单文件 myform.scx，单击"确定"按钮。

④ 在"项目管理器"中选定新添加的表单文件项，然后单击"修改"按钮，打开"表单设计器"窗口。

⑤ 添加新方法。

从"表单"菜单中选择"新建方法程序"命令，打开"新建方法程序"对话框，然后在"名称"框中输入属性名称 newm。并依次单击"添加"和"关闭"按钮。

⑥ 在表单上添加两个命令按钮，并将它们的 Caption 属性值分别设置成 "设置 Caption"和"退出"。

⑦ 设置方法和事件代码。

双击表单窗口，打开代码编辑窗口，从“过程”框中选择 newm，在编辑区输入代码：

```
ThisForm.caption="newp="+STR(ThisForm.newp)
```

从“过程”框中选择 Unload，并对事件代码进行修改，结果如下：

```
WAIT "引发 Unload 事件！" WINDOW
CLEAR EVENTS&&停止事件处理
```

在代码编辑窗口的“对象”框中选择 Command1(假定“设置 Caption”按钮的 Name 属性值为 Command1)，从“过程”框中选择 Click，然后在编辑区输入：

```
ThisForm.newm
```

在代码编辑窗口的“对象”框中选择 Command2(假定“退出”按钮的 Name 属性值为 Command2)，从“过程”框中选择 Click，然后在编辑区输入：

```
ThisForm.Release
```

关闭代码编辑窗口。

⑧ 保存表单，关闭“表单设计器”窗口，返回“项目管理器”窗口。

⑨ 在“项目管理器”窗口中，单击“连编”按钮，打开“连编选项”对话框。在对话框中选择“连编应用程序”单选按钮，并单击“确定”按钮。最后在打开的“另存为”对话框中指定应用程序文件名 myapp.app。

在 Windows 环境下执行 myapp.app，除了看到有关事件引发时的屏幕提示信息外，单击命令按钮“设置 Caption”会看到表单标题显示的是 newp 的值，单击“退出”按钮则可释放表单。

7.3.2　编辑控件与布局

1．编辑控件

在表单设计器环境下，常需对表单上的控件进行移动、复制、删除、改变大小等操作。

（1）选定控件

用鼠标单击控件可以选定该控件，被选定的控件四周出现 8 个控点。也可以同时选定多个控件，如果是相邻的多个控件，只需在“表单控件”工具栏上的“选定对象”按钮按下的情况下，拖动鼠标使出现的虚框围住要选的控件即可。如果要选定不相邻的多个控件，可以在按住 Shift 键的同时，依次单击各控件。如果选定全部对象，选择“编辑”菜单中的“全部选定”项。

（2）调整控件大小

选定控件，然后用鼠标拖动控件四周的某个控点即可以改变控件的宽度和高度。也可以按住 Shift 键的同时，用方向键对控件大小进行微调。还可以直接到属性设计器中改变对象的 Height 和 Width 属性。若选定了多个控件并做调整使其具有相同大小时，以最后选中的控件为准。

（3）移动控件

先选定控件，然后用鼠标将控件拖动到需要的位置上。如果在拖动鼠标时按住 Ctrl 键，可以使鼠标的移动步长减小。也可用方向键对控件进行移动。

（4）复制控件

先选定控件，接着选择“编辑”菜单的“复制”命令，然后选择“编辑”菜单的“粘贴”命令，最后将复制产生的新控件拖动到需要的位置即可。

也可以在选定的控件上右击，在弹出的快捷菜单中选择“复制”或“剪切”菜单项，然后在表单空白处右击，在弹出的快捷菜单中选择“粘贴”菜单项。新控件可以复制原控件除 Name 属性以外的所有信息。

（5）删除控件

选定不需要的控件，然后按 Delete 键或选择“编辑”菜单的“剪切”命令。

2. 布局控件

如果表单上放置了多个对象，且要想使这些对象排列有序，既可以通过手工方式单个调整这些对象，也可以使用“格式”菜单或“布局”工具栏中的功能做统一调整。

“布局”工具栏可以通过单击表单设计工具栏上的“布局工具栏”按钮或选择“显示”菜单中的“布局工具栏”命令打开或关闭。“布局”工具栏如图 7-8 所示。

利用“布局”工具栏，可以非常方便地调整多个对象的对齐方式、大小和位置。只要选定多个对象，然后单击相应的按钮即可。

图 7-8 “布局”工具栏

用“格式”菜单，除了可以调整多个对象的对齐方式、大小和位置外，还可以自动调整水平间距和垂直间距。

3. 设置 Tab 键次序

当表单运行时，用户可以按 Tab 键选择表单中的控件，使焦点在控件间移动。控件的 Tab 键次序决定了选择控件的次序。Visual FoxPro 6.0 提供了两种方式来设置 Tab 键次序：交互方式和列表方式。

可以通过下列方法选择自己要使用的设置方式：选择“工具”菜单中的“选项”命令，打开“选项”对话框。选择“表单”选项卡，在“Tab 键次序”下拉列表框中选择“交互”或“按列表”。

在交互方式下，设置 Tab 键次序的步骤如下。

① 选择“显示”菜单中的“Tab 键次序”命令或单击“表单设计器”工具栏上的“设置 Tab 键次序”按钮，进入 Tab 键次序设置状态。此时，控件左上方出现深色小方块，称为 Tab 键次序盒，里面显示该控件的 Tab 键次序号码，如图 7-9 所示。

② 双击某个希望控件的 Tab 键次序盒，该控件将成为 Tab 键次序中的第一个控件。

③ 按希望的顺序依次单击其他控件的 Tab 键次序盒。

④ 单击表单空白处，确认设置并退出设置状态；或者按 Esc 键，放弃设置并退出设置状态。

在列表方式下，设置 Tab 键次序的步骤如下。

① 选择“显示”菜单中的“Tab 键次序”命令或单击“表单设计器”工具栏上的“设置 Tab 键次序”按钮，打开“Tab 键次序”对话框，如图 7-10 所示。列表框中按 Tab 键次序显示各控件。

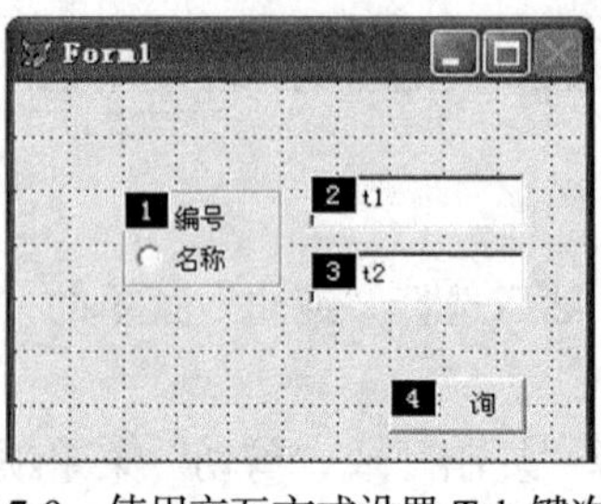

图 7-9 使用交互方式设置 Tab 键次序

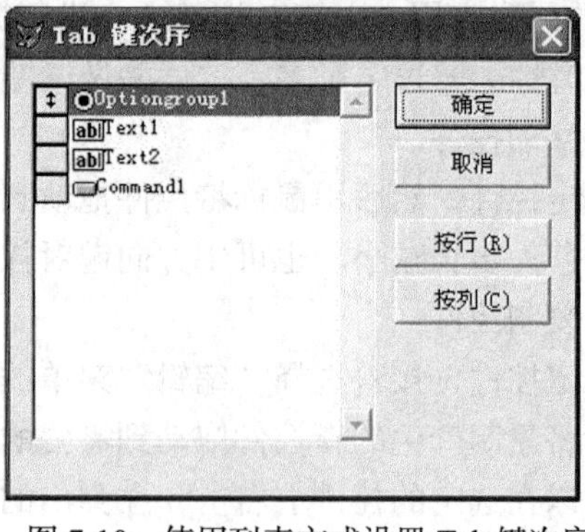

图 7-10 使用列表方式设置 Tab 键次序

② 通过拖动控件左侧的移动按钮移动控件，改变控件的 Tab 键次序。

③ 若单击“按行”按钮，将按各控件在表单上的位置从左到右、从上到下自动设置各控件的 Tab 键次序；单击“按列”按钮，则将按各控件在表单上的位置从上到下、从左到右自动设置各控件的 Tab 键次序。

7.3.3 数据环境

数据环境中能够包含表和视图以及它们之间的关系。通常情况下，数据环境中的表或视图会随着表单的打开或运行而打开，并随着表单的关闭或释放而关闭。可以用数据环境设计器来设置表单的数据环境。每一表单或表单集都包括一个数据环境，它是一个对象，包含与表单相互作用的表或视图，以及表单所要求的表之间的关系。

1. 数据环境设计器

在表单设计器环境下，有以下几种方法打开“数据环境设计器”窗口。

【方法 1】单击“表单设计器”工具栏上的“数据环境”按钮。

【方法 2】选择“显示”菜单的“数据环境”项。

【方法 3】在表单上右击，在快捷菜单上选择“数据环境”。

数据环境设计器打开时，系统菜单栏上将出现“数据环境”菜单。

2. 常用属性

数据环境是一个对象，有自己的属性、方法和事件。常用的两个数据环境属性是 AutoOpenTables 和 AutoCloseTables。

AutoOpenTables 属性的默认值是.T.，表示运行或打开表单时，自动打开数据环境中的表和视图。

AutoCloseTables 属性的默认值也是.T.，表示释放或关闭表单时，自动关闭数据环境中的表和视图。

3. 添加表或视图

向数据环境中添加表或视图可按下面步骤进行。

第一步，按前面介绍的方法打开“数据环境设计器”。

第二步，用以下方法之一打开“添加表或视图”对话框。

【方法 1】在“数据环境设计器”中右击，打开数据环境的快捷菜单，从中选择“添加”菜单项，将打开如图 7-11 所示的“添加表或视图”对话框。

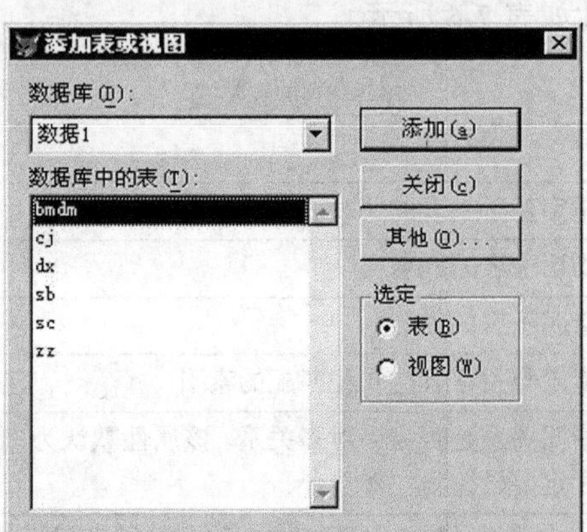

图 7-11 “添加表或视图”对话框

【方法 2】在“数据环境设计器”处于激活状态时，单击系统菜单“数据环境”的“添加”命令将“添加表或视图”对话框打开。

如果数据环境原来是空的，那么在打开数据环境设计器时，该对话框就会自动出现。

第三步，向数据环境添加表或视图，方法是选择所需表或视图，单击“添加”按钮。

此外，将要添加的表或视图从打开的项目或“数据库设计器”拖放到“数据环境设计器”中，也可以向数据环境中添加表或视图。

4. 移去表或视图

在“数据环境设计器”窗口中，选择要移去的表或视图，在系统菜单“数据环境”中选择“移去”命令即可。

也可以用鼠标右键单击要移去的表或视图，然后在弹出的快捷菜单中选择“移去”命令。

5. 设置关系

如果添加进数据环境的表具有在数据库中设置的永久关系，这些关系将自动地加到数据环境中。如果表中没有永久的关系，可以在数据环境设计器中设置这些关系。

设置关系的方法为：将主表的某个字段（作为关联表达式）拖曳到子表的相匹配的索引标记上即可。如果子表上没有与主表字段相匹配的索引，也可以将主表字段拖动到子表的某个字段上，这时应根据系统提示确认创建索引。图 7-12 所示为数据环境设计器及其两个建立了关系的表。

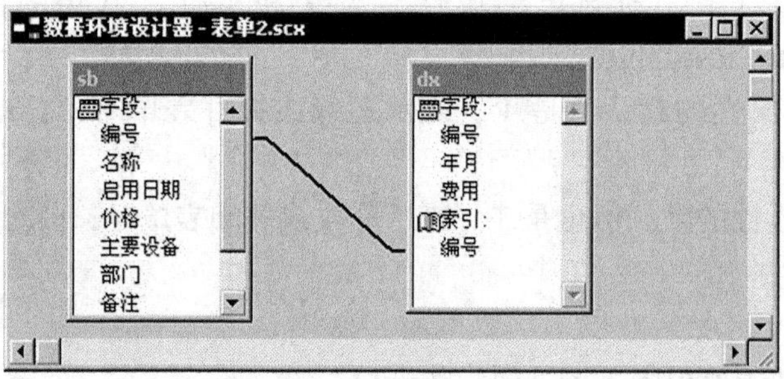

图 7-12　数据环境设计器及其两个建立了关系的表

6. 编辑关系

在数据环境设计器中设置了一个关系后，表之间将有一条连线表示这个关系。若要编辑关系的属性，可单击关系连线，或在“属性”窗口中从属性列表框选择要编辑的关系。

表之间的关系常用的属性如表 7-6 所示。

表 7-6　常用的关系属性

属　性　名	含　义
RelationalExpr	用于指定基于主表的关联表达式
ParentAlias	用于指明主表的别名
ChildAlias	用于指明子表的别名
ChildOrder	用于指定与关联表达式相匹配的索引
OneToMany	用于指明关系是否为一对多关系。该属性默认为“.F.”，如果关系为“一对多关系”，该属性一定要设置为“.T.”

RelationalExpr，指定基于主表中的字段而又与子表中的索引相关的表达式，默认设置为主表中主关键字段的名称。如果相关表是以表达式作为索引的，就必须将 RelationalExpr 属性设置为

这个表达式。例如，如果相关表以 UPPER(cust_id)作为索引，就必须将 RelationalExpr 属性设置为 UPPER(cust_id)。

OneToMany，指定是否只有在子表中遍历了所有相关记录之后才移动父表记录的记录指针。如果关系不是一对多关系，必须将 OneToMany 属性设置为"假"。将关系的 OneToMany 属性设置为"真"，当浏览父表时，在记录指针浏览完子表中所有的相关记录之前，记录指针一直停留在同一父记录上。

要解除表之间的关系，可以先单击表示关系的连线，然后按 Delete 键。

7. 向表单添加字段

在 Visual FoxPro 6.0 开发环境中，从"数据环境设计器"窗口、"项目管理器"窗口和"数据库设计器"窗口都可以直接将字段、表或视图拖入表单，系统将产生相应的控件并与字段相联系。

默认情况下，如果拖动的是字符型字段，将产生文本框控件；如果拖动的是备注型字段，将产生编辑框控件；如果拖动的是表或者视图，将产生表格控件。用户也可以通过"工具"菜单的"选项"命令，在"字段映像"选项卡中修改这种映像关系。

7.4　控件及其应用

控件是 Visual FoxPro 中实现用户界面的一个重要组成部分，也是最直观、最能体现友好界面的构件，它用于显示和操作有关数据。

表单设计离不开控件，而要很好地使用和设计控件，则需要了解控件的属性、方法和事件。7.2.2 节已经介绍了表单和控件的常用方法和事件，本节将对这些控件的使用方法作比较详尽的描述，并举例说明。

常用控件的公共属性如表 7-7 所示。

表 7-7　常用控件的公共属性

属 性 名	含义及作用
Name	控件的名称，它是代码中访问控件的标识(表单或表单集除外)
Fontname	字体名
Fontbold	字体样式为粗体
Fontsize	字体大小
Fontitalic	字体样式为斜体
Forecolor	前景色
Height	控件的高度
Width	控件的宽度。控件的高度和宽度也可在设计时通过鼠标拖曳进行可视化调整
Visible	控件是否可见
Enable	控件运行时是否有效。如果为.T.，则表示控件有效，否则运行时控件不可使用

7.4.1　标签

标签控件主要用于保存不希望用户改动的文本，如内容用作表单中提示性的语句等。

1. Caption 属性

指定标签显示的文本。可以在设计时设置，也可以在程序运行时设置或修改。在某个字符的前面插入一个反斜杠和一个小于号（\<），可将该字符作为访问键（热键）。例如，代码

```
ThisForm.mylabel.Caption="项目选择(\<x)"
```

为标签设置 Caption 属性的同时，指定了一个访问键“x”。

对于一般控件，按下相应的访问键，将激活该控件，使该控件获得焦点。而对于标签，按下相应的访问键，则是把焦点传递给 Tab 键次序中紧跟着标签的下一个控件。这在有些场合中是很有用的，例如，在某个列表框的上方放置一个标签，并把列表框的 Tab 键次序安排在标签之后。这样，当按下标签的访问键时，其下方的列表框将获得焦点。

Caption 属性还适用于表单、复选框、选项按钮、命令按钮等许多控件。

2. AutoSize 属性

AutoSize 如果为真，标签在表单中的大小由 Caption 属性中的文本长度决定，否则其大小由 Width 和 Height 属性决定。

3. ForeColor 属性

设置标题的字体颜色。

4. BackStyle 属性

设置标签的背景是否透明，0 透明，1 不透明（默认值）。

5. Alignment 属性

指定标题文本在控件中的对齐方式。0 左对齐（默认值），1 右对齐，2 中央对齐。

该属性还适用于文本框、复选框、选项按钮、列、标头等控件。

7.4.2 文本框

文本框的主要功能是用于显示或接收单行文本信息，默认输入类型为字符型，最大长度为 256 个字符；用于显示或编辑对应变量或字段的值时，需要将 ControlSource 属性设置为变量或字段名。

1. ControlSource 属性

该属性用于设置文本框的数据来源，通常可以利用该属性为文本框指定一个字段或内存变量。

该属性还适用于编辑框、命令组、选项按钮、选项组、复选框、列表框、组合框等控件。

2. Value 属性

返回文本框的当前内容，如果没有为 ControlSource 属性指定数据源，可以通过该属性访问文本框的内容。它的初值决定文本框中值的类型。如果为 ControlSource 属性指定了数据源，该属性值与 ControlSource 属性指定的变量或字段的值相同。

3. PasswordChar 属性

设置输入口令时显示的字符。在应用程序中，经常需要获得某些安全信息。这时可以用文本框来接收这一信息，而在屏幕上并不显示。如希望接收用户输入时不显示实际输入值，可将文本框的 PasswordChar 属性设置为“*”或其他字符。

4. ReadOnly 属性

确定文本框是否为只读，为“.T.”时，文本框的值不可修改（只读）。

5. InputMask 属性

设置输入数据的格式与长度。其属性值是一个字符串，字符串由一些模式符组成。各模式符的功能如表 7-8 所示。

表 7-8 模式字符及其功能

模 式 符	功 能
X	允许输入任何字符
Y	只允许输入“Y”或“N”
9	允许输入数字和正负号
#	允许输入数字、空格和正负号
$	在固定位置上显示当前货币符号（由 SET CURRENCY 命令指定）
$$	在数值前面相邻的位置上显示当前货币符号（浮动货币符）
*	在数值的左边显示星号*
.	指定小数点的位置
,	分隔小数点左边的数字串

【例 7-8】设计如图 7-13 所示的输入口令表单，使上方文本框输入的口令显示为“*”号，当单击命令按钮时，在下方显示出用户输入的口令。

图 7-13 输入口令表单

设计步骤如下。

① 新建表单，向表单中添加两个标签、两个文本框和一个命令按钮。

② 按如图 7-13 所示设置标签和按钮的 Caption 属性，设置上方文本框的 PasswordChar 属性为值“*”。

③ 编写命令按钮的 Click 事件代码：ThisForm.Text2.Value=ThisForm.Text1.Value。

7.4.3 MESSAGEBOX 函数

该函数用来显示一个用户定义的对话框。其格式如下：

```
MESSAGEBOX(eMessageText [, cTitleBarText][, nDialogBoxType ][, nTimeout])
```

eMessageText 参数指定在对话框中显示的文本，在其中可以使用 CHR(13)表示回车从而使显示的文本换行，文本也可以是其他函数的返回值；cTitleBarText 参数指定了显示在对话框的标题栏中的文本；nDialogBoxType 参数指定了显示在对话框中的按钮和图标，决定了对话框的行为，表 7-9、表 7-10、表 7-11 分别显示了按钮对应的数值关系、图标对应的数值关系和默认按钮对应的数值关系。

表 7-9 按钮数值对应关系

数 值	按 钮
0	“确定”按钮
1	“确定”和“取消”按钮
2	“终止”、“重试”和“忽略”按钮
3	“是”、“否”和“取消”按钮
4	“是”和“否”按钮
5	“重试”和“取消”按钮

表 7-10 图标数值对应关系

数 值	图 标
16	“停止”图标
32	“问号”图标
48	“感叹”图标
64	“信息”图标

表 7-11 默认按钮数值对应关系

数 值	默认按钮
0	第一个按钮
256	第二个按钮
512	第三个按钮

7.4.4 命令按钮

命令按钮用来启动某个事件代码，以完成特定功能，如关闭表单、移动记录指针、打印报表等。通常在表单中可添加具有不同功能的命令按钮，供用户选择各种不同的操作。命令按钮的功能是通过为各个按钮的“Click”事件编写代码来实现的。

1. Default 属性

命令按钮的 Default 属性默认值为.F.。如果该属性设置为.T.，在该按钮所在的表单激活的情况下，按 Enter 键可以激活该按钮，并执行该按钮的 Click 事件代码。一个表单只能有一个按钮的 Default 属性为真。

注意 如果选定的表单对象是编辑框或表格，当按 Enter 键时，不会执行默认选择按钮的 Click 事件代码。在编辑框中按 Enter 键，将在编辑框中的值加入一个回车和换行符。在表格中按 Enter 键，将选择一个相邻的区域。若要执行默认按钮的 Click 事件，则要按 Ctrl+Enter 组合键。

2. Cancel 属性

命令按钮的 Cancel 属性默认值为.F.。如果设置为.T.，在该按钮所在的表单激活的情况下，按 Esc 键可以激活该按钮，并执行该按钮的 Click 事件代码。同样一个表单只能有一个按钮的 Cancel 属性为真。

3. Enable 属性

确定按钮是否有效。如果按钮的 Enable 属性为.F.，单击该按钮不会引发事件，也就是按钮不可用。该属性适用于绝大多数控件。

4. Visible 属性

确定按钮是否可见。如果按钮的 Visible 属性为.F.，该按钮不可见。该属性适用于绝大多数控件。

对命令按钮的使用最重要的是编写 Click 事件代码。

【例 7-9】用表单以及文本框、标签、命令按钮设计一个登录界面。

首先创建一个表单，设置其 Caption 属性为“登录”，保存为 Form2。在表单上放置两个标签 Label1 和 Label2，分别设置其 Caption 属性为“用户名:”和“口　令:”。在表单上放置两个文本框 Text1 和 Text2，设置 Text2 的 PasswordChar 属性为“*”。表单以及控件布局如图 7-14 所示。

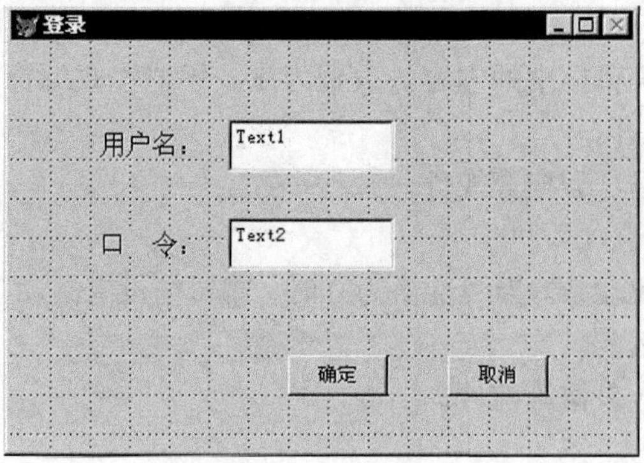

图 7-14　登录窗口

在“确定”按钮的“单击”事件中输入如下代码：

```
IF ThisForm.Text1.Value="user1" AND ThisForm.Text2.Value ="12345"
   DO FORM mainform
   Form2.Release
ELSE
   MESSAGEBOX("密码或用户名错误",0,"提示")  &&弹出出错提示信息对话框
ENDIF
```

在“取消”按钮的“单击”事件中输入如下代码：

```
nanswer= MESSAGEBOX ("你决定退出系统吗?",4,"提示")  &&退出系统提示对话框
DO CASE
  CASE nanswer = 6
   ThisForm.Release
  CASE nanswer = 7
   MESSAGEBOX ("请输入用户名和密码",0,"提示") &&弹出输入提示信息对话框
ENDCASE
```

最后，运行表单试验一下效果。

7.4.5　编辑框

编辑框用于显示或编辑多行文本信息。它实际上是一个简单的文字处理器，在编辑框中能够选择、剪切、粘贴以及复制文本。

在编辑框中允许编辑长字段或备注字段文本，允许自动换行并能用方向键、Page Up 和 Page Down 键以及滚动条来浏览文本。

编辑框只能输入和编辑字符型数据，包括字符型内存变量、数组元素、字段的内容。

文本框的绝大多数属性同样适用于编辑框。此外，编辑框还有如下特殊属性。

1. AllowTabs 属性

指定编辑框控件中是否允许使用 Tab 键。设置为.F.（默认值），不能使用 Tab 键，按 Tab 键时焦点移出编辑框。设置为.T.，允许使用 Tab 键，按 Ctrl+Tab 组合键时焦点移出编辑框。

2. HideSelection 属性

该属性设置为.T.（默认值），失去焦点时，编辑框中选定的文本不显示为选定状态，再次获得焦点时，选定文本重新显示为选定状态。设置为.F.，失去焦点时，编辑框中选定的文本仍然显示为选定状态。

该属性还适用于文本框、组合框等控件。

3. ReadOnly 属性

确定用户是否能修改编辑框中的内容。设置为.T.，不能修改编辑框的内容。设置为.F.（默认值），可以修改编辑框的内容。

该属性还适用于文本框、表格等控件。

4. ScroolBars 属性

指定编辑框是否具有滚动条。当属性值为 0 时，编辑框没有滚动条。当属性值为 2（默认值）时，编辑框包含垂直滚动条。

该属性还适用于表单、表格等控件。

5. SelStart 属性

返回用户在编辑框中所选文本的起点位置或插入点位置（没有文本选定时）。也可用于指定要选文本的起始位置或插入点位置。

该属性在设计时不可用，在运行时可读写。还适用于文本框、组合框等控件。

6. SelLength 属性

返回用户在文本输入区中所选定字符数的长度，或指定要选定的字符数目。

该属性在设计时不可用，在运行时可读写。同样还适用于文本框、组合框等控件。

7. SelText 属性

返回用户在编辑区内选定的文本，如果没有选定任何文本，则返回空串。

该属性在设计时不可用，在运行时可读写。还适用于文本框、组合框等控件。

8. ControlSource 属性

设置编辑框的数据源，一般为数据表的备注字段。如果用户想在编辑框中编辑备注字段，只需将编辑框的 ControlSource 属性设置为该备注字段。

9. Value 属性

该属性用于保存编辑框中的内容，可以通过该属性来访问编辑框中的内容。

7.4.6 复选框

复选框控件用于标识一个两值状态，如真(.T.)或假(.F.)。当处于“真”状态时，复选框内显示一个对勾，当处于“假”状态时复选框内为空白。可以单击鼠标左键改变其值。

复选框控件是一种数据绑定型控件，在数据编辑或条件选择等方面有广泛的应用。

1. Caption 属性

用来指定显示在复选框旁边的文字。

2. Value 属性

用来指明复选框的当前状态。复选框的 Value 属性值的设置有 3 种情况，如表 7-12 所示。

表 7-12 复选框的 Value 属性值

属 性 值	说 明
0 或 .F.	（默认值）未被选中
1 或 .T.	被选中
2 或 .null.	不确定，只在代码中有效

3. ControlSource 属性

用于指定复选框的数据源。作为数据源的字段变量或内存变量，可以是逻辑型或数值型。

7.4.7　命令（按钮）组

命令组（也叫命令按钮组）控件是命令按钮的集合，是包含一组命令按钮的容器控件，用户可以单个或整体来操作其中的按钮。

在表单设计器中，为了对命令组中的按钮单独设置属性、方法或事件，可采用以下两种方法：一是从属性窗口的对象下拉列表中选择需要的命令按钮；二是在命令组上右击鼠标，在弹出的快捷菜单中选“编辑”项，使命令组进入编辑状态，然后选择其中的命令按钮进行编辑。后一种方法同样适用于其他容器控件，如选项按钮组控件、表格控件等。

1. ButtonCount 属性

指定命令组中命令按钮的个数。该属性还适用于选项组。

2. Buttons 属性

用于存取命令按钮组中每个命令按钮的数组，用户可以利用该数组为命令组中的命令按钮设置属性或调用其方法。例如，下面代码将命令组 mycommandg 中第二个命令按钮设置为不可见：

```
ThisForm.mycommandg.Buttons(2).Visible=.F.
```

数组下标的范围应该在 1 至 ButtonCount 属性之间。

该属性在设计时不可用，只能用代码访问。除了命令组，还适用于选项组。

3. Value 属性

默认情况下，命令按钮组中的各个按钮被自动赋予了一个编号，如 1、2、3 等。可以在设计时指定编号，当运行表单时，一旦用户单击某个按钮，则 Value 将保存该按钮的编号，于是在程序中通过检测 Value 的值，就可以为相应的按钮编写特定的程序代码。如果在设计时，给 Value 赋予一个字符型数据，当运行表单时，一旦用户单击某个按钮，则 Value 将保存该按钮的 Caption 属性值。

该属性还适用于编辑框、文本框、选项按钮、选项组、复选框、列表框、组合框、表格等控件。

【例 7-10】让命令组中所有命令按钮的 Click 事件代码都执行同一段代码。可将代码加入命令组的 Click 事件代码中。命令组的 Value 属性指明单击了哪个按钮。

建立一个“命令组示例”表单，如图 7-15 所示。

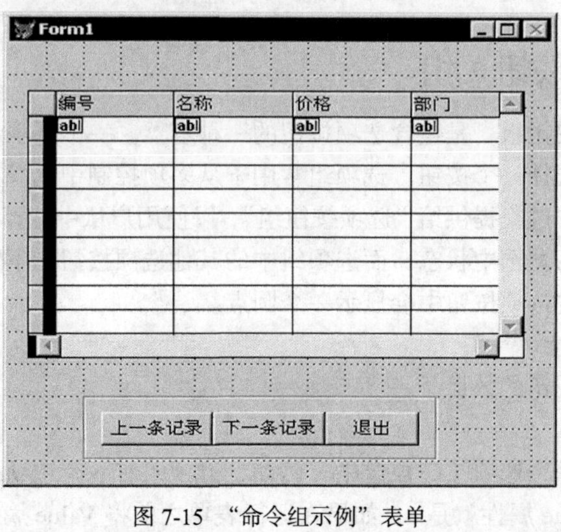

图 7-15　“命令组示例”表单

在该表单中放置一个表格 Grid1，并用生成器建立与 sb 表的联系。添加一个命令按钮组 CommandGroup1，其中有 3 个命令按钮，分别是 Command1（上一条记录）、Command2（下一条记录）和 Command3（退出），前两个命令按钮用来对当前表中的记录进行定位。现要求这三个命令按钮采用同一个方法程序来实现各自的功能，可在表单的 CommandGroup1 容器的 Click 事件中编写如下代码：

```
DO CASE
  CASE This.Value=1
SKIP -1
ThisForm.Refresh
  CASE This.Value=2
SKIP
ThisForm.Refresh
CASE This.Value=3
ThisForm.Release
ENDCASE
IF RECNO()=1
  This.Command1.Enabled=.F.
  This.Command2.Enabled=.T.
ELSE
  IF RECNO()=RECCOUNT()
This.Command1.Enabled=.T.
This.Command2.Enabled=.F.
  ELSE
This.Command1.Enabled=.T.
This.Command2.Enabled=.T.
  ENDIF
ENDIF
```

运行表单后，单击命令按钮“上一条记录”、“下一条记录”便可移动记录指针，单击“退出”按钮则关闭表单。

代码的后半部分，是为了控制当记录指针到表的第一条纪录后，不能再执行“上一条记录”命令，记录指针到表的最后一条记录后，不能再执行“下一条记录”命令。

注意　如果为命令按钮组中某个命令按钮的 Click 事件编写了代码，当选择这个按钮时，将会执行为该按钮编写的程序代码而不执行组的 Click 事件代码。

7.4.8　选项（按钮）组

选项组又称为选项按钮组，是包含选项按钮的一种容器。一个选项组中往往包含若干个选项按钮，但用户只能从中选择一个按钮。选项组常用于从多项控制中选择其一，可把事先设计好的具有特定功能的整套操作过程提供给“选项按钮组”，以便用户从中选择一项。当用户单击某个选项按钮时，该按钮即成为被选中状态，而选项组中的其他选项按钮，不管原来是什么状态，都变为未选中状态，被选中的选项按钮中会显示一个圆点。

1．ButtonCount 属性

指定选项组中选项按钮的数目。

2．Value 属性

用于指定选项组中哪个选项按钮被选中。例如，选项组有 6 个选项按钮，如果用户选择了第四个选项，选项组的 Value 属性就是 4。如果在运行表单之前将 Value 属性设置为一个字符值，则选项组的 Value 属性就是被选中的选项按钮的标题。

3. ControlSource 属性

指定选项组数据源。作为选项组数据源的字段变量或内存变量，可以是数值型或字符型。

4. Buttons 属性

用于存取选项组中每个选项的数组。例如，下面代码为选项组 myoptiong 的第三个按钮设置 Caption 属性：

```
ThisFrom.myoptiong.Buttons(3).Caption="按姓名排序"
```

【例 7-11】设计一个设备查询表单，在表单中使用选项组控件、命令按钮控件和文本框控件。

首先，打开表单设计器，建立一个表单，在表单上放置一个选项按钮组 OptionGroup1、一个文本框 Text1 和一个命令按钮 Command1。如图 7-16 所示。

图 7-16　“设备查询”表单及控件布局

设置选项按钮组 OptionGroup1 中选项按钮 Option1、Option2 的 Caption 属性分别为“编号”和“名称”。设置命令按钮 Command1 的 Caption 属性为“查询”。

为“查询”按钮的 Click 事件编写如下代码：

```
cxp=This.Parent.OptionGroup1.Value
s_val=This.Parent.Text1.Value
IF cxp=1
  SELECT 编号,名称,启用日期,价格 FROM sb WHERE 编号=s_val
ELSE
  SELECT 编号,名称,启用日期,价格 FROM sb WHERE 名称=s_val
ENDIF
```

这段代码的前两条语句分别将选项按钮组和文本框的值送给变量 cxp 和 s_val。

最后根据选项按钮组的不同值用 SELECT 语句从表 sb 中按设备“编号”或“名称”选取记录值。在“查询”窗口输出结果，如图 7-17 所示。

图 7-17　设备查询输出结果

7.4.9 列表框

列表框用于提供一组条目（数据项），用户可以从中选择一个或多个条目。一般情况下，列表框只显示其中的若干条目，用户可以通过滚动条浏览其他条目。

1. RowSourceType 和 RowSource 属性

通过设置 RowSourceType 和 RowSource 属性，可以用不同数据源中的项填充列表框。RowSourceType 属性决定列表框的数据源类型，如数组或表，设置好 RowSourceType 后，可设置 RowSource 属性指定列表项的数据源。

RowSourceType 共有 10 种类型，说明如下。

- 0-无：表示没有，在程序运行时，可用 Additem 方法添加列表框条目。
- 1-值：手工指定具体的列表框条目，如 RowSource= “a，b，c”。
- 2-别名：将表中的字段值作为列表框的条目。
- 3-SQL 语句:将 SQL 语句执行结果作为列表框的数据源,如 RowSource=“select * from bmd”。
- 4-查询：将.qpr 查询文件运行结果作为列表框数据源，如 RowSource= “myquery.qpr”。
- 5-数组：将数组中的内容作为列表框条目的来源。
- 6-字段：将表中的一个或多个字段作为列表框条目的数据源。如当前表单数据环境中有 sb 表，RowSource="编号，名称"。
- 7-文件：将某个驱动器和目录下的文件名作为列表框的条目。
- 8-结构：将表中的字段名作为列表框的条目。
- 9-弹出式菜单：将弹出式菜单作为列表框的条目。

该属性还适用于组合框。

2. List 属性

用以存取列表框中数据条目的字符串数组。例如，List(1)代表列表框中的第一行（第一个）数据项。

该属性在设计时不可用，运行时可读写。还适用于组合框。

3. ListCount 属性

返回列表框中数据条目的数目。

该属性在设计时不可用，运行时只读。还适用于组合框。

4. ColumnCount 属性

指定列表框的列数。

该属性还适用于组合框和表格。

列表框默认为一列，但可以包含任意列。多列列表框和表格的区别在于，在多列列表框中用户一次选择一行，而在表格中用户可以选择每个单元格。另外，不能直接编辑列表中的数据。

若要在列表框中显示多列，可做如下操作。

① 将 ColumnCount 属性设置为所需的列数。

② 设置 ColumnWidths 属性。例如，如果列表框中有 3 列，下面的命令将各列宽度分别设置为 60、45 和 80。

```
ThisForm.List1.ColumnWidths="60,45,80"
```

③ 将 RowSourceType 属性设置为“6-字段”。

5. Value 属性

返回列表框中被选中的条目，只读。

该属性还适用于组合框。

6. ControlSource 属性

该属性在列表框中的用法与在其他控件中的用法有所不同。在这里，用户可以通过该属性指定一个字段或变量，用以保存用户从列表框中选择的结果。

7. Selected 属性

该属性是一个逻辑型数组，第 *n* 个数组元素代表第 *n* 个数据项是否为选定状态。

该属性在设计时不可用，运行时可读写。还适用于组合框。

8. MultiSelect 属性

指定用户能否在列表框控件内进行多重选定。

默认情况下，一次只能选定一个列表项，但也可以允许用户选择列表中的多个列表项。若要选择列表中的多项，可将列表的 MultiSelect 属性设置为“真”。

为了一次性处理选定的项，例如把它们复制到一个数组或应用程序的其他地方，可以循环遍历各列表项，选择 Selected 属性为“真” 的项。

用户除了从列表框中选择项，还允许交互地向列表中添加项。若要以交互方式向列表添加项，可使用 Additem 方法程序。

【例 7-12】建立一个表单，上面放一个文本框 Text1、一个列表框 List1。在文本框的 KeyPress 的事件中输入如下代码：

```
LPARAMETERS nkeycode,nshiftaltctrl
IF nkeycode=13
  ThisForm.List1.Additem(This.Value)
  This.Value=""
ENDIF
```

运行表单后，当用户在文本框输入任意文本并按 Enter 键时，文本框中的文本将添加到列表框中，并且清除文本框中的文本。

【例 7-13】列表框的应用。设计一个如图 7-18 所示表单。要求表单运行时，List1 列表框显示设备表 sb 的编号字段内容，单击“>”按钮时，List1 中选择的字段转移到 List2 中，单击“<”按钮时，List2 中选择的字段转移到 List1 中。

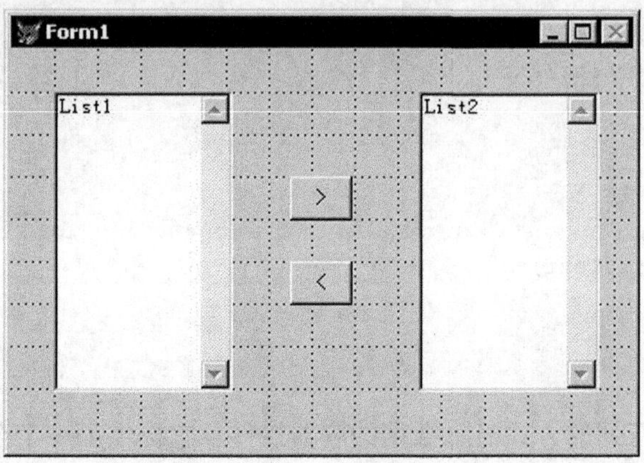

图 7-18　列表框应用示例表单及控件

操作步骤如下。

① 按图 7-18 所示建立一个表单，在表单中加入两个列表框、两个命令按钮。

② 在表单的 Init 事件中加入如下代码：

```
ThisForm.List1.Value=0
ThisForm.List2.Value=0
USE sb
DO WHILE NOT EOF()
  ThisForm.List1.Additem(编号)
  SKIP
ENDDO
USE
```

③ 在“>”按钮的 Click 事件中加入如下代码：

```
ThisForm.List2.AddListItem(ThisForm.List1.List(ThisForm.List1.Value))
ThisForm.List1.RemoveItem(ThisForm.List1.Value)
```

④ 在“<”按钮的 Click 事件中加入如下代码：

```
ThisForm.List1.AddListItem (ThisForm.List2.List(ThisForm.List2.Value))
ThisForm.List2.RemoveItem (ThisForm.List2.Value)
```

7.4.10 组合框

组合框与列表框类似，也是用于提供一组条目供用户从中选择。前面介绍的关于列表框的属性、方法，同样适用于组合框（MultiSelect 除外），而且含义和用法也相同。组合框和列表框的主要区别如下所示。

① 对于组合框来说，通常只有一个条目是可见的。用户可以单击组合框上的下拉箭头按钮打开条目列表，以便从中选择。

② 组合框不提供多重选择的功能，没有 MultiSelect 属性。

③ 组合框有两种形式：下拉组合框（Style 属性为 0）和下拉列表框（Style 属性为 2）。对下拉组合框，用户既可以从列表中选择，也可以在编辑区输入。对下拉列表框，用户只可从列表中选择。

【例 7-14】将用户在组合框中输入的项添加到下拉组合框的列表中。

要将新的用户值添加到下拉组合框，可在组合框的 Valid 事件（组合框在失去焦点前触发的事件）中编写如下代码：

```
litemexists=.F.
FOR k=1 TO This.ListCount
  IF This.List(k)=This.Text
     litemexists=.T.
     EXIT
ENDIF
ENDFOR
IF .NOT.litemexists
  This.Additem(This.Text)
ENDIF
```

7.4.11 表格

表格（Grid）是以行列的方式显示数据的容器控件。它提供了一个全屏幕输入输出数据表记录的方式。一个表格控件包含一些列（Column）控件，每个列控件能够容纳标头对象（Header）、文本框（Text）等控件。标头在列的顶部显示，并能响应一些事件。每个列除了包含标头和控件外，还拥有自己的一组属性、事件和方法程序，可以配备适当的数据源，从而为表格提供了灵活、广泛的使用功能。

1．常用的表格属性

① RecordSourceType 属性

指明表格数据源的类型。如表、别名、查询、SQL 语句等。

② RecordSource 属性

指定数据的具体来源。

③ ColumnCount 属性

指定表格的列数。

④ LinkMaster 属性

用于指定表格控件中所显示的子表的父表名称。

⑤ ChildOrder 属性

指定子表的索引。

⑥ RelationalExpr 属性

确定基于主表字段的关联表达式。

2．常用的列属性

① ControlSource 属性

指定要在列中显示的数据源。通常是表中的字段。

② CurrentControl 属性

指定列对象中的一个控件，用以显示和接收列中活动单元格的数据。默认值是文本框，可添加需要的其他控件。

③ Sparse 属性

用于确定 CurrentControl 属性影响列中的所有单元格还是只影响活动单元格。

3．常用的标头属性

① Caption 属性

指定标头对象的标题文本，显示于列顶部。默认为对应字段的字段名。

② Alignment 属性

指定标题文本在对象中显示的对齐方式。

4．表格设计基本操作

若要将表格控件添加到表单，可在“表单控件”工具栏中选择“表格”按钮，然后在“表单”窗口中将其调整为期望的大小。

为了对表格进行编辑，首先要在表格快捷菜单中选“编辑”命令，使表格处于编辑状态。在属性窗口对象框中选择表格的任意一列，也会进入表格的编辑状态。在编辑状态下，表格周围有一个绿色虚框。选择表单的其他控件，表格的编辑状态自动取消。

- 调整表格中列的宽度：将鼠标指针置于表格列的标头之间，这时指针变为带有左右两个方向箭头的竖条，按住鼠标左键，将列拖动到需要的宽度即可，或者直接在“属性”窗口设置列的 Width 属性。
- 调整表格中行的高度：将鼠标指针置于“表格”控件左侧的第 1 个按钮和第 2 个按钮之间，这时指针将变成带有向上和向下箭头的横条。按住鼠标左键，将行拖动到需要的高度。或者在“属性”窗口中设置表格的 RowHeight 属性。

表格的设计通常使用表格生成器进行。通过表格生成器能够交互地快速设置表格的有关属性，创建所需要的表格。用鼠标右键单击表格，在弹出的快捷菜单中选择“生成器”命令，打开“表格生成器”对话框，如图 7-19 所示。

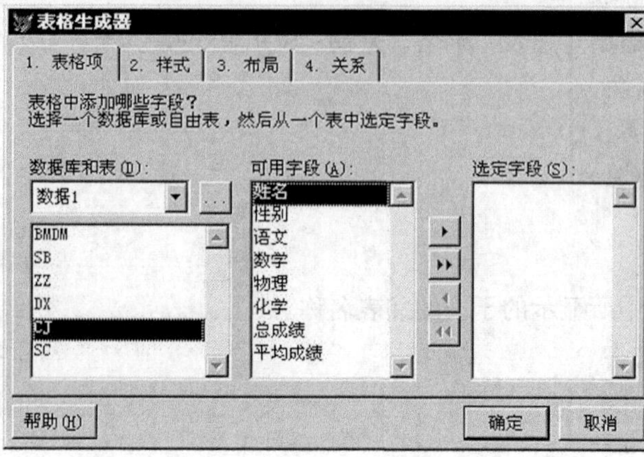

图 7-19 “表格生成器”对话框

在对话框中设置有关选项参数，最后单击“确定”按钮，系统就会自动设置表格的有关属性。

“表格生成器”对话框的 4 个选项卡大致作用如下。

- “表格项”选项卡：用于设置表格内显示的字段。
- “样式”选项卡：指定表格的样式。
- “关系”选项卡：设置一对多关系，指明父表中的关键字段与子表中的相关索引。
- “布局”选项卡：调整行高、列宽，设置列标题，选择控件类型。

【例 7-15】设计一个能进行查询统计的表单 dxjl.scx，其界面如图 7-20 所示。当输入设备名称并单击“查询统计”按钮时，会在右边的表格内显示该设备的大修记录，并在左边相应的文本框中显示平均费用和总费用。单击“退出”按钮关闭表单。

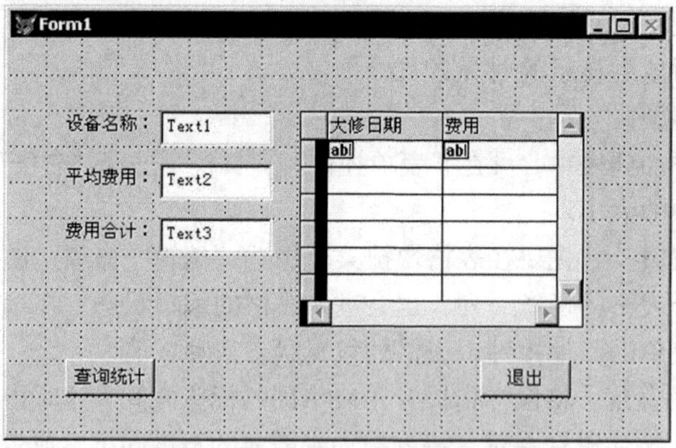

图 7-20 “查询统计”表单及控件布局

设计过程如下。

第一步，建立一个表单，在上面放 3 个标签、3 个文本框、两个命令按钮和一个表格。调整各控件的大小、位置，设置标签、文本框、命令按钮的 Caption 属性值。

第二步，将表格的 ColumnCount 属性设置为 2（共两列）、RecordSourceType 属性值设置为“4-SQL 说明”。将表格内两列的 Caption 属性分别设置为“大修日期”和“费用”，并适当调整两列的宽度。

第三步，编写代码。

对表单的 Load 事件编写如下代码：

```
OPEN DATABASE 设备管理
USE sb IN 0
USE dx IN 0
```

对命令按钮“查询统计”的 Click 事件编写如下代码：

```
ThisForm.Grid1.RecordSource="SELECT dx.年月,dx.费用;
FROM sb,dx WHERE sb.编号=dx.编号 and ;
sb.名称=ALLTRIM(ThisForm.Text1.Value) INTO CURSOR  tmp"
SELECT AVG(费用) AS avgfy,SUM(费用) AS sumfy FROM tmp INTO CURSOR tmp1
SELECT tmp1
GO TOP
ThisForm.Text2.Value=avgfy
ThisForm.Text3.Value=sumfy
USE
```

命令按钮“退出”的代码为：

```
ThisForm.Release
```

表单的 Unload 事件代码为：

```
CLOSE DATABASE
```

最后保存表单。

运行表单，在相应的文本框输入设备名称“复印机”，单击“查询统计”按钮，得到的结果如图 7-21 所示。

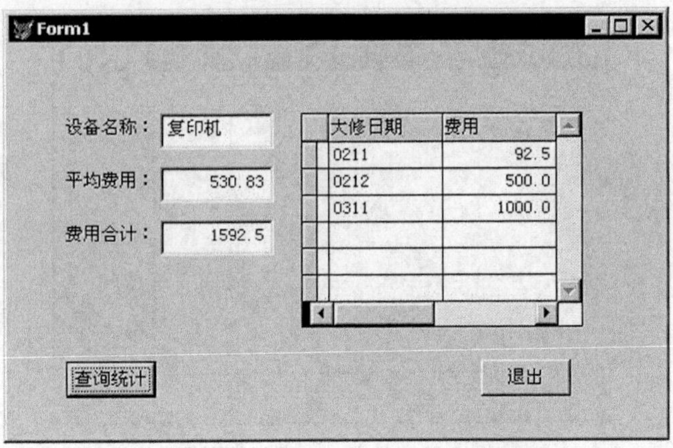

图 7-21　“查询统计”表单运行结果

7.4.12　页框

页框是包含多个页面的容器对象，而页面本身也是一种容器，其中可以包含需要的控件。利用页框、页面可以创建选项卡式对话框。可以把页框想象为有多层页面的三维容器，只有最上层页面（或在页框的顶部）中的控件才是可见和活动的。在一个表单中，每次只能有一个活动页面。

页框定义了页面的总体特性，包括大小、位置、边框类型、哪个页面是活动的等。如果页框移动了，页面将跟着移动。要使页框可见，必须把它添加到表单中。页框包含的每个页面缺省命名为 Page1、Page2、Page3、…。

注意　对页面所在的表单使用 Refresh 方法进行屏幕刷新时，系统只刷新当前活动的页面，而对于其他页面，则需要另外添加代码进行刷新。

1. 常用的页框属性

① PageCount 属性

用于指明页框所包含的页面数。

② Pages 属性

用于存取页框中页面的数组。例如，设置页框 mypagef 中第二个页面的 Caption 属性，可用下面的代码：

```
ThisForm.mypagef.Pages(2).Caption="输出字段"
```

③ Tabs 属性

指定页框中是否显示页面标签。

④ TabStretch

指明页面标签为单行或多行。

⑤ Active 属性

返回页框中活动页的页号，或使页框中的指定页成为活动页。

2. 向表单中添加页框控件并设置属性

向表单添加页框控件的方法与添加其他控件的方法相同。

选中页框后，可查看或设置属性。比如，PageCount 属性用来指定页框中包含的页面数。将其设置为 5，得到的页框如图 7-22 所示。

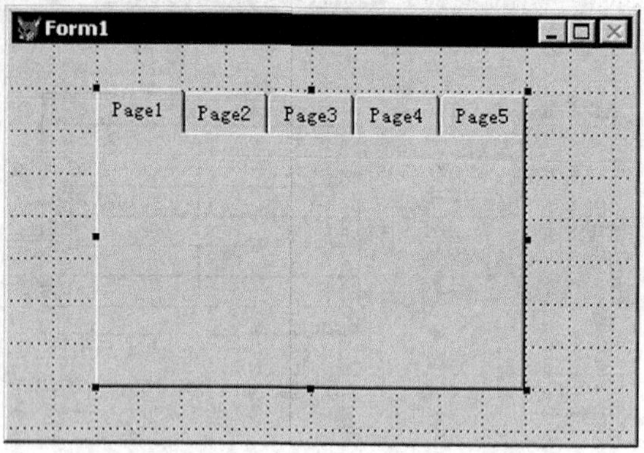

图 7-22　具有 5 个页面的页框

各页面作为页框容器中的对象，在表单中是以一个整体的形式出现的。要对各页面进行分别的修改，可以从页框的快捷菜单中选择“编辑”命令，将页框激活为容器。页框的边框变宽，表示它处于编辑状态。

如果需要在页框中选择不同的页面，可以在编辑状态下单击需要的页面，或者是在属性窗口的“对象”框中选择某一页面。

如果要修改页面的标题，可以通过设置其 Caption 属性来实现。

要更容易地区分不同页面，可以通过设置每一页面的 BackColor 属性来指定不同的颜色。

3. 向页面中添加控件

向页框的页面中添加控件，其方法同向表单中添加控件相似。

页面中的控件只有在页面处于活动状态时才可见和有效。如果要向页面中添加控件，可以遵循下列步骤：

① 使页框处于编辑状态。

② 选择相应的页面，或者直接在属性窗口的“对象”框中选择该页面，这时页框的周围将出现边框，表明可以操作其中包含的对象。

③ 按照向表单中添加控件的方法，在控件工具栏中，选择想要的控件按钮，并在页面中将其调整到想要的大小。

4. 管理长标题选项卡

如果选项卡的标题太长，不能在给定页框宽度和页面数的选项卡上显示出来，可以通过设置 TabStretch 属性来解决这个问题。

① 使用系统的缺省值。TabStretch 属性的系统缺省值为“1-单行(缺省)”，这样的话只显示能放入选项卡中的标题字符。

② 将 TabStretch 属性设置为“0-多重行”，这样选项卡将重叠起来，以便所有选项卡中的整个标题都能显示出来，如图 7-23 所示。

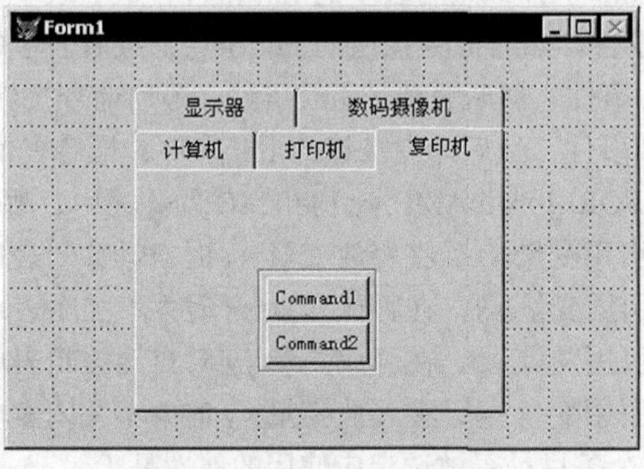

图 7-23　选项卡多重标题行

5. 使用代码切换页面

可以从程序中使用 ActivePage 属性来激活一个页面。例如，下面的代码将第 2 个页面设置为当前活动页面。

```
ThisForm.mypageframe.ActivePage=2
```

习 题 七

一、选择题

1. 现实世界的每一个事物都是一个对象，任何对象都有自己的属性和方法。以下对属性的正确描述是（　　）。

A. 属性只是对象所具有的内部特征

B. 属性就是对象所具有的固有特征，一般用各种类型的数据来表示

C. 属性只是对象所具有的外部特征

D. 属性就是对象所具有的固有方法

2. 下列关于属性、方法和事件的叙述中，哪个是错误的（ ）。

A. 属性用于描述对象的状态，方法用于表示对象的行为

B. 基于同一个类产生的两个对象可以分别设置自己的属性值

C. 事件代码也可以像方法一样被显式调用

D. 在新建一个表单时，可以添加新的属性、方法和事件

3. 假定一个表单里有一个文本框 Textl 和一个命令按钮组 CommandGroup1，命令按钮组是一个容器对象，其中包含 Command1 和 Command2 两个命令按钮。如果要在 Command1 命令按钮的某个方法中访问文本框的 Value 属性值，下面哪个式子是正确的（ ）。

A. This.ThisForm.Text1.Value　　B. This.Parent.Parent.Text1.Value

C. Parent.Parent.Text1.Value　　D. This.Parent.Text1.Value

4. 能够将表单的 Visble 属性设置为假的方法是（ ）。

A. Show　　B. Hide　　C. Setfocus　　D. Release

5. 假定表中包含一个命令按钮，那么在运行表单时，下面有关事件引发次序的陈述中，哪个是正确的（ ）。

A. 先命令按钮的 Init 事件，然后表单的 Init 事件，最后表单的 Load 事件

B. 先表单的 Init 事件，然后命令按钮的 Init 事件，最后表单的 Load 事件

C. 先表单的 Load 事件，然后表单的 Init 事件，最后命令按钮的 Init 事件

D. 先表单的 Load 事件，然后命令按钮的 Init 事件，最后表单的 Init 事件

6. 下面关于命令 DO FORM xx NAME yy LINKED 的陈述中，哪个是正确的（ ）。

A. 产生表单对象引用变量 xx，在释放变量 xx 时自动关闭表单

B. 产生表单对象引用变量 xx，在释放变量 xx 时并不关闭表单

C. 产生表单对象引用变量 yy，在释放变量 yy 时自动关闭表单

D. 产生表单对象引用变量 yy，在释放变量 yy 时并不关闭表单

7. 确定列表框内的某个条目是否被选定应使用的属性是（ ）。

A. Value　　B. ColumnCount　　C. ListCount　　D. Selected

8. 如果文本框的 InputMask 属性值是#99999，允许在文本框中输入的是（ ）。

A. +12345　　B. abc123　　C. $1345　　D. abcdef

9. 下面关于数据环境和数据环境中两个表之间关系的陈述中，哪个是正确的（ ）。

A. 数据环境是对象，关系不是对象

B. 数据环境不是对象，关系是对象

C. 数据环境是对象，关系是数据环境中的对象

D. 数据环境和关系都不是对象

二、填空题

1. 建立表单有 3 种方法，它们是__________、__________、__________。

2. 单选按钮控件的主要属性是__________和__________。

3. 要想定义标签控件的 Caption 文字的大小，需要定义标签的__________属性。

4. 文本框控件的主要属性是＿＿＿＿＿＿。

5. 在程序中为了显示已创建的 myform 表单对象，应当使用的命令是＿＿＿＿＿＿。

6. 在程序中为了隐藏已显示的 myform 表单对象，应当使用的命令是＿＿＿＿＿＿。

7. 对象的＿＿＿＿＿＿就是对象可以执行的动作或它的行为。

8. 数据环境是一个对象，泛指定义表单或表单集时使用的＿＿＿＿＿＿，包括表、视图和关系。

9. 编辑框控件与文本框控件最大的区别是，在编辑框中可以输入或编辑＿＿＿＿＿＿文本，而在文本框中只能输入或编辑＿＿＿＿＿＿文本。

10. 利用＿＿＿＿＿＿中的按钮可以对选定的控件进行居中、对齐等多种操作。

11. 要编辑容器中的对象，必须首先激活容器。激活容器的方法是：右击容器，在弹出的快捷菜单中选定＿＿＿＿＿＿命令。

12. 在表单中添加控件后，除了通过属性窗口为其设置各种属性外，也可以通过相应的＿＿＿＿为其设置常用属性。

13. 用来确定复选框是否被选中的属性是＿＿＿＿＿＿，用来指定显示在复选框旁的文字的属性是＿＿＿＿＿＿。

14. 在 Visual FoxPro 的表单设计中，为表格控件指定数据源的属性是＿＿＿＿＿＿。

15. 在表单运行中，当结果发生变化时，就刷新表单，刷新表单使用的命令是＿＿＿＿＿＿。

三、操作题

1. 设计一个教学管理系统的封面表单，其中标签“欢迎使用教学管理系统”为从右向左移动的字幕。

2. 创建一个标题为“查询”，文件名为“test1”的表单，如图 7-24 所示。

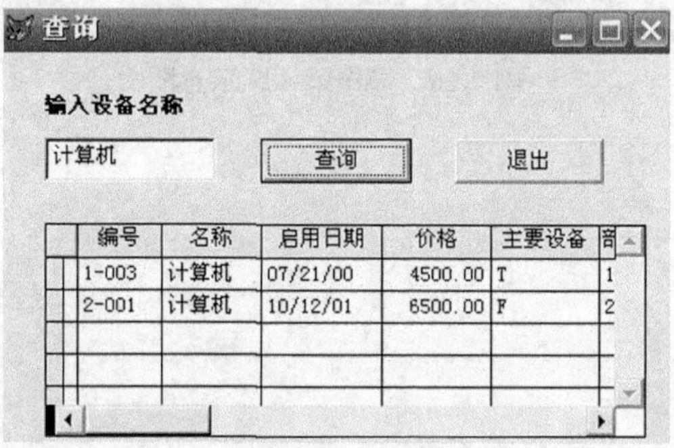

图 7-24　操作第 3 题示意图

“查询”按钮要求实现如下功能：当用户单击“查询”按钮时，会将设备表 sb 中设备名称与文本框中内容相同的记录查询出来，并显示在表格控件中。

“退出”按钮要求实现如下功能：当用户单击“退出”按钮时关闭和释放表单。

提示

向表单的数据环境中添加 sb 表；将表格控件的 RecordSourceType 属性值设置为“4-SQL 说明”。

3. 设计一个选择查询表单，如图 7-25 所示。表单运行时，可以先在右侧的下拉列表框中选择需要打开并查询的表文件，此时，表的字段应自动显示在左侧的列表框内。在列表框中选择需要输出的字段后，单击“确定”按钮，显示表中指定字段所有记录的内容。

提示　当从组合框中选择新的表时，将引发组合框的 InterActiveChange 事件。

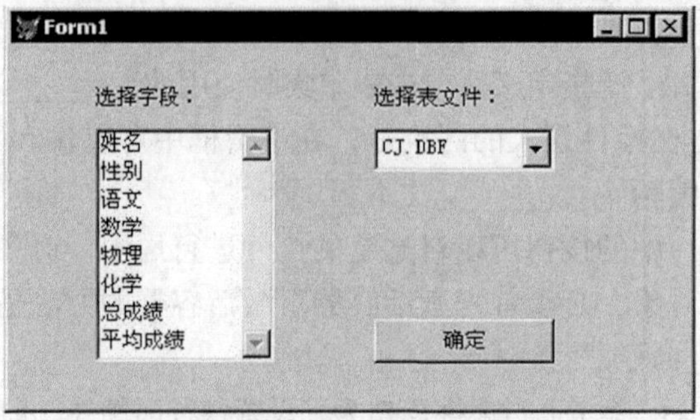

图 7-25　操作第 3 题示意图

4. 创建一个浏览设备信息的表单，实现对设备表 sb 的查询，如图 7-26 所示。

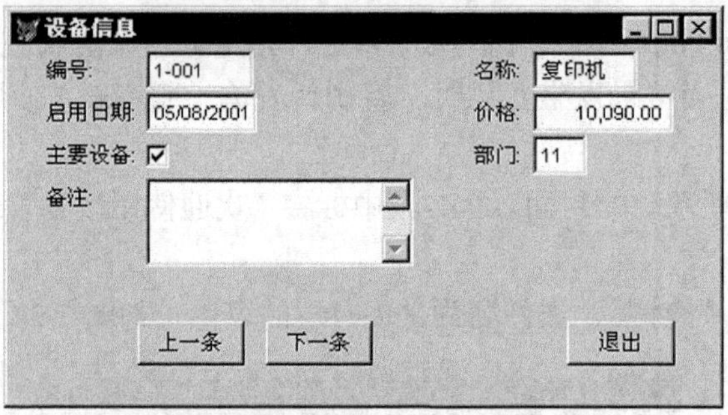

图 7-26　操作第 4 题示意图

第 8 章 菜单的设计与应用

菜单的设计从一开始就是为了方便用户操作界面使用。早先的 DOS 界面中，程序员为了编写一个菜单系统，往往要花费大量的时间和精力。现在，有了可视化的编程工具，Windows 用户界面的编写已经越来越简单化，只要了解一些最基本的工具，再加上简单的几句代码，用户就可以编写出自己的操作界面。尽管 Windows 的各种快捷工具起着越来越重要的作用，但是菜单作为一种方便的操作方式，其作用仍然是不可替代的。

本章首先介绍 Visual FoxPro 6.0 系统菜单的基本情况，然后介绍如何配置与定制系统菜单，如何设计下拉菜单和快捷菜单。

8.1 Visual FoxPro 6.0 系统菜单

利用系统菜单是用户调用 Visual FoxPro 6.0 系统功能的一种快捷方式或途径。而了解 Visual FoxPro 6.0 系统菜单的结构、特点和行为，则是用户设计自己的菜单系统的基础。

8.1.1 菜单的结构和种类

Visual FoxPro 中的菜单包括两种：菜单和快捷菜单。菜单由菜单栏（主菜单）、子菜单（下拉菜单）及菜单项组成；快捷菜单是当用户在选定对象上右击时弹出的菜单。图 8-1 显示了 Visual FoxPro 菜单系统的结构。

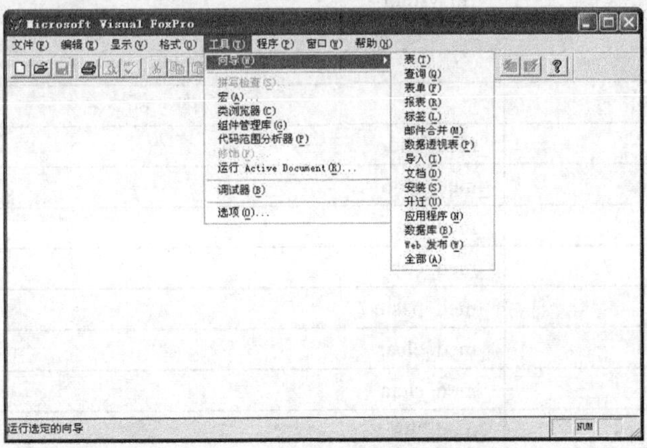

图 8-1 Visual FoxPro 菜单系统的结构

由图 8-1 可以看出，Visual FoxPro 的菜单系统分为主菜单和子菜单。主菜单是用来控制应用系统中各项操作的；子菜单则是主菜单的下一级菜单，子菜单还可以包括子菜单（级联菜单）。菜单中包括菜单项，每个菜单项对应一项操作。当菜单项很多时，可以对菜单项分组。也可以为菜单项定义热键和快捷键。

8.1.2 系统菜单

Visual FoxPro 6.0 的系统菜单是一个典型的菜单系统，其主菜单是一个条形菜单。条形菜单中常见选项的名称及内部名字如表 8-1 所示。

条形菜单本身的内部名字为_msysmenu，也可以看作是整个菜单系统的名字。

选择条形菜单中的每一个菜单项都会激活一个弹出式菜单，各弹出式菜单的内部名字如表 8-2 所示。表 8-3 是“编辑”菜单中常用选项的选项名称和内部名字。

表 8-1 主菜单(_msysmenu)常见选项

选 项 名 称	内 部 名 字
文件	_msm_file
编辑	_msm_edit
显示	_msm_view
工具	_msm_tools
程序	_msm_prog
窗口	_msm_windo
帮助	_msm_systm

表 8-2 弹出式菜单的内部名字

弹出式菜单	内 部 名 字
“文件”菜单	_mfile
“编辑” 菜单	_medit
“显示” 菜单	_mview
“工具”菜单	_mtools
“程序” 菜单	_mprog
“窗口” 菜单	_mwindow
“帮助” 菜单	_msystem

表 8-3 “编辑”菜单(_medit)常用选项

选 项 名 称	内 部 名 字
撤消	_med_undo
重作	_med_redo
剪切	_med_cut
复制	_med_copy
粘贴	_med_paste
清除	_med_clear
全部选定	_med_slcta
查找…	_med_find
替换…	_med_repl

通过 SET SYSMENU 命令可以在程序执行时允许或者禁止访问系统菜单，也可以重新配置系统菜单。

格式：

```
SET SYSMENU ON|OFF|AUTOMATIC|TO [<弹出式菜单名表>]
           |TO [<条形菜单项名表>]|TO [DEFAULT]|SAVE|NOSAVE
```

说明：

ON：允许程序执行时访问系统菜单。

OFF：禁止程序执行时访问系统菜单。

AUTOMATIC：使系统菜单显示出来，可以访问系统菜单。

TO <弹出式菜单名表>：重新配置系统菜单，以内部名字列出可用的弹出式菜单。例如，命令"SET SYSMENU TO _mfile，_mwindow"将使系统菜单只保留"文件"和"窗口"两个子菜单。

TO <条形菜单项名表>：重新配置系统菜单，以条形菜单项内部名表列出可用的子菜单。例如，上面的系统菜单配置命令也可以写成"SET SYSMENU TO _msm_file，_msm_windo"。

TO DEFAULT：将系统菜单恢复为标准配置。

SAVE：将当前的系统菜单配置指定为缺省配置。如果在执行了 SET SYSMENU SAVE 命令后，修改了系统菜单，那么执行 SET SYSMENU TO DEFAULT 命令，就可以恢复 SET SYSMENU SAVE 命令执行之前的菜单配置。

NOSAVE：重置菜单系统为默认的 Visual FoxPro 6.0 系统菜单。要将系统菜单恢复成标准配置，可先执行 SET SYSMENU NOSAVE 命令，然后执行 SET SYSMENU TO DEFAULT 命令。

不带参数的 SET SYSMENU TO 命令则将屏蔽系统菜单，使系统菜单不可用。

8.2　下拉式菜单设计

下拉式菜单是一种最常见的菜单，用 Visual FoxPro 6.0 提供的菜单设计器可以方便地进行下拉式菜单的设计。

具体来说，菜单设计器的功能有两个：一是为顶层表单设计下拉式菜单；二是通过定制 Visual FoxPro 6.0 系统菜单建立应用程序的下拉式菜单。

在利用菜单设计器设计菜单时，各菜单项及其功能既可以由设计者自己来定义，也可以采用 Visual FoxPro 6.0 系统的标准菜单项及其功能。

8.2.1　菜单生成的基本步骤

菜单设计器可用来设计并生成下拉式菜单与快捷菜单，生成菜单程序的基本步骤包括：

① 打开菜单设计器窗口。

② 进行菜单设计，得到菜单文件（.mnx、.mnt）。

③ 生成菜单程序，得到菜单程序文件（.mpr）。

④ 运行菜单程序。

1. 打开菜单设计器窗口

【方法 1】用系统菜单。

如果要新建一个菜单，可按下列步骤打开菜单设计器窗口：

① 选择“文件”菜单中的“新建”命令。

② 在“新建”对话框中选择“菜单”单选按钮，然后单击“新建文件”按钮。

③ 在“新建菜单”对话框中选择“菜单”按钮。

这样，屏幕上就会出现“菜单设计器”窗口。

如果要用菜单设计器修改一个已有的菜单，可以从“文件”菜单中选择“打开”命令，选择一个菜单文件(.mnx 文件)，打开“菜单设计器”窗口。

【方法 2】用命令。

也可以用命令打开“菜单设计器”窗口，进行菜单的建立或者修改。

命令的格式如下：

```
MODIFY MENU <文件名>
```

其中，命令中的<文件名>指菜单文件名，默认扩展名为.mnx。若<文件名>为新文件，则建立菜单，否则，将打开已有的菜单。

【方法 3】用项目管理器。

在项目管理器窗口中选定“其他”选项卡，选定列表中的“菜单”，然后单击“新建”按钮来建立菜单，或者选定某个菜单名，单击“修改”按钮，都可以打开菜单设计器窗口。

2. 进行菜单设计

在“菜单设计器”窗口中定义菜单，指定菜单的各项内容，如菜单项的标题、快捷键等。 具体的方法在后面介绍。

指定完菜单的各项内容后，应将菜单定义保存到.mnx 文件中。方法是：从“文件”菜单中选择“保存”命令或按 Ctrl+W 组合键。

3. 生成菜单程序

菜单文件存放着菜单的各项定义，但其本身是一个表文件，并不能够运行。这一步就是要根据菜单文件产生可执行的菜单程序文件(.mpr 文件)，方法是：在菜单设计器环境下，选择“菜单”菜单中的“生成”命令，然后在“生成菜单”对话框中指定菜单程序文件的名称和存放路径，最后单击“生成”按钮。

4. 运行菜单程序

使用命令“DO <菜单程序文件名>”运行菜单程序，注意文件名的扩展名.mpr 不能省略。

8.2.2 进行菜单设计

这里介绍如何在“菜单设计器”窗口中定义菜单。

1. 菜单设计器窗口

菜单设计器窗口用来显示和定义一个菜单，可以是条形菜单（菜单栏），也可以是弹出式菜单（子菜单）。菜单设计器窗口打开时，首先显示和定义的是条形菜单。窗口的左边是一个列表框，其中每一行定义当前菜单的一个菜单项，包括“菜单名称”、“结果”和“选项”三列内容。（参阅图 8-5 和图 8-6。）

（1）“菜单名称”列

指定菜单项的名称，也称为标题，用于显示。注意菜单项的名称和菜单项的内部名字是不同的。

在指定菜单项名称时，可以设置菜单项的热键，方法是在要设定为热键的字符前加上“\<”两个字符。如指定菜单项名称为“文件(\<F)”，那么字符 F 即为该菜单项的热键。

根据各菜单项功能的相似性或相近性，可以将弹出式菜单的菜单项分组，如将剪切、复制、粘贴分为一组，查找、替换分为另一组等。系统提供的分组手段是在两组之间插入一条水平的分隔线，方法是在相应行的“菜单名称”列上输入“\-”两个字符。

（2）“结果”列

该列用于指定当用户选择该菜单项时的动作，即设定当前菜单项的功能。单击该列将出现一个下拉列表框，有“命令”、“过程”、“子菜单”和“填充名称”或“菜单项#”几种选择。

命令：选择此选项，列表框右侧会出现一个文本框。可以在文本框内输入一条具体的命令。当选择该菜单项时，将执行这条命令。此选项只对应于执行一条命令或调用其他程序的情况。

过程：选择此选项，列表框右侧会出现“创建”命令按钮。单击“创建”按钮将打开一个文本编辑窗口，可以在其中输入和编辑过程代码。要注意，在输入过程代码时，不需要写入 PROCEDURE 语句。以后，当再单击该列时，列表框右侧出现的将是“编辑”命令按钮而不是“创建”命令按钮。单击“编辑”命令按钮可以打开文本编辑窗口以修改过程代码。当选择该菜单项时，将执行指定过程代码。

子菜单：选择此选项，列表框右侧会出现“创建”或“编辑”命令按钮（第一次定义时为“创建”按钮，以后为“编辑”按钮）。单击“创建”或“编辑”按钮，“菜单设计器”窗口就切换到子菜单页，可以在其中定义子菜单。此时，窗口右上方的“菜单级”下拉列表框内会显示当前子菜单的内部名字。选择“菜单级”下拉列表框内的选项，可以返回到上级子菜单或最上层的条形菜单定义页面。

默认的子菜单内部名字为上级菜单相应菜单项的标题，但可以重新指定。最上层的条形菜单不能指定内部名字，在“菜单级”下拉列表框内显示为“菜单栏”。

填充名称或菜单项＃：选择此选项，列表框右侧会出现一个文本框。可以在文本框内输入菜单项的内部名字或序号。若当前定义的菜单是条形菜单，该选项为“填充名称”，应指定菜单项的内部名字。若当前菜单为弹出式子菜单，该选项为“菜单项#”，应指定菜单项的序号。选择此选项主要是为了在程序中引用。

另外，弹出式菜单的菜单项序号也可以指定为 Visual FoxPro 6.0 系统菜单中某个菜单命令的内部名字，如“文件”菜单中“新建”命令的内部名字“_mfi_ new”，此时，正在定义的菜单项功能就与相应的菜单命令功能相同。

（3）“选项”列

每个菜单项的“选项”列都有一个无符号按钮，单击该按钮就会出现“提示选项”对话框，如图 8-2 所示，供用户定义菜单项的其他属性。当在对话框中定义属性后，按钮上就会出现符号√。

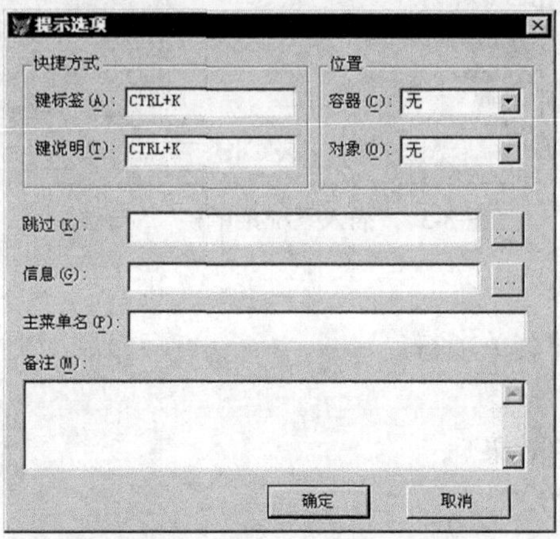

图 8-2　“提示选项”对话框

对话框中的主要属性如下：

快捷方式：指定菜单项的快捷键。方法是：先用鼠标单击“键标签”文本框，使光标定位于该文本框，然后在键盘上按下想设的快捷键。例如，按下 Ctrl+K，则“键标签”文本框内就会出现 Ctrl+K。“键说明”文本框内也会出现相同的内容，但该内容可以修改。当菜单激活时，“键说明”文本框内的内容将显示在菜单项标题的右侧，作为对快捷键的说明。

快捷键通常是 Ctrl 或 Alt 键与另一个字符键的组合。

要取消已定义的快捷键，可以先用鼠标单击“键标签”文本框，然后按空格键。

跳过：定义菜单项的跳过条件。这里可指定一个表达式，由表达式的值决定该菜单项是否可选。当菜单激活时，如果表达式的值为.T.，则菜单项以灰色显示，表示不可选用。

信息：定义菜单项的说明信息。这里可指定一个字符串或字符表达式。当鼠标指向该菜单项时， 该字符串或字符表达式的值就会显示在 Visual FoxPro 6.0 主窗口的状态栏上。

主菜单名：指定条形菜单项的内部名字或弹出式菜单的菜单项序号。如果不指定菜单项的内部名字或序号，系统会自动设定。只有当菜单项的“结果”选择为“命令”、“过程”或“子菜单”时，该文本框才有效。

除此之外，“菜单设计器”窗口中还有以下按钮。

① “插入”按钮

单击该按钮，可在当前菜单项行之前插入一个新的菜单项行。

② “插入栏”按钮

在当前菜单项行之前插入一个 Visual FoxPro 6.0 系统菜单命令。方法是：单击该按钮，打开“插入系统菜单栏”对话框，如图 8-3 所示。然后在对话框中选择所需的菜单命令（可以多选），并单击“插入”按钮。该按钮仅在定义弹出式菜单时有效。

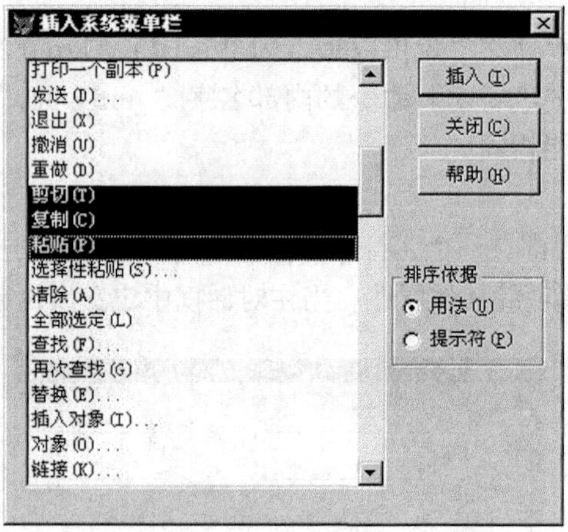

图 8-3 “插入系统菜单栏”对话框

③ “删除”按钮

单击该按钮，可删除当前菜单项行。

④ “预览”按钮

单击该按钮，可预览菜单效果。

⑤ 移动按钮

每一个菜单项左侧都有一个移动按钮，拖动该按钮可以改变菜单项在当前菜单中的位置。

2.“显示”菜单

在菜单设计器环境下，系统的“显示”菜单会出现两条命令：“常规选项”与“菜单选项”。

（1）“常规选项”对话框

选择“显示”菜单中“常规选项”命令，就会打开“常规选项”对话框，如图 8-4 所示。在这个对话框里，可以定义整个下拉式菜单系统的总体属性。

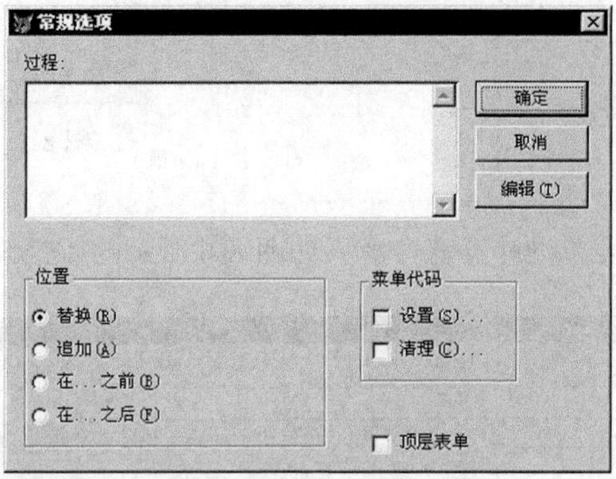

图 8-4　“常规选项”对话框

过程：用于为整个菜单系统指定一个过程代码。如果菜单系统中的某个菜单项没有规定具体的动作，那么当选择此菜单选项时，将执行该缺省过程代码。

可以在“过程”框内直接输入过程代码。也可以单击“编辑”按钮打开一个专门的代码编辑窗口，单击“确定”按钮可激活该文本编辑窗口。

位置:指明正在定义的下拉式菜单与当前系统菜单的关系。其选项及蕴含的关系说明见表 8-4。

表 8-4　用户定义的菜单与系统菜单的关系

关　系	含　义
替换	用定义的菜单内容去替换当前系统菜单原有内容
追加	将定义的菜单内容添加到当前系统菜单原有内容的后面
在…之前	将定义的菜单内容插在当前系统菜单某个弹出式菜单之前。当选择该单选按钮时，其右侧会出现一个下拉列表框。从该下拉列表框中可以选择当前系统菜单的一个弹出式菜单
在…之后	将定义的菜单内容插在当前系统菜单某个弹出式菜单之后

菜单代码：这里有“设置”和“清理”两个复选框。无论选择哪个复选框，都会打开一个相应的代码编辑窗口。单击“确定”按钮可激活代码编辑窗口。“设置”代码放置在菜单程序文件中菜单定义代码的前面，在菜单产生之前执行。“清理”代码放置在菜单程序文件中菜单定义代码的后面，在菜单显示出来之后执行。

顶层表单：如果清除该复选框，那么正在定义的下拉式菜单将作为一个定制的系统菜单。如果选择该复选框，那么可以将正在定义的下拉式菜单添加到一个顶层表单里。

（2）“菜单选项”对话框

选择“显示”菜单中“菜单选项”命令，就会打开“菜单选项”对话框。在这个对话框里，可以定义当前菜单（条形菜单或弹出式菜单）的公共过程代码。当前系统中那些既未设置过任何命令或过程动作，也无下级菜单的菜单项被选择时，将执行该缺省过程代码。

如果当前菜单是弹出式菜单，那么在对话框中还可以定义该弹出式菜单的内部名字。

【例 8-1】利用菜单设计器建立如图 8-5 所示的下拉式菜单。

要求：

① 打印菜单包括“设备表”和“设备价格表”两个菜单项。

② 数据维护菜单的“浏览记录”菜单项能打开一个设备浏览窗口。

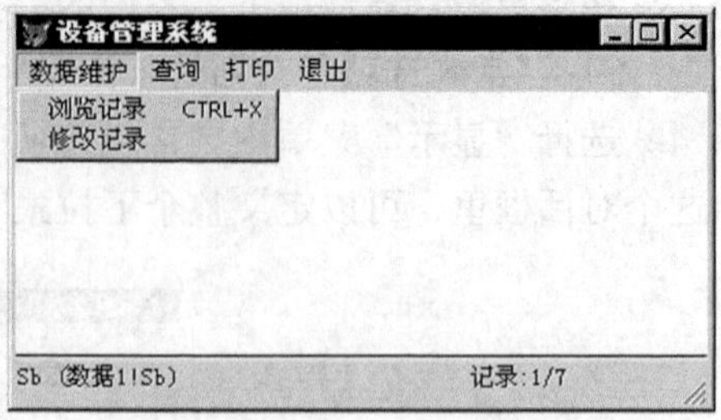

图 8-5 设备管理系统的下拉式菜单

操作步骤如下：

① 在命令窗口键入命令

```
MODIFY MENU sb
```

打开菜单设计器窗口。

② 菜单栏的设置：在菜单设计器窗口填入如图 8-6 所示的 4 个菜单项。

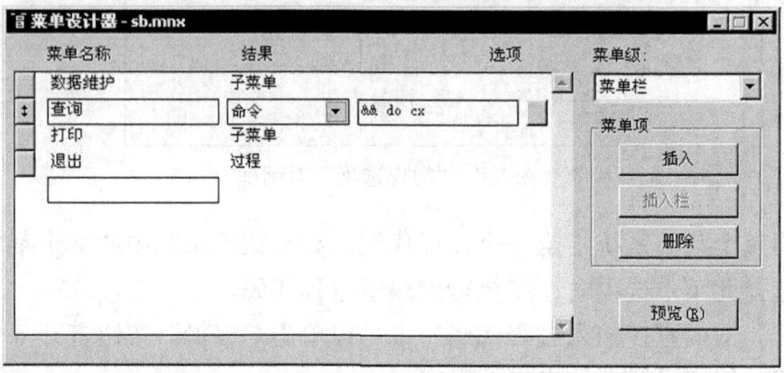

图 8-6 菜单栏设置

其中用注释“&& do cx”来表示查询程序尚未编制。

③ 单击“数据维护”行的“创建”按钮，菜单设计器窗口切换到子菜单页面，在其中建立两个菜单项，如图 8-7 所示。

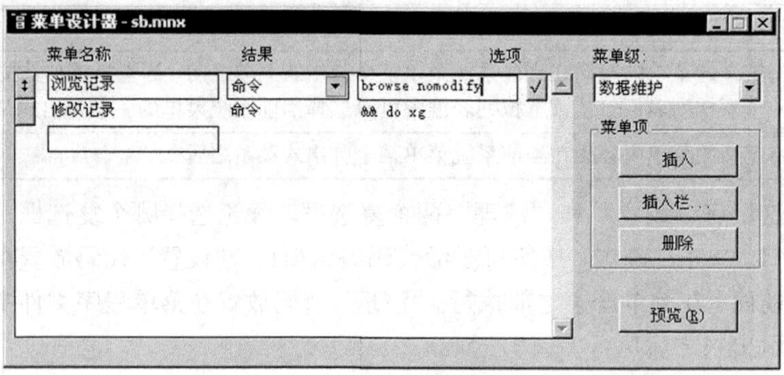

图 8-7 数据维护子菜单设置

④ 为“浏览记录”菜单项定义快捷键。单击“浏览记录”菜单行中“选项”按钮，在“提示选项”对话框（参见图 8-2）中设置快捷键 Ctrl+X。

⑤ 为“打印”子菜单建立两个选项，并设置公共过程。选定“打印”菜单行的“创建”按钮，在子菜单页中建立两个菜单项，如图 8-8 所示。

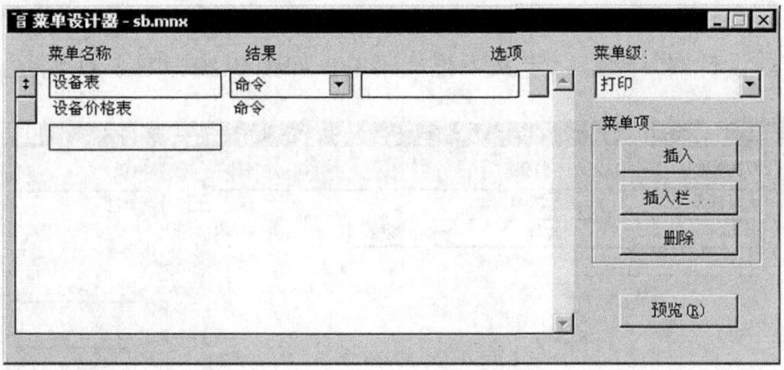

图 8-8　打印子菜单设置

选定“显示”菜单的“菜单选项”命令，在菜单选项对话框的过程框内键入代码“? 尚未完成”。这样，当菜单程序执行后，无论选定“打印”子菜单中的哪一选项都会显示“尚未完成”字样。

⑥ 设置菜单程序的初始化代码。选定“显示”菜单的“常规选项”命令，在打开的“常规选项”对话框（参见图 8-4）中选定“设置”复选框，然后在弹出的“设置”编辑窗口键入如下的初始化代码：

```
CLEAR ALL
CLEAR
KEYBOARD  "{Ctrl+F4}"                      && 关闭 Command 窗口
MODIFY WINDOW SCREEN TITLE "设备管理系统"   && 设置菜单窗口标题
USE sb
```

⑦ 定义“退出”菜单项的功能。在菜单栏中选定“退出”菜单项的“创建”或“编辑”按钮，在过程编辑窗口键入如下代码：

```
USE
MODIFY WINDOW SCREEN                 && 恢复 Visual FoxPro 6.0 主窗口的标题
SET SYSMENU TO DEFAULT               && 恢复 Visual FoxPro 6.0 系统菜单
ACTIVATE WINDOW COMMAND              && 恢复 Command 窗口
```

⑧ 单击“文件”菜单的“保存”命令，菜单定义即被保存在菜单文件 sb.mnx 和菜单备注文件 sb.mnt 中。然后，选定“菜单”菜单的“生成”命令，单击“生成菜单”对话框的“生成”按钮，生成菜单程序 sb.mpr。

⑨ 执行命令“DO sb.mpr”，运行菜单程序。

【例 8-2】创建一个可执行文件 sbapp.exe。执行该文件时，首先在屏幕上显示一个下拉式菜单，如图 8-9 所示。当选择“设备查询”菜单项时，运行例 7-11 中创建的表单“设备查询.scx”，选择“大修情况”菜单项时，运行例 7-15 中创建的表单“dxjl.scx”，选择“退出”菜单项时返回。

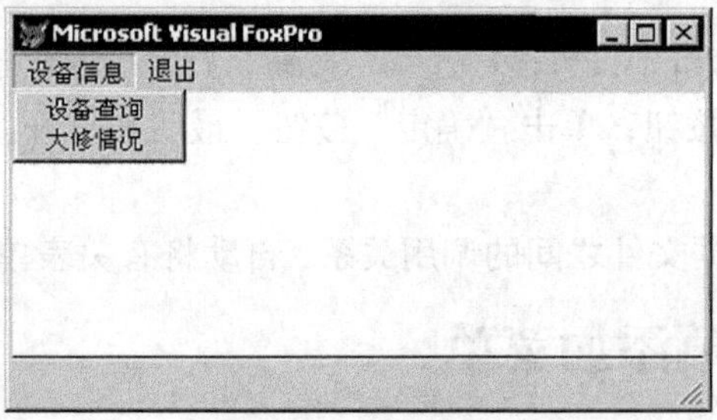

图 8-9　菜单示意图

操作过程：

① 打开“菜单设计器”窗口，定义下拉式菜单，如图 8-10、图 8-11 所示。

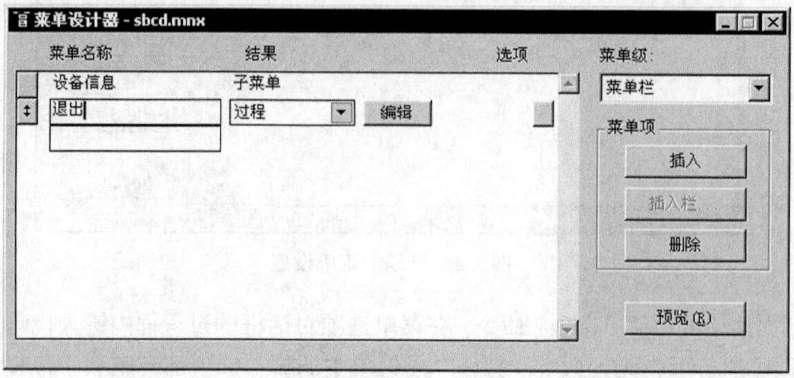

图 8-10　菜单栏设置

② 为菜单项“退出”设置过程代码：

```
SET SYSMENU NOSAVE
SET SYSMENU TO DEFAULT
CLEAR EVENTS
```

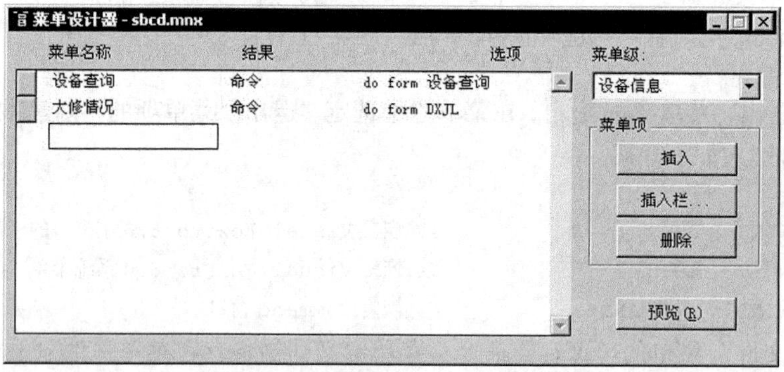

图 8-11　“设备信息”子菜单设置

③ 从“文件”菜单中选择“保存”命令，将菜单定义保存在文件 sbcd.mnx 和 sbcd.mnt　中，并生成菜单程序文件 sbcd.mpr。

④ 在命令窗口输入命令“CREATE PROJECT sbapp”，打开“项目管理器”对话框。

⑤ 为项目新建主文件 main.prg，其代码如下：

```
DO sbcd.mpr
READ EVENTS
```

⑥ 在“项目管理器”窗口中，单击“连编”按钮，打开“连编选项”对话框。在对话框中选择“连编可执行文件”单选按钮，单击“确定”按钮。最后在打开的“另存为”对话框中指定可执行文件名 sbapp.exe。

连编项目时，系统会根据文件之间的调用关系，自动将有关表单文件、菜单文件加入项目中。

8.2.3　为顶层表单添加菜单

为顶层表单添加下拉式菜单的方法和过程如下：

（1）用前面介绍的方法，在“菜单设计器”窗口中设计下拉式菜单。设计菜单时，在“常规选项”对话框中选择“顶层表单”复选框。

（2）将表单的 ShowWindow 属性值设置为 2，使其成为顶层表单。

（3）在表单的 Init 事件代码中添加调用菜单程序的命令，格式如下：

```
DO <文件名> WITH This [,"<菜单名>"]
```

其中，<文件名>指定被调用的菜单程序文件，其中的扩展名.mpr 不能省略。This 表示对当前表单对象的引用。通过<菜单名>可以为被添加的下拉式菜单的条形菜单指定一个内部名字。

（4）在表单的 Destroy 事件代码中添加清除菜单的命令，使得在关闭表单时能同时清除菜单，释放其所占用的内存空间。命令格式如下：

```
RELEASE MENU <菜单名> [EXTENDED]
```

其中的 EXTENDED 表示在清除条形菜单时一并清除其下属的所有子菜单。

【例 8-3】建立一个顶层表单，将在例 8-2 中创建的菜单 sbcd 添加到该表单中。

操作过程：

① 打开菜单 sbcd.mnx，在“显示”菜单中选择“常规选项”命令，打开相应的对话框，选择“顶层表单”复选框。然后保存菜单，并生成菜单程序文件 sbcd.mpr。

② 建立表单文件 sbbd.scx，将其 ShowWindow 属性值设置为 2，使其成为顶层表单。

③ 在表单的 Init 事件中编写如下代码：

```
DO sbcd.mpr WITH This ,"xxx"
```

④ 在表单的 Destroy 事件代码中添加清除菜单的命令：

```
RELEASE MENU xxx EXTENDED
```

8.3 快捷菜单设计

一般来说，下拉式菜单作为一个应用程序的菜单系统，上面列出了整个应用程序所具有的功能；而快捷菜单一般从属于某个界面对象，当用鼠标右击该对象时，就会弹出快捷菜单。快捷菜单通常列出与处理对象有关的一些功能命令。

利用系统提供的快捷菜单设计器可以方便地定义与设计快捷菜单。与下拉式菜单相比，快捷菜单没有条形菜单，只有弹出式菜单。快捷菜单一般是一个弹出式菜单，或者由几个具有上下级关系的弹出式菜单组成。

建立快捷菜单的过程如下：

① 选择“文件”菜单中的“新建”命令。

② 在“新建”对话框中选择“菜单”单选按钮，然后单击“新建文件”按钮。

③ 在“新建菜单”对话框中选择“快捷菜单”按钮，打开“快捷菜单设计器”窗口。

④ 用与设计下拉式菜单相似的方法，在“快捷菜单设计器”窗口中设计快捷菜单，生成菜单程序文件。

⑤ 在快捷菜单的“清理”代码中添加清除菜单的命令，使得在选择、执行菜单命令后能及时清除菜单，释放其所占用的内存空间。命令格式如下：

```
RELEASE POPUPS <快捷菜单名> [EXTENDED]
```

⑥ 在表单设计器环境下，选定需要添加快捷菜单的表单对象。

⑦ 在选定对象的 RightClick 事件代码中添加调用快捷菜单程序的命令：

```
DO <快捷菜单程序文件名>
```

其中文件名的扩展名.mpr 不能省略。

【例 8-4】为表单“快捷菜单示例”建立一个快捷菜单 kjcd，其选项和运行结果如图 8-12 所示。

操作步骤：

① 打开“快捷菜单设计器”窗口，然后按图 8-12 所列菜单项定义快捷菜单各选项的标题。

② 从“显示”菜单选择“常规选项”命令，打开“常规选项”对话框。选择“清理”复选框，打开“清理”代码编辑窗口，输入清除快捷菜单的命令：

```
RELEASE POPUPS kjcd
```

图 8-12　快捷菜单示例

③ 单击“文件”菜单中的“保存”按钮，将结果保存在菜单文件 kjcd.mnx 和菜单备注文件 kjcd.mnt 中。

④ 选择“菜单”菜单中“生成”命令，产生快捷菜单程序文件 kjcd.mpr。

⑤ 建立一个需要设置快捷菜单的表单，设置 Caption 属性为“快捷菜单示例”，在其 RightClick 事件代码中输入调用快捷菜单程序的命令：

```
DO kjcd.mpr
```

习 题 八

一、选择题

1. 假设已经生成了名为 mymenu 的菜单文件，执行该菜单文件的命令是（　　）。

　A. DO mymenu　　B. DO mymenu.mpr

　C. DO mymenu.pjx　　D. DO mymenu.mnx

2. 为了从用户菜单返回到系统菜单应该使用命令（　　）。

　A. SET DEFAULT SYSTEM　　B. SET MENU TO DEFAULT

　C. SET SYSTEM TO DEFAULT　　D. SET SYSMENU TO DEFAULT

3. 为表单建立了快捷菜单 MYMENU，调用快捷菜单的命令代码 DO mymenu.mpr WITH THIS 应该放在表单的哪个事件中（　　）。

　A. Destory 事件　　B. Init 事件　　C. Load 事件　　D. RightClick 事件

4. 扩展名为.mnx 的文件是（　　）。

　A. 备注文件　　B. 项目文件　　C. 表单文件　　D. 菜单文件

5. 在菜单设计中，可以在定义菜单名称时为菜单项指定一个访问键。规定了菜单项的访问键为“x”的菜单名称定义是（　　）。

　A. 查询\<(x)　　B. 查询/<(x)　　C. 查询(\<x)　　D. 查询(/<x)

二、填空题

1. 菜单栏用于放置菜单___________。

2. 弹出式菜单可以分组，插入分组线的方法是在“菜单名称”项中输入___________字符。

3. 在 Visual FoxPro 中，菜单程序文件的默认扩展名是。

4. 菜单项的结果可以是__________、__________、__________。

5. 菜单的调用是通过__________命令完成的。

6. 典型的菜单系统一般是一个下拉式菜单，下拉式菜单通常由一个__________和一组__________组成。

7. 要将 Visual FoxPro 6.0 系统菜单恢复成标准配置，可先执行__________命令，然后再执行__________命令。

8. 要为表单设计下拉式菜单，首先需要在菜单设计时，在__________对话框中选择“顶层表单”复选框；其次要将表单的__________属性值设置为 2，使其成为顶层表单；最后需要在表单的__________事件代码中设置调用菜单程序的命令。

三、操作题

1. 设计一个下拉菜单，如图 8-13 所示。

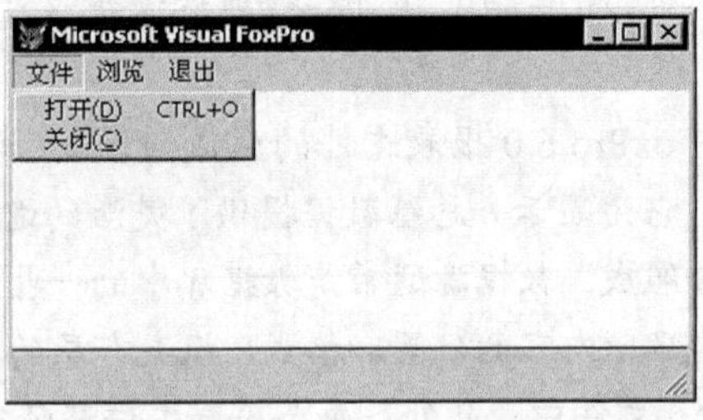

图 8-13　第 1 题示意图

各菜单选项的功能如下：

① “打开”选项用的是标准的系统菜单命令，可以调出“打开”对话框，打开一个文件。

② “关闭”选项用于关闭当前工作区中打开的表。

③ “浏览”选项在当前工作区有表打开时有效，它用 BROWSE 命令浏览当前表的内容。

④ “退出”选项的功能是恢复标准的系统菜单。

2. 将第 1 题中设计的下拉菜单添加到一个表单里。

3. 建立一个名为 showdate 的菜单，菜单中有两个菜单项“显示日期”和“退出”。两个菜单项的功能如下：

① 单击“显示日期”选项，弹出对话框，其上显示当前日期。

② 单击“退出”选项，返回到系统菜单。

第9章 报表设计

通常，设计一个功能全面的应用程序需要大量的编程工作，为了减轻程序员的编程强度，Visual FoxPro 6.0 提供了大量控件、向导和工具。因此，熟练掌握这些内容就成为学好 Visual FoxPro 6.0 程序设计的关键之一。

本章主要介绍有关 Visual FoxPro 6.0 报表文件的生成与设置，以及一些常用报表控件的用法。

报表是最常用的打印文档，它为显示并总结数据提供了灵活的途径。在 Visual FoxPro 6.0 里，报表由数据源和布局两个基本部分组成。数据源通常是数据库中的一些表，也可以是视图、查询或自由表，报表布局则定义了报表中要显示内容的位置和格式。报表布局的设计是报表设计的主要工作，报表布局存储在扩展名为.frx 的报表文件中。此外，每个报表文件还带有扩展名为.frt 的相关文件。

9.1 设计报表

报表包括两个基本组成部分：数据源和布局。数据源即报表的数据来源，通常是数据库表或自由表，也可以是视图。报表布局定义了报表的打印格式。报表文件的扩展名为.frx，同时每个报表文件还有扩展名为.frx 的报表备注文件。

9.1.1 设计报表的步骤

设计报表主要包括以下 4 个步骤：

（1）确定报表类型；

（2）添加数据源，创建报表布局文件；

（3）修改报表布局文件；

（4）预览和打印报表。

9.1.2 报表类型

创建报表之前，应该首先确定报表的类型。Visual FoxPro 中按照常规布局将报表分成多种类型，各种布局的说明如表 9-1 所示。

表 9-1 报表常规布局类型说明

布局类型	说明	示例
列报表	每行一条记录，字段与数据在同一列中	统计报表、财务报表、存货清单

续表

布局类型	说　明	示　例
行报表	字段与数据在同一行中	列表
一对多报表	一个表中的一条记录对应另一个表中的多条记录	发票、会计报表
多栏报表	一行多条记录，每条记录的字段沿左边缘竖直放置	电话号码簿、名片
标签	多列记录，可打印在特殊纸上	邮件标签、货品标签

9.2 创建报表

当用户在数据库中建立表并完成了相应的视图和查询定制后，就可以进行报表的创建工作。本节主要介绍报表的创建和打印。

9.2.1 创建报表文件

1. 使用报表向导创建报表

使用报表向导可以非常方便地完成报表的设计，用户只需要根据向导的提示一步步地回答相应的问题，就可以按照要求建立用户报表。

启动报表向导有以下 3 种方法。

【方法 1】用项目管理器

打开“项目管理器”，选择“文档”选项卡，从中选择“报表”，然后单击“新建”按钮，在弹出的“新建报表”对话框中单击“报表向导”按钮。如图 9-1(a)所示。

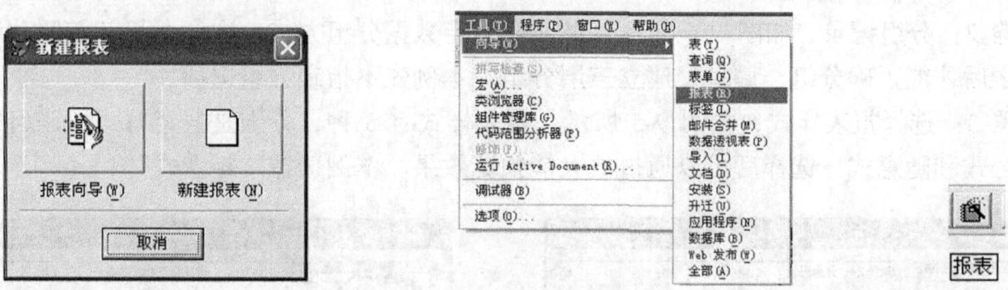

(a)　　(b)　　(c)

图 9-1　启动报表向导的途径

【方法 2】用系统菜单

从“文件”菜单中选择“新建”命令，打开“新建”对话框，选择“报表”单选按钮，然后单击“向导”按钮，或者在“工具”菜单中选择“向导”子菜单，选择“报表”，如图 9-1(b)所示。

【方法 3】用工具栏

直接单击工具栏上的“报表向导”按钮，如图 9-1(c)所示。

报表向导启动后，首先弹出“向导选取”对话框，如图 9-2 所示。这里有两种类型的报表向导：报表向导和一对多报表向导。其中报表向导可以创建单个表格的报表，一对多报表向导使用表格间的父子关系来创建一对多报表。

下面分别介绍两种报表的实现步骤。

（1）创建单个表格的报表

使用报表向导前首先应打开报表的数据源。数据源可以是数据库表或自由表，也可以是视图或临时表。下面通过一个实例创建单个表格报表，操作步骤如下：

① 打开 sb.dbf 自由表。

② 打开“向导选取”对话框，选择“报表向导”。

③ 报表向导共有 6 个步骤：

步骤 1：字段选取，如图 9-3 所示。此步骤确定报表中出现的字段。

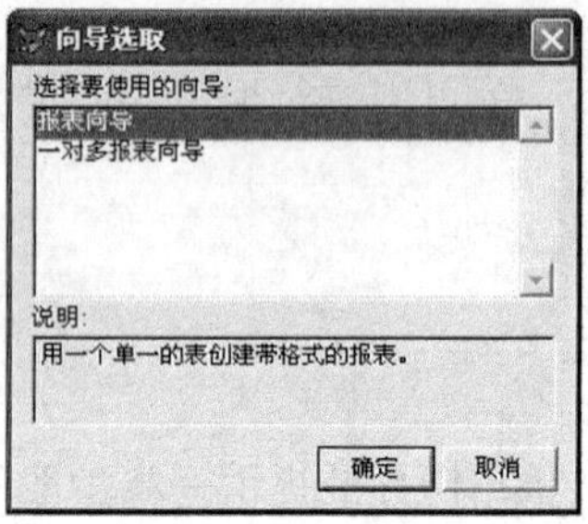

图 9-2 “向导选取”对话框

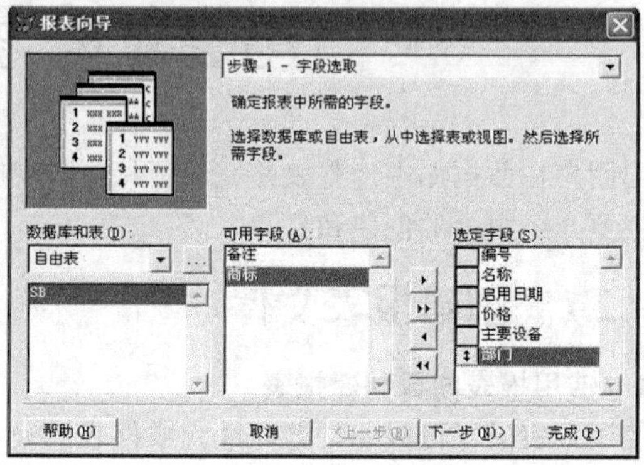

图 9-3 步骤 1 字段选取

在“数据库和表”列表框中选择 sb 表，“可用字段”列表框中将自动出现 sb 表中的所有字段。选中字段名之后单击右箭头按钮，或者直接双击字段名，该字段就移动到“选定字段”列表框中。单击双箭头，则全部移动。此例选定了除备注型字段“备注”和通用型字段“商标”之外的所有字段。

步骤 2：分组记录，如图 9-4 所示。此步骤确定数据分组方式。注意，只有按照分组字段建立索引之后才能正确分组，最多可建立三层分组。本例先不指定分组选项。

步骤 3：选择报表样式，如图 9-5 所示。报表样式有 5 种，分别是：经营式、账目式、简报式、带区式和随意式。选择后可以通过放大镜预览效果。本例选择“经营式”。

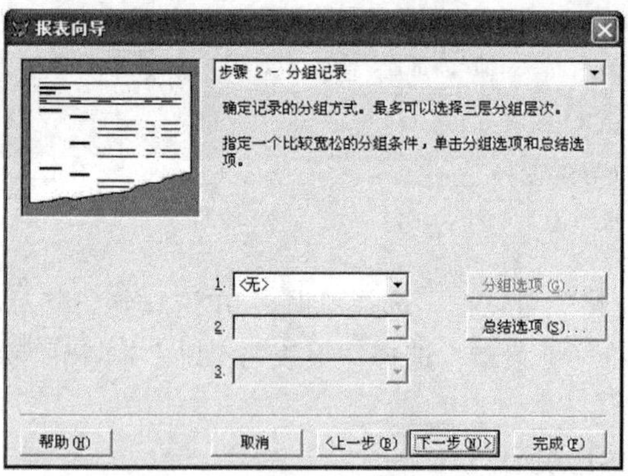

图 9-4 步骤 2 分组记录

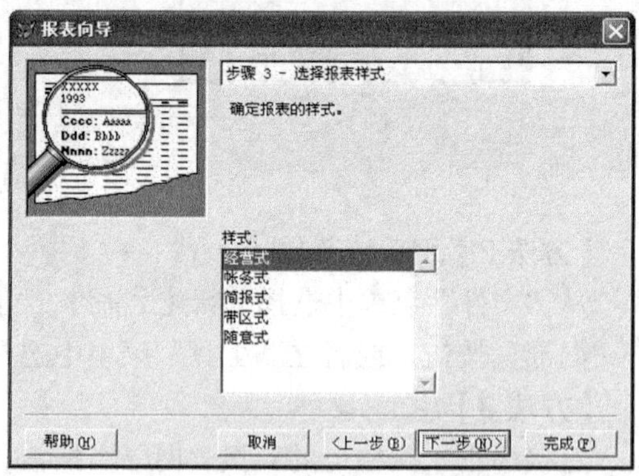

图 9-5 步骤 3 选择报表样式

步骤 4：定义报表布局，如图 9-6 所示。此步骤确定报表布局，列数用来确定报表打印几列，方向可以确定打印纸张的方向是横向还是纵向，字段布局确定字段的排列方式。选择列，产生列报表，即每条记录的所有字段垂直排成一列；选择行则每行一个字段，字段在报表中竖向排列。

本例选择图 9-6 所示的报表布局。

步骤 5：排序记录，如图 9-7 所示。此步骤确定记录在报表中出现的顺序，排序字段必须已经建立索引。本例指定按“编号”排序。

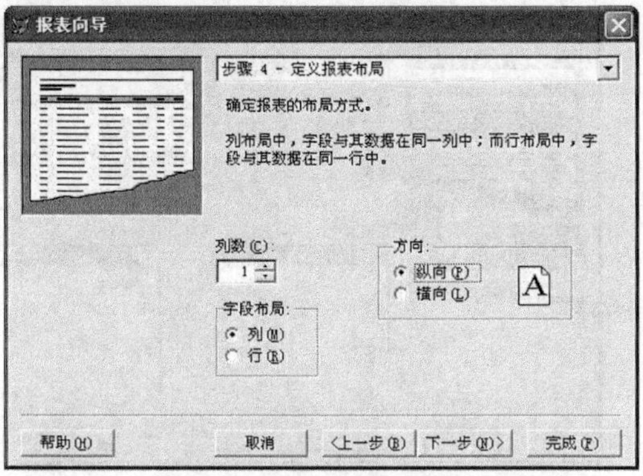

图 9-6　步骤 4 定义报表布局

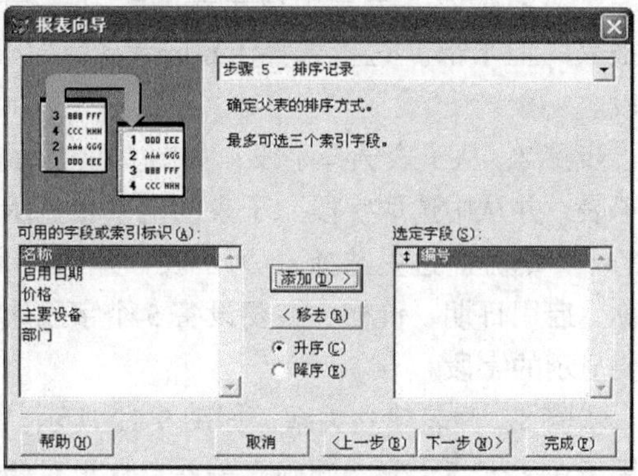

图 9-7　步骤 5 排序记录

步骤 6：完成，如图 9-8 所示。可在“报表标题”处添加一个标题，并选择以下保存选项：“保存报表以备将来使用”、“保存报表并在‘报表设计器’中修改报表”或“保存并打印报表”等。本例添加标题“设备一览表”，选择“保存报表以备将来使用”按钮。

用户可以点击“预览”按钮查看效果。预览效果如图 9-9 所示。在预览窗口中出现打印预览工具栏，单击相应的图标按钮可以改变显示的百分比、退出预览，或直接打印报表等。

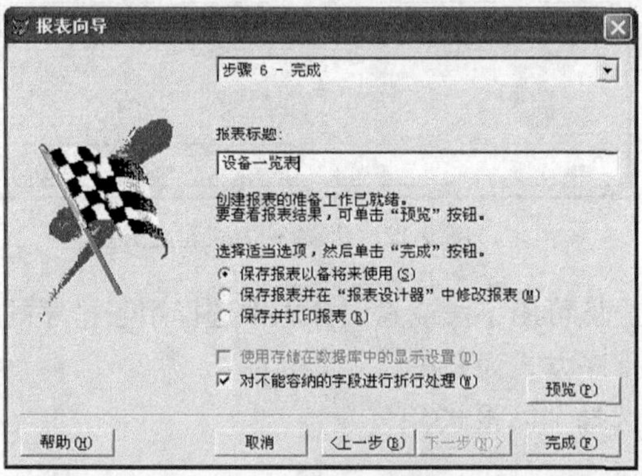

图 9-8　步骤 6 完成

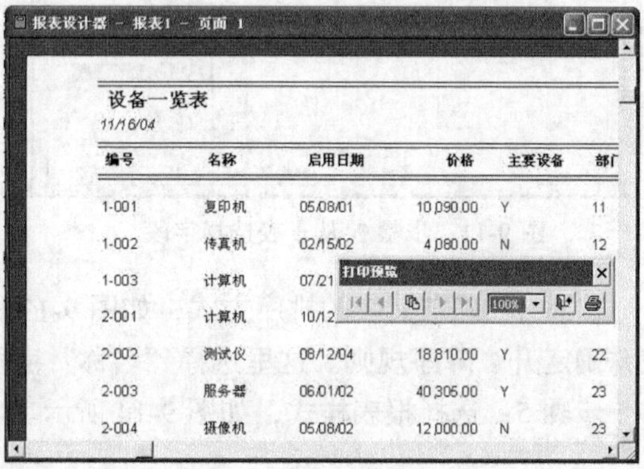

图 9-9　预览窗口

最后单击报表向导上的“完成”按钮，弹出“另存为”对话框，用户可以指定报表文件的保存位置和名称，将报表保存为扩展名为.frx 的报表文件，本例为 sb.frx。

（2）创建一对多报表

在 Visual FoxPro 6.0 中，规定多表格报表中的表格不是处于同一个层次，也就是所引用的表格地位是不平等的，处在较高等级的表格称为父表格，处在较低等级的表格称为子表格。一般来说，父表格是唯一的，在窗体中占有主导位置，而子表格则是嵌入到父表格当中的。

通过创建一对多报表，可以将父表和子表的记录分组关联，并用这些表和相应的字段创建报表。下面通过一个实例创建“一对多报表”，操作步骤如下。

① 打开 sb.dbf、bmdm.dbf 两个自由表。

② 打开“向导选取”对话框，选择“一对多报表向导”。

③ 一对多报表向导共有如下 6 个步骤。

步骤 1：从父表选择字段，如图 9-10 所示。此步骤确定父表中出现的字段。这些字段将组成“一对多报表”关系中最主要的一方，并显示在报表的上半部。这里选择 bmdm 里的“代码”字段。

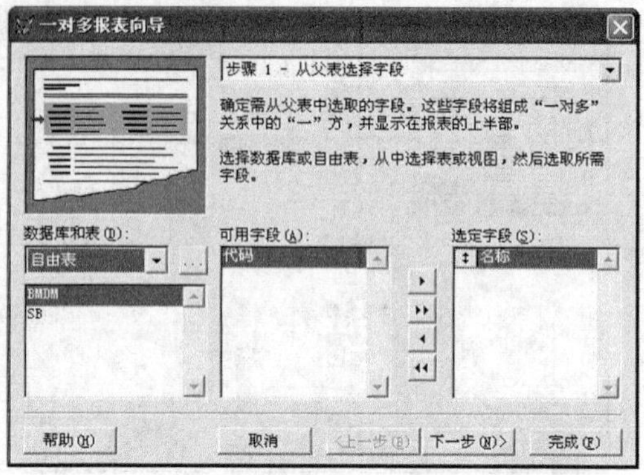

图 9-10　步骤 1 从父表选择字段

步骤 2：从子表选择字段，如图 9-11 所示。确定子表，并从中选取字段。子表的记录将显示在报表的下半部分。这里选择 sb 为子表，并选择编号、名称、启用日期、价格、主要设备 5 个字段作为子表要显示的字段。

步骤 3：为表建立关系，如图 9-12 所示。该步骤用于在父表与子表之间确立关系，这里对 bmdm 表选择“代码”字段，sb 选择“部门”字段。

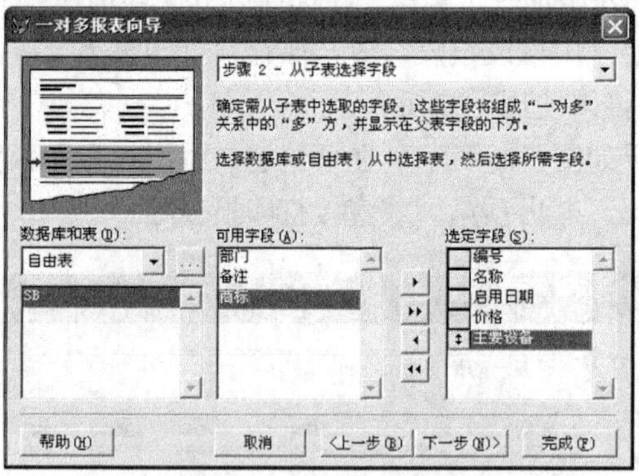

图 9-11　步骤 2 从子表选择字段

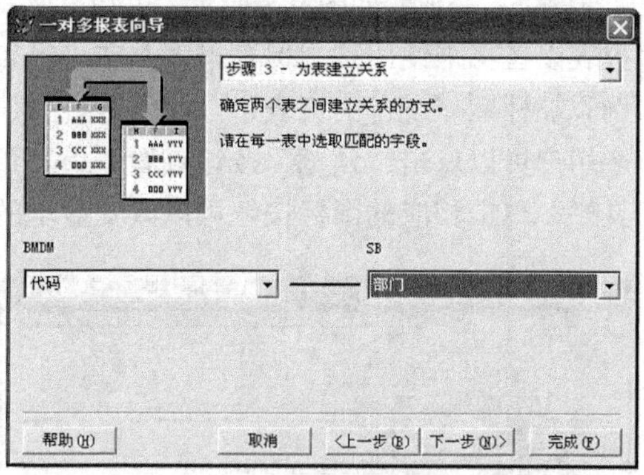

图 9-12　步骤 3 为表建立关系

步骤 4：确定父表的排序方式，如图 9-13 所示。从可用字段或索引标志中选择用于排序的字段并确定升、降序规则。这里选择“名称”字段，排序方式为升序。

步骤 5：选择报表样式，如图 9-14 所示。本例选择“简报式”。

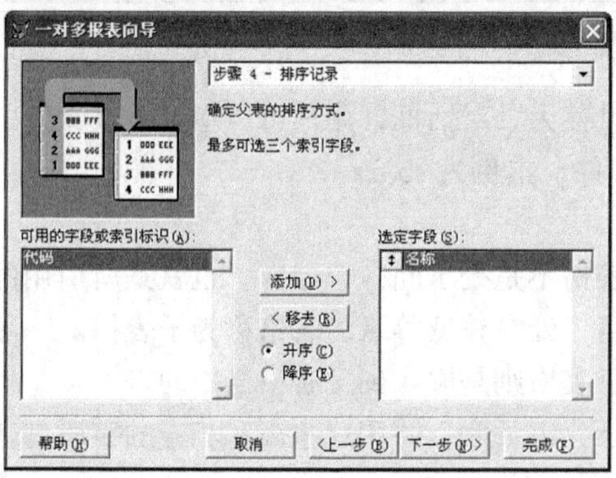

图 9-13　步骤 4 排序记录

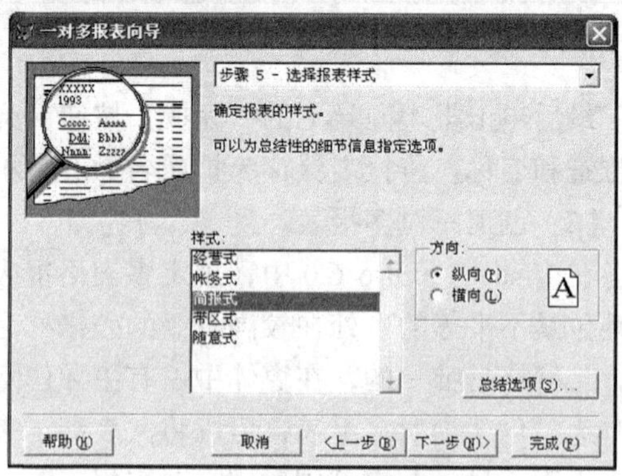

图 9-14　步骤 5 选择报表样式

步骤 6：完成，如图 9-15 所示。添加报表标题为“各部门设备一览表”，单击“预览”按钮可看到报表样式，如图 9-16 所示。单击“完成”按钮，指定报表文件的保存位置和名称。这里保存为 bmsb.frx 文件。

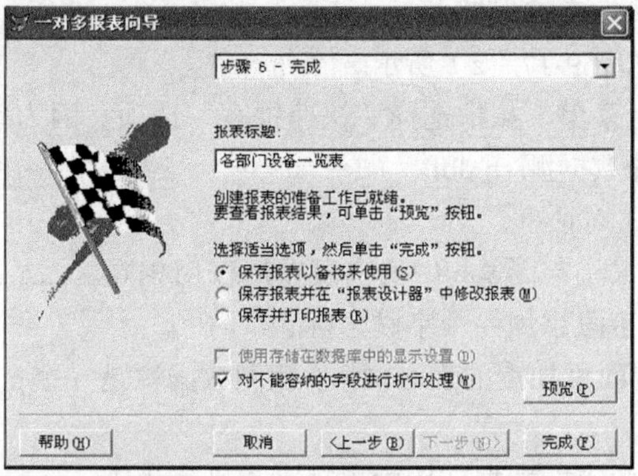

图 9-15 步骤 6 完成

图 9-16 一对多报表的输出样式

2. 使用报表设计器创建报表

Visual FoxPro 6.0 提供的报表设计器允许用户通过直观的操作来直接设计报表，或者修改报表。直接启用报表设计器所创建的报表是一个空白报表，如图 9-17（a）所示。

启用报表设计器可以使用下面 3 种方法。

【方法 1】使用项目管理器

在“项目管理器”窗口中选择“文档”选项卡，选中“报表”，然后单击“新建”按钮，从“新建报表”对话框中单击“新建报表”按钮。

【方法 2】使用菜单

从“文件”菜单中选择“新建”，打开“新建”对话框。选择“报表”单选按钮，然后单击“新建文件”按钮，系统将打开“报表设计器”对话框。

【方法 3】使用命令

可以使用命令打开“报表设计器”对话框，命令的格式如下：

```
CREATE REPORT [<报表文件名>]
```

如果缺省报表文件名，系统将自动赋予一个暂定名称，如报表 3 等，如图 9-17(a)所示。

在实际应用中，往往先创建一个简单报表，每当打开已经保存的报表文件时，系统自动 打开“报表设计器”对话框。例如，打开 sb.frx 文件时，“报表设计器”窗口如图 9-17(b)所示。关于“报表设计器”的具体使用方法，将在后面介绍。

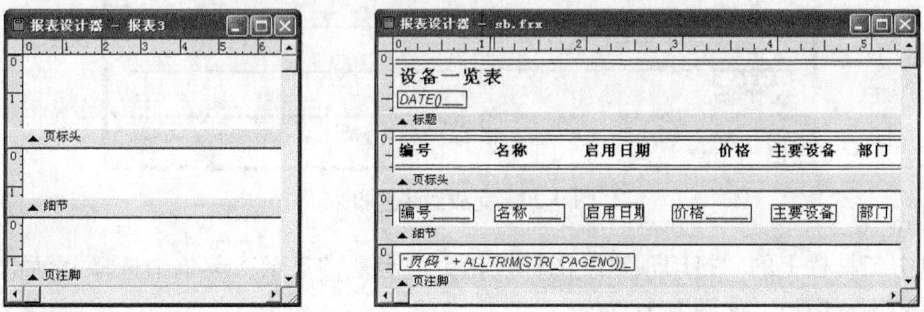

（a） （b）

图 9-17 报表设计器窗口

3. 创建快速报表

使用系统提供的"快速报表"功能可以创建一个格式简单的报表，通常之后在此基础上再做修改，以达到快速构造所需报表的目的。

下面以 sb.dbf 为数据源创建一个快速报表，具体过程如下。

（1）启用报表设计器新建一个空白报表，如图 9-17（a）所示。

（2）打开"报表设计器"后，出现"报表"菜单，从中选择"快速报表"选项。因为事先没有打开数据源，系统弹出"打开"对话框，选择数据源 sb.dbf。

（3）系统弹出如图 9-18 所示的"快速报表"对话框。

① "字段布局"按钮：确定字段的排列方式，与图 9-6 中的字段布局作用相同。

② 标题：若选中，表示在报表中为每一个字段添加一个字段名标题。

③ 添加别名：若选中，表示在报表中字段前面添加表的别名。由于此例数据源是一个自由表，别名无实际意义，故这里不添加。

④ 将表添加到数据环境中：若选中，表示此表在数据环境中出现，否则不出现。

⑤ "字段"按钮：单击后，可打开"字段选择器"为报表选择可用的字段，如图 9-19 所示。在缺省情况下，快速报表选择表文件中除通用型字段以外的所有字段。单击"确定"按钮，关闭"字段选择器"返回"快速报表"对话框。

这里选择字段布局为行，标题选中。

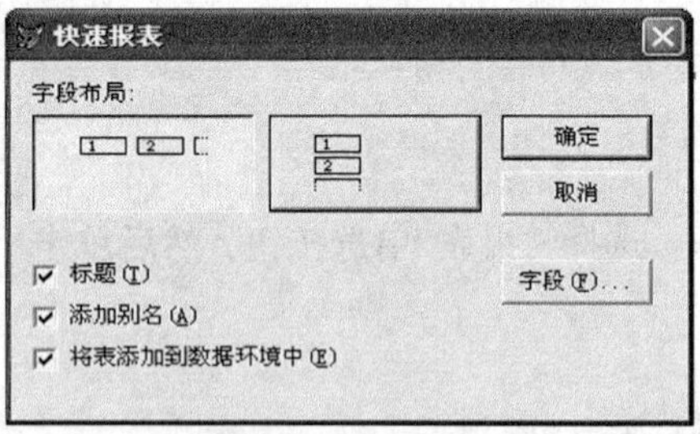

图 9-18　快速报表

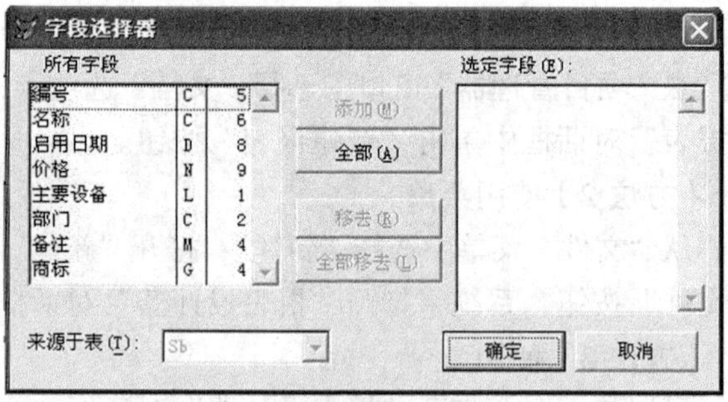

图 9-19　字段选择器

（4）在"快速报表"对话框中，单击"确定"按钮，一个新建的报表便出现在"报表设计器"中，如图 9-20 所示。

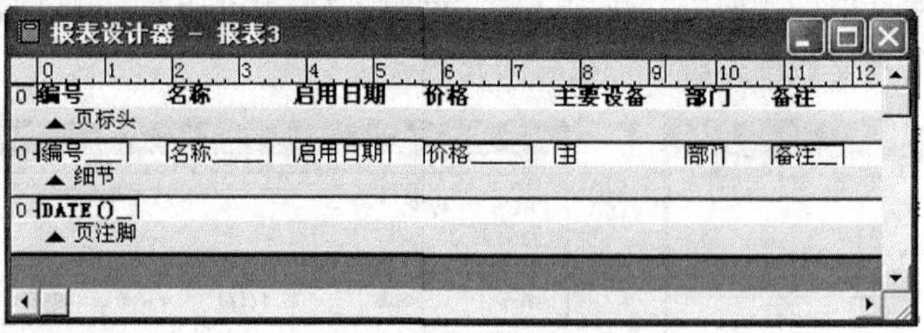

图 9-20　完成的快速报表

（5）单击工具栏上的"打印预览"图标按钮，或者从"显示"菜单中选择"预览"命令，打开快速报表的预览窗口，如图 9-21 所示。

图 9-21　快速报表运行结果

（6）单击工具栏上的“保存”按钮，将该报表保存为“设备.frx”文件。

9.2.2　报表输出

设计报表的最终目的是为了按照一定的格式输出数据。设计好报表后，就可以将报表送到打印机输出。报表将按数据源中记录出现的内容和顺序处理记录。如果报表文件的数据源内容已经更新，每次打印输出报表时，报表中的数据是数据源的当前值；但如果数据源的表结构被修改过，报表所需要的域控件已经被删除，运行报表时将出现出错信息。

1．设置报表的页面

打印报表之前，应考虑页面的外观，例如页边距、纸张类型和所需的布局等。如果更改了纸张的大小和方向设置，应确认该方向适用于所选的纸张大小。例如，若纸张定为信封，则方向通常设置为横向。

（1）设置左边距

从“文件”菜单中选择“页面设置”，打开“页面设置”对话框，如图 9-22 所示，在“左页边距”框中输入左页边距数值，页面布局将按新的页边距显示。

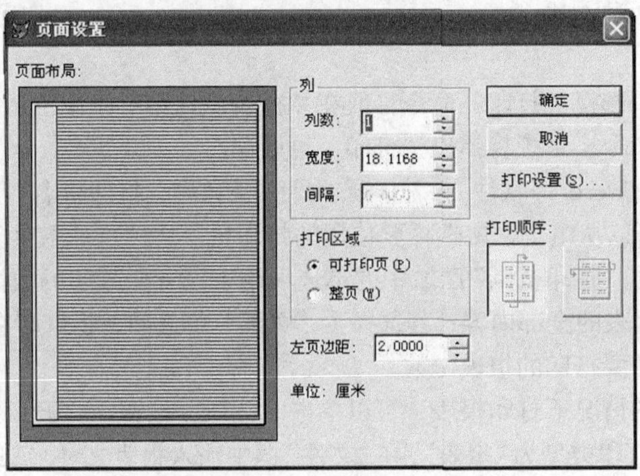

图 9-22　页面设置

（2）选择纸张大小和方向

在“页面设置”对话框中，单击“打印设置”按钮，打开“打印设置”对话框，如图 9-23 所示。可以从“大小”列表中选定纸张大小。默认的打印方向为纵向，若要改变纸张方向，可从“方向”区选择横向，再单击“确定”按钮。

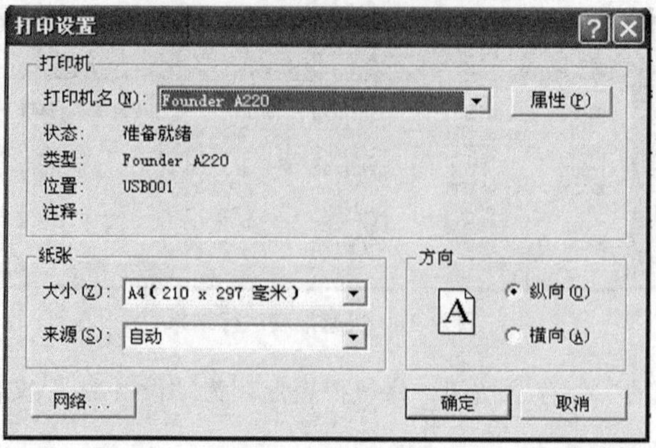

图 9-23　打印设置

2. 预览报表

为确保报表正确输出，可使用“预览”功能在屏幕上查看最终的页面设计是否符合设计要求。报表“预览”操作十分便利，可以从“显示”菜单中选择“预览”命令，或在“报表设计器”中单击鼠标右键并从弹出的快捷菜单中选择“预览”命令，也可以直接单击“常用”工具栏中的“打印预览”按钮。

预览时，在打印预览工具栏中选择“第一页”、“前一页”、“后一页”或“最后一页”可以切换页面。若要更改报表的大小，选择“缩放”列表。想要返回到设计状态，单击“关闭预览”按钮，或者直接关闭预览窗口。

如果报表已经符合要求，便可以在指定的打印机上打印报表了。

3. 打印输出报表

设计好的报表经过预览后，若符合要求，就可输出到打印机打印了。

打印报表有以下 3 种方法。

【方法 1】用菜单

从“文件”菜单中选择“打印”命令，或在“报表设计器”中单击鼠标右键，从弹出的快捷菜单中选择“打印”命令，系统将弹出“打印”对话框。

“打印”对话框与 Word 等软件的“打印”对话框相似，“打印机名”组合框列出了当前系统已经安装的打印机。可以从组合框中选择要使用的打印机。“属性”按钮主要用于设置打印纸张的尺寸、打印精度等选项。“打印范围”区域中的单选项用于设置要打印的数据范围。若选择了“All”单选项，那么将打印报表的全部内容；若选择了“页码”单选项，将打印在其后指定的页数。“打印的份数”可以设置需要打印的报表份数。

在没有打开报表的情况下打印报表，可以单击“选项”按钮，打开“打印选项”对话框。在“类型”列表框中选择打印类型为“报表”，在“文件”框中输入报表文件名；或者单击右侧的“ … ”按钮，通过“打开”对话框选择报表文件。最后单击“确定”按钮，系统就会将数据源中的全部记录送往打印机打印。

【方法 2】用工具栏

直接单击“常用”工具栏中的“打印”按钮，将不弹出“打印”对话框，而直接送往 Windows 打印机。

【方法 3】用命令

在命令窗口使用命令也可以打印或预览指定的报表。命令的格式如下：

```
REPORT FORM <报表文件名> [PREVIEW][TO PRINTER][PROMPT]
```

说明：带 PREVIEW 的子句表示对指定的报表进行打印预览；带 TO PRINTER 的子句表示把报表输出到打印机打印；带 PROMPT 的子句则表示在打印开始前打开设置打印机的对话框。

9.3 设 计 报 表

在多数情况下，使用“报表向导”或“快速报表”创建的报表并不能完全满足用户的要求。用户可能希望对报表设计细节做一些调整，此时，使用“报表设计器”可以完成对它们的修改。

利用“报表设计器”，用户可以设置报表数据源、更改报表的布局，向不同带区插入各种控件，以包含打印报表中指定的字段、标签、变量及表达式等，另外 Visual FoxPro 6.0 还提供了向报表中添加图片、各种图形及 OLE 控件等功能，从而加强了报表设计的视觉效果和可读性。

设计报表前，先要打开报表文件，用户可使用“文件”菜单的“打开”命令，也可以在工具栏中单击“打开”按钮，或者使用命令 MODIFY REPORT <报表文件名>打开一个报表文件。

9.3.1 报表的数据源和布局

报表总是与一定的数据源相联系的，因此在设计报表时，确定报表的数据源是首先要完成的任务。如果一个报表总是使用相同的数据源，就可以把数据源添加到报表的数据环境中。当数据源中的数据更新之后，使用同一报表文件打印的报表将反映新的数据内容，但报表的格式不会变。一个设计良好的报表会把数据放在报表合适的位置上。

1. 设置报表数据源

前面用报表向导和创建快速报表的方法建立报表文件时，已经指定了相关的表作为数据源。在每一次运行报表时“数据环境设计器”窗口中的数据源都将被开启，而不必以手工方式去打开。如果是使用报表设计器直接设计报表，需要指定数据源。

具体设置报表数据源的过程如下。

① 新建一个报表文件，出现如图 9-17（a）所示窗口。

② 从“报表设计器”工具栏上单击“数据环境”按钮，如图 9-24 所示，或者从“显示”菜单中选择“数据环境”，也可以在“报表设计器”窗口的任何位置右击鼠标，从弹出的快捷菜单中选择“数据环境”命令，系统将打开“数据环境设计器”窗口，如图 9-24 所示。

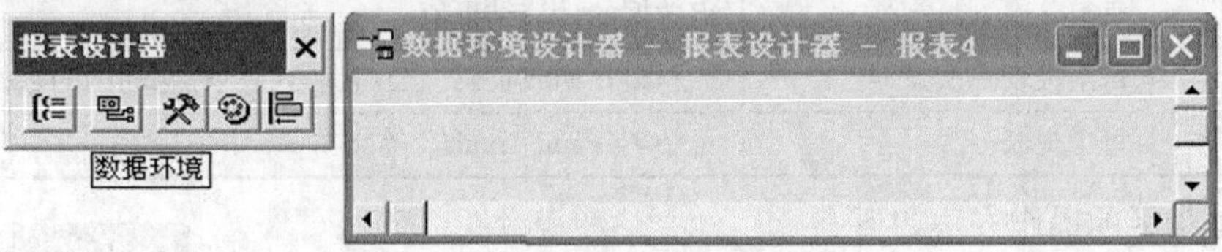

图 9-24　报表设计器工具栏、数据环境设计器窗口

③ 打开“数据环境设计器”窗口之后，“数据环境”菜单将出现在系统菜单中，从中选择“添加”，或者在“数据环境设计器”窗口中右击鼠标，从快捷菜单中选择“添加”命令，弹出“添加表或视图”对话框，选择所要添加的表即可，可添加多个表，如图 9-25 所示。

如果报表不是固定使用同一个数据源，例如，在每次运行报表时才能确定要使用的数据源，则应不把数据源直接放在报表的“数据环境设计器”窗口中，而是在使用报表时由用户先做出选择。

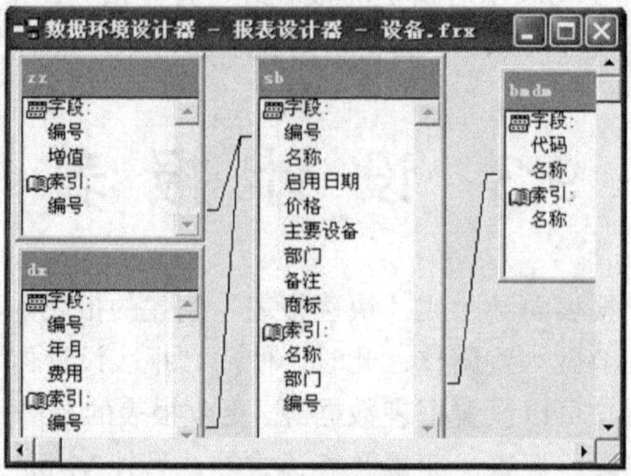

图 9-25　添加过数据源的数据环境设计器

2. 设计报表布局

一个设计良好的报表会把数据放在报表上合适的位置。在“报表设计器”中，用户可以根据需要修改数据在报表页面上的显示位置，以控制数据在页面上的打印效果。

默认情况下，在“报表设计器”中将显示 3 个带区：页标头、细节和页注脚。在每一带区的底部有一个标识栏，标识栏上面的蓝箭头指示该带区位于栏之上，而不是之下，带区名称显示蓝箭头的右侧，如图 9-17 所示。

除了页标头、细节和页注脚带区外，报表中可能含有多个分组带区、列标头或总结带区等，用户可以自行设置添加其他带区。可用的典型报表带区及相应的输出内容如表 9-2 所示。

表 9-2　报表设计器中的带区说明

带　区	打　印	典型内容
页标头	每个报表一次	包括报表标题、栏标题和当前日期
细节	每个报表一次	包含来自表中的一行或多行记录
页注脚	每个报表一次	包含出现在页面底部的一些信息，如页码、节等
列标头	每列一次	列标题
列注脚	每列一次	总结、总计
组标头	每组一次	数据前面的文本
组注脚	每组一次	组数据的计算结果值
标题	每个报表一次	标题、日期或页码、公司、徽标、标题周围的数据
总结	每个报表一次	总结“Grand Totals”等文本

设置其他带区的操作方法如下。

（1）设置“标题”和“总结”带区

选择“报表”菜单中的“标题 / 总结”命令，系统将显示如图 9-26 所示的“标题/总结”对话框。

在该对话框中选择“标题带区”复选框，则在报表中将添加一个“标题”带区。系统会自动把“标题”带区放在报表的顶部，若想把标题内容单独打印一页，应选择“新页”复选框。

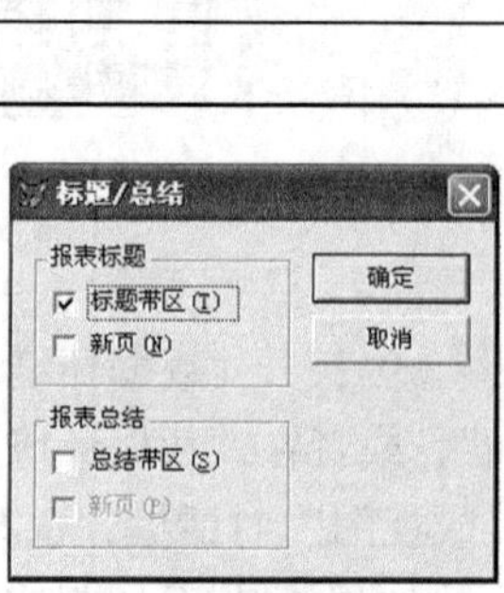

图 9-26　标题/总结选择对话框

选择“总结带区”复选框，则在报表中添加一个“总结”带区。系统将自动把“总结”带区放在报表的尾部。同样若想把总结内容单独打印一页，应选择“总结带区”复选框下面的“新页”复选框。

（2）设置“列标头”和“列注脚”带区

设置“列标头”和“列注脚”带区可用于创建多栏报表。选择“文件”菜单中“页面设置”命令，弹出图 9-22 所示的“页面设置”对话框。把“列数”的值调整为大于 1，报表便将添加一个“列标头”带区和一个“列注脚”带区。关于设计多栏报表的方法在后面介绍。

（3）设置“组标头”或“组注脚”带区

选择“报表”菜单中“数据分组”，或者单击“报表设计器”工具栏上的“数据分组”按钮，弹出如图 9-27 所示的“数据分组”对话框。单击对话框中的省略号按钮，弹出“表达式生成器”对话框，如图 9-28 所示。从中选择分组表达式，例如“sb.部门”，则在报表设计器中将添加一个或多个“组标头”和“组注脚”带区。带区的数目取决于分组表达式的数目。关于报表的数据分组，将在以后详述。

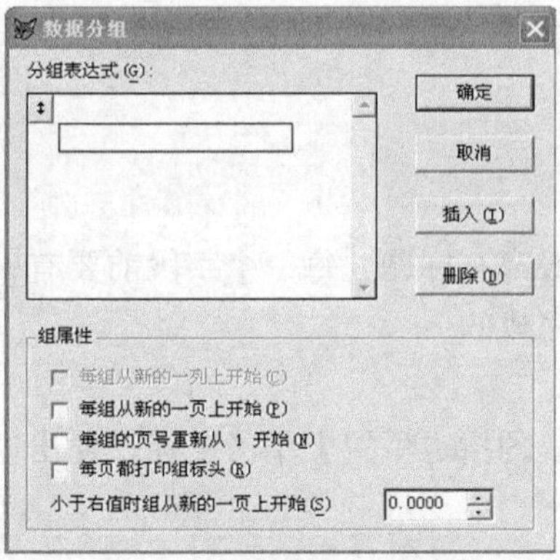

图 9-27　数据分组对话框

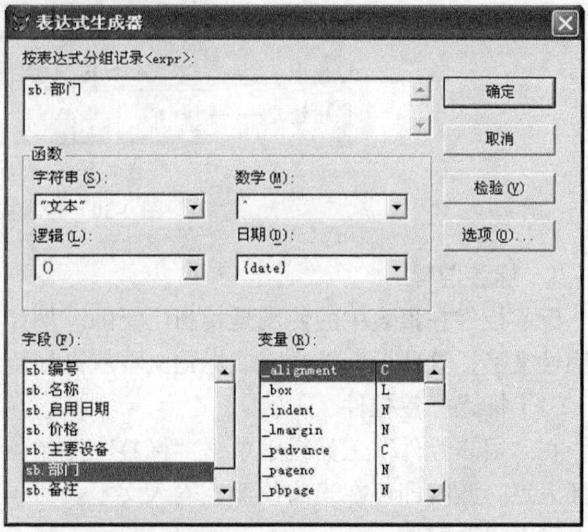

图 9-28　表达式生成器

注意　只有对表的索引字段设置分组才能够得到预想的分组效果，表中索引关键字值相同的记录集中在一起，报表中的数据才能组织到一起。

3. 调整带区高度

添加了所需要的带区以后，就可以在带区中添加需要的控件。如果新添加的带区高度不够，可以在“报表设计器”中调整带区的高度以放置需要的控件。可以使用左侧标尺作为参考，标尺量度仅指带区高度，不包含页边距。

注意　不能使带区高度小于布局中控件高度。可以先把控件移进带区内，然后降低其高度。

调整带区高度有两种方法：一种是用鼠标选中某一带区标识栏，然后上下拖曳该带区，直至得到满意的高度为止；另一种是双击需要调整高度带区的标识栏，系统将显示一个对话框。例如，双击“页标头”带区的标识栏，系统将显示相应的对话框，如图 9-29 所示。

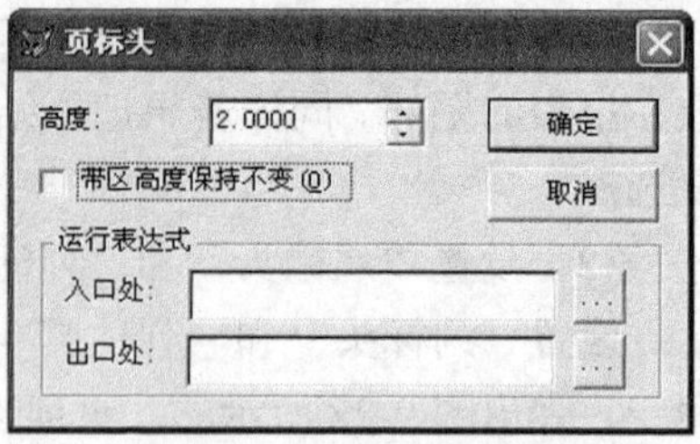

图 9-29　带区设置对话框

在该对话框中，输入所需的高度数值。选中“带区高度保持不变”复选框，可以防止报表带区因为容纳过长的数据或从其中移去数据而移动。

在各个带区对话框中还可以设置两个表达式：入口处运行表达式和出口处运行表达式。若设置入口处表达式，系统将在打印该带区内容之前计算表达式；若设置出口处表达式，系统将在打印该带区内容之后计算表达式。

9.3.2　在报表中使用控件

在“报表设计器”中，为报表新设置的带区是空白显示的，通过在报表中添加控件，才可以满足不同的需求。添加控件，用户可以选择“显示”菜单的“报表控件工具栏”，打开报表控件工具栏，如图 9-30 所示。

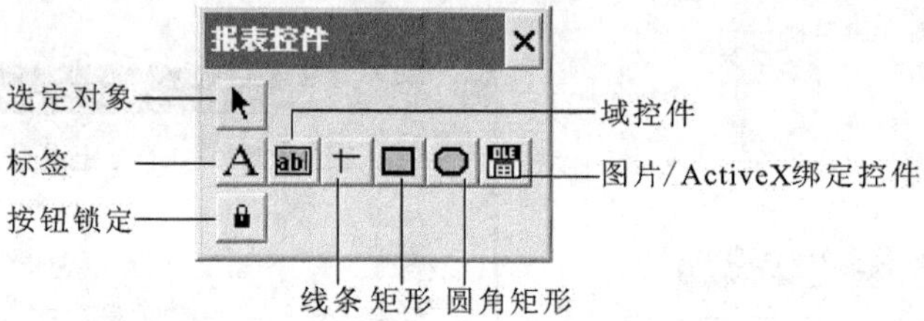

图 9-30　报表控件工具栏

1. 标签控件

标签控件在报表中的使用是相当广泛的。例如，报表一般都有标题，每一个字段前要有一段说明性文字，这些说明性文字或标题文本就是使用标签控件完成的。

（1）插入标签控件

在“报表控件”工具栏中单击“标签”按钮，然后在报表的指定位置上单击鼠标，便出现一个插入点，此时即可在当前位置上输入文本。

（2）更改字体

可以更改每个域控件或标签控件中文本的字体和大小，也可以更改报表的默认字体。

选定要更改的控件，选择“格式”菜单中“字体”命令，此时显示“字体”对话框。选定适当的字体、磅值和颜色等，然后选择“确定”按钮。

若要更改标签控件的默认字体，选择“报表”菜单中“默认字体”。在“字体”对话框内，选择想要的字体和磅值作为默认值，然后选择“确定”按钮。改变默认字体之后，只有新插入的控件才会反映出新设置的字体。

2. 线条、矩形和圆角矩形

报表仅仅包含数据还不够美观，可以使用“报表控件”工具栏中所提供的线条、矩形或圆角矩形按钮，在报表适当的位置上添加相应的图形、线条控件使其效果更好。例如，常需要在报表内的详细内容和报表的页眉和页脚之间划线。

（1）添加控件

在“报表控件”工具栏上单击“线条”按钮、“矩形”按钮或“圆角矩形”按钮，然后在报表的一个带区中拖曳光标就将分别生成线条、矩形或圆角矩形。

（2）更改样式

选定希望更改的直线、矩形和圆角矩形，从“格式”菜单中，选择“绘图笔”，再从子菜单中选择适当的大小或样式。

设置圆角矩形的圆角样式，需要双击圆角矩形控件，将弹出如图 9-31 所示的“圆角矩形”对话框。在“样式”区域选择想要的圆角样式即可。

（3）调整控件

为调整控件大小，先选定控件，然后拖动控件四周的某个控点就可以改变控件的宽度和高度。此方法可以调整除标签之外任何报表控件的大小，而标签的大小由字型、字体及磅值决定。

若是要制作完全相同的控件，最快捷的方法就是复制控件。先选定控件，单击工具栏上的“复制”按钮，再单击“粘贴”按钮即可。

删除不需要的控件：选定后按 Delete 键，或者单击工具栏上的“剪切”按钮，可将控件删除。

（4）选择多个控件

选定多个控件有两种方法：一种是选定一个控件后，按住 Shift 键再选定其他控件；另一种是圈选，即在控件周围拖动鼠标以画出选择框，这种方法对于选定相邻的控件很方便。

选定的多个控件的控制点显示在每个控件周围，它们可以作为一组内容来移动、复制、设置或删除，例如，将标签控件和域控件彼此关联在一起，这样不用分别选择便可移动它们。

（5）设置控件布局

利用“布局”工具栏中的按钮可以方便地调整报表设计器中被选控件的相对大小或位置。

通过单击报表设计器工具栏上的“布局”工具栏按钮，或选择“显示”菜单中的“布局工具栏”命令打开“布局”工具栏。“布局”工具栏如图 9-32 所示，其中共有 13 个按钮。它们的作用和“表单”的布局工具栏是一样的，不再重复了。

图 9-31 “圆角矩形”对话框

图 9-32 “布局”工具栏

3. 域控件

域控件用于打印表或视图中的字段、变量或表达式的计算结果。

（1）添加域控件

向报表中添加域控件有两种方法，一是从“数据环境设计器”中添加，二是使用“报表控件”工具栏中的“域控件”按钮。

如果在报表中添加表或视图中的字段，一种方法是右击“报表设计器”窗口，从快捷菜单中选择“数据环境”，打开“报表设计器”的“数据环境设计器”窗口，选择要使用的表或视图，然后把相应的字段拖曳到报表指定的带区中即可。

另一种方法是使用“报表控件”工具栏中的“域控件”按钮。单击该按钮，然后在“报表设计器”窗口带区的指定位置上单击鼠标，系统将显示一个“报表表达式”对话框，如图 9-33 所示。可以在“表达式”文本框中输入字段名，或单击右侧按钮，打开“表达式生成器”对话框，从而添加所需要的字段或表达式。

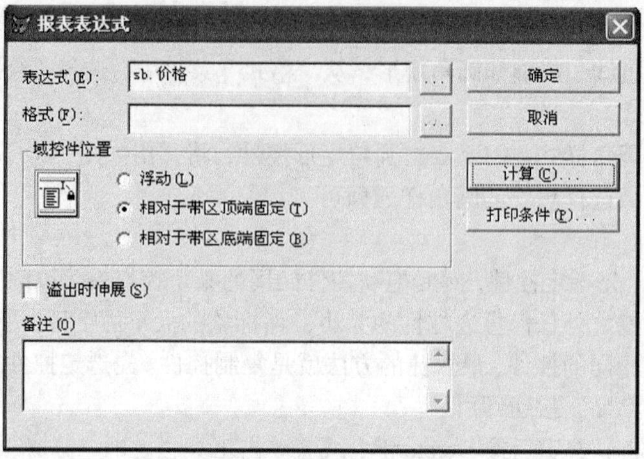

图 9-33 “报表表达式”对话框

在“字段”框中双击所需的字段名，别名和字段名将出现在“报表字段的表达式”内。如果没有特别需要，可以删除表达式中表的别名。如果“表达式生成器”对话框的“字段”框为空，说明没有设置数据源，应该向数据环境添加表或视图。

如果添加的是可计算字段，可以单击“计算”按钮，打开“计算字段”对话框，如图 9-34 所示。可以选择一个表达式通过计算来创建一个域控件。

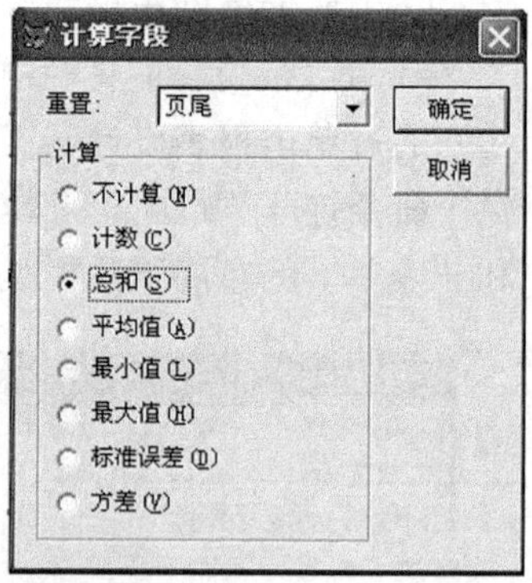

图 9-34 “计算字段”对话框

“计算字段”对话框用于创建一个计算结果。在“重置”列表框中有 3 个选项：报表尾、页尾和列尾，该值为表达式重置的初始值。

在“计算字段”对话框的“计算”区域中，有 8 个单选项可设置。这些单选项指定在报表表达式中执行的计算。

在“报表表达式”对话框中有一个“域控件位置”区域，该区域中有 3 个单选项。

- “浮动”单选项指定域控件相对于周围域控件的大小浮动。
- “相对于带区顶端固定”单选项可使域控件在“报表设计器”中保持固定的位置，并维持其相对于带区顶端的位置。
- “相对于带区底端固定”单选项可使域控件在“报表设计器”中保持固定的位置，并维持其相对于带区底端的位置。

有些域控件，例如字段的内容较长，可选择“溢出时伸展”复选框，使字段显示到报表的底部，这样就可以显示字段的全部内容。

“备注”编辑框中可以输入备注文本，文本内容添加到.frx 文件中，并不出现在当前报表中。

在“报表表达式”对话框中单击“确定”按钮，即在报表中添加了一个域控件。

（2）定义域控件的格式

① 设置字段在域控件中的对齐方式。调整字段域控件中文本的对齐方式，对控件在报表中的位置没有影响，仅修改控件中的内容相对于域边界的对齐方式。

调整域控件中文本的对齐方式，可按照以下步骤进行。

第一步：用鼠标左键双击域控件，进入“报表表达式”对话框，如图 9-33 所示。

第二步：单击“格式”框右边的按钮。

第三步：在“格式”对话框中选择相应的对齐方式，如图 9-35 所示。

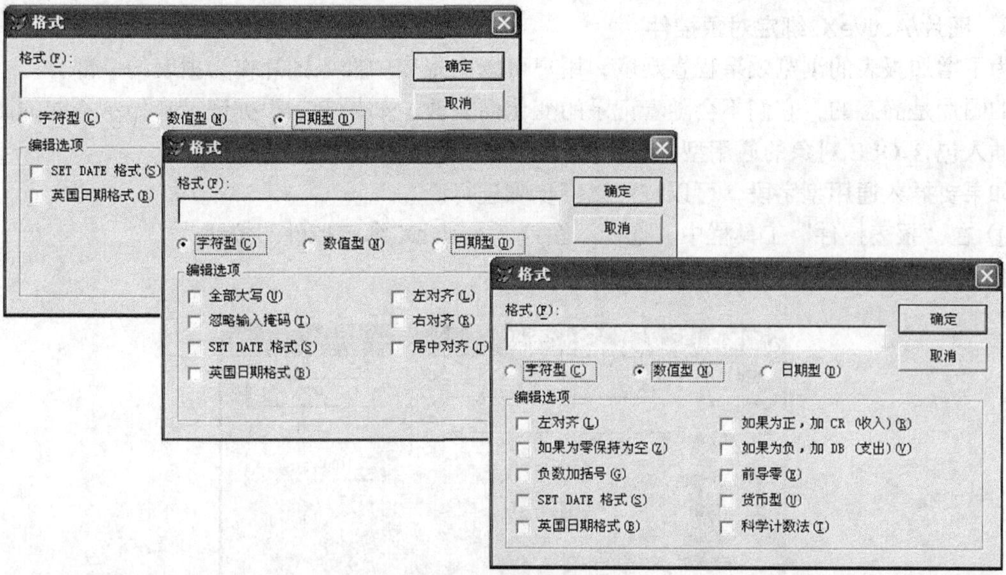

图 9-35 “格式”对话框

② 为字段定义格式模板。通过定义格式模板，用户可以设置输出数据的格式。例如，可以为数值型数据指定模板，使其输出诸如(010)62456656-203这样的带有字符的数据。

对于一个数值型数据来说，默认情况下的数据格式是“…,999，999，999.99”。要改变这些格式设置，可以按照以下步骤进行：

第一步：用鼠标左键双击域控件，进入“报表表达式”对话框，参见图9-33。

第二步：在“格式”框中键入相应的格式模板，如要输出电话号码，可以键入“(999) 99999999-999”。

也可以使用图9-35中给出的各个复选框，完成其他功能格式的设置。

在“备注”框中，用户可以输入显示字段备注说明的文本，便于以后修改时有一个可供参考的说明。

（3）添加表示当前日期的域控件

要想在报表文件中插入表示当前日期的域控件，可以按照以下步骤进行。

① 在“报表设计器”页注脚带区中插入一个“域控件”。

② 在“报表表达式”对话框的“表达式”文本框中键入DATE()函数。

③ 单击“确定”按钮。

（4）插入表示页码的域控件

对于使用“向导”或“快速报表”创建的报表，页码会自动地加入到页注脚带区中，但是直接使用“报表设计器”创建的报表将不会加有页码。如果希望在报表中添加页码，可以按照以下步骤进行。

① 在“报表设计器”页注脚带区中插入一个“域控件”。

② 在“报表表达式”对话框中选择“表达式”框右边的按钮。

③ 在随之出现的“表达式生成器”中，双击“变量”列表框中的“_pageno”变量。

④ 单击“确定”按钮。

⑤ 在“报表表达式”对话框中单击“确定”按钮。

4. 图片/ActiveX 绑定对象控件

为了增加报表的浏览效果程直观度，用户可以向报表中插入图片作为报表的一部分。一般文件中的图片是静态的，它们不会随着记录的变化而更改。如果希望根据记录来显示不同的图片，可以插入包含 OLE 对象的通用型字段。

如果要插入通用型字段，可以按照以下步骤进行。

① 在“报表控件”工具栏中，选择“图片 / ActiveX 绑定控件”按钮。

② 弹出“报表图片”对话框，如图 9-36 所示。

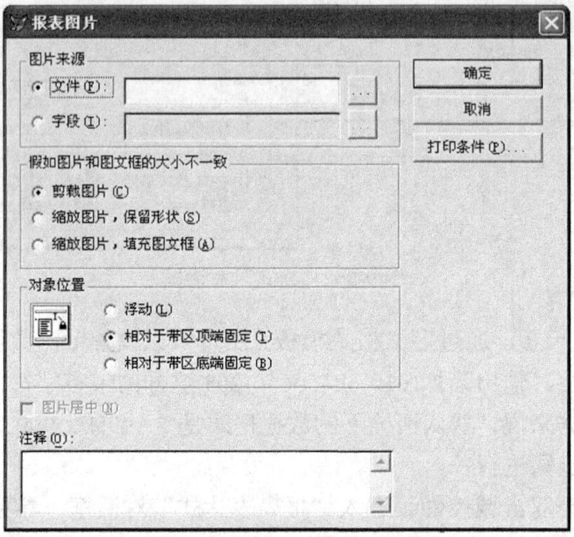

图 9-36 “报表图片”对话框

③ 在“图片来源”选项中选择“字段”。

④ 在“字段”框中键入通用字段名，或者通过点击右边的按钮，在“选择字段 / 变量”对话框中选择需要加入的通用字段。

⑤ 单击“确定”按钮。

如果用户希望向报表中添加图片，可以按照以下步骤进行。

① 在“报表控件”工具栏中，选择“图片 / ActiveX 绑定控件”按钮。

② 在“报表图片”对话框中（如图 9-36 所示）的“图片来源”选项中选择“文件”。

③ 在“文件”框中加入要插入图片的文件名，或者通过单击右边的按钮，在随之弹出的“打开”对话框中选择要插入图片的位置和名称。

④ 单击“确定”按钮。如果通用字段中的图片与定义的图文框大小不一致，可以在“报表图片”对话框中选择设置“缩放图片”或者“剪裁图片”，设置图片在图文框中居中放置。

默认情况下，插入到文本框中的图片与图文框均保持原形，如果图文框比图片小，则自动将超出图文框的图片内容裁剪。

如果用户希望在一个图文框中放置一个完整的、不变形的图片(可能无法填满整个图文框)，可以在“报表图片”对话框中选择“缩放图片，保留形状”选项。这种设置将使图片整个显示出来并保持原形，尽可能地与控件框架相适应。

如果希望添加的图片充满整个图文框(图片可能会变形)，可以在“报表图片”对话框中选择“缩放图片，填充图文框”选项。如此则整个图片将按照图文框定义的边框进行填充，但和边框形状不一致的图片可能会在横向或者纵向发生变形。

在通用字段中的“图片／ActiveX 绑定控件”具有可变的形状和尺寸。如果在通用字段中的“图片／ActiveX 绑定控件”控件对象比控件的框架小，它将默认位于框架的左上角。用户可以在“报表图片”对话框中，选择“图片居中”。这样可以保证比控件框架小的所有对象都能够置于控件的中央。对于存储在文件中的图片，由于其形状和尺寸是固定的，因此不能对其居中放置。

图片的位置有 3 种选择：“浮动”、“相对于带区顶端固定”、“相对于带区底端固定”。其含义在前面已经介绍。

“注释”编辑框中可输入对图片或 OLE 对象的注释文本，这些文本仅供参考，并不出现在报表中。

【例 9-1】在报表设计器中修改“设备.frx”文件

① 首先打开报表文件“设备.frx”，该报表是以前创建的快速报表，只包括“页标头”、“细节”和“页注脚”3 个基本带区。

② 添加“标题”带区和“总结”带区：选择“报表”菜单中 “标题／总结”，在弹出的“标题／总结”对话框中选择“标题带区”复选框和“总结带区”复选框，单击“确定”按钮。“标题”带区出现在报表的顶部，“总结”带区出现在报表的尾部。

③ 调整带区的高度：用鼠标选中“标题”带区标识栏(标识栏变黑)，向下拖曳来扩展“标题”带区空间。同样调整其他带区，改变快速报表数据过密的格局。

④ 设置标题：单击“报表控件”工具栏中的“标签”按钮，在报表的“标题”带区上单击鼠标，出现一个闪动的文本插入点，输入“设备一览表”作为标题。

⑤ 设定标题文字：单击“报表控件”工具栏上的“选定对象”按钮，选定设置标题的“标签”控件。在主菜单栏上单击“格式”菜单，选择“字体”。从字体对话框中选择合适的字型、字号，本例选择隶书、粗体、一号。

⑥ 移动控件：打开“布局”工具栏，选定标题“标签”控件，单击“布局”工具栏上的“水平居中”和“垂直居中”按钮，使其位于“标题”带区的中央位置。

在“页标头”带区中选定最左侧的“标签”控件“总编号”，按住 shift 键同时选定同一带区的其他几个“标签”控件，将它们统一设置为五号、宋体字，同时向右拖曳到适当位置，扩大页边距。用同样方法拖曳“细节”带区中的所有“域控件”并修改字体。

⑦ 添加线条：单击“报表控件”工具栏上的“线条”按钮，在“标题”带区下沿画两条水平线，在“页标头”带区的字段名“标签控件”下画一条水平线。同时选定这三条线，单击“布局”工具栏上的“相同宽度”按钮，使它们宽度相同。选定第二条线，选择“格式”菜单中的“绘图笔”，从子菜单中选择“4 磅”。

⑧ 添加图片：单击“报表控件”工具栏中“图片／ActiveX 绑定控件”按钮，在报表的标题带区左端单击并拖动鼠标拉出图文框。在“报表图片”对话框的“图片来源”区域选择“文件”，单击对话按钮选定一个图片文件，选择“缩放图片，保留形状”单选项；对象位置选择“相对于带区底端固定”。单击“确定”按钮，关闭“报表图片”对话框。

⑨ 单击“常用”工具栏上的“打印预览”按钮，预览效果。

⑩ 单击“常用”工具栏上的“保存”按钮，保存对“设备.frx”文件的修改。

9.4 数据分组和多栏报表

在实际应用中，常常需要把具有某种相同信息的数据打印在一起，使报表更易于阅读。分组可以明显地分隔每组记录和为各组添加介绍和总结性数据。例如，要将设备表中具有相同部门的信息打印在一起，就应当按部门字段对数据分组。如果报表中打印的内容较少，横向只占用部分页面，设计成多栏报表比较合适。本节主要介绍数据分组和多栏报表。

9.4.1 设计分组报表

一个报表可以设置一个或多个数据分组，组的分隔基于分组表达式。这个表达式通常由一个或一个以上的字段组成。对报表进行数据分组时，报表会自动包含“组标头”和“组注脚”带区。

1. 设置报表的记录顺序

如果数据源是表，记录的物理顺序可能不适合于分组。报表布局实际上并不对数据排序，它只是按它们在数据源中存放的物理顺序处理数据。例如，如果一个组以“部门”字段分隔，每次报表处理一个不同的部门值，就产生一个组。报表本身不会在表中从头到尾以“部门”字段为依据对组中的记录进行排序处理。

为了使数据源适合于分组处理记录，必须对数据源进行适当的索引或排序。通过为表设置索引，或者在数据环境中使用视图、查询作为数据源才能达到合理分组显示记录的目的。

为此，可以事先在表设计器中对表建立索引，一个表可以有多个索引，可以在数据环境之外设置当前索引，例如在命令窗口执行 SET ORDER TO <索引关键字>命令。

在数据环境设计器中也可以指定当前索引，为数据环境设置索引的方法如下：

（1）打开“数据环境设计器”窗口；

（2）在“数据环境设计器”窗口中右击鼠标，从快捷菜单中选择“属性”，打开“属性”窗口，如图 9-37 所示；

（3）在“属性”窗口中选择对象框中的“Cursor1”选项；

（4）选择“数据”选项卡，选定“Order”属性，输入索引名，或者在索引列表中选定一个索引，如图 9-37 所示。

2. 设计单级分组报表

一个单组报表可以基于选择的表达式进行一级数据分组。例如，可以把组设在“部门”字段上，相同部门的记录在一起打印。当然数据源必须按“部门”字段索引或排序。

分组的操作步骤如下。

① 打开或新建一个报表，如打开设备.frx 报表文件。

② 从“报表”菜单中选择“数据分组”，或单击“报表设计器”工具栏上的“数据分组”按钮，也可以右击“报表设计器”窗口，从弹出的快捷菜单上选择“数据分组”。系统将显示如图 9-38 所示的“数据分组”对话框。

③ 在第一个“分组表达式”框内键入分组表达式，或者选择其右侧的按钮，在“表达式生成器”对话框中创建表达式，此处选择“sb.部门”。

组属性主要用于指定如何分页。在“组属性”区域中有 4 个复选框，根据不同的报表类型，有的复选框不可用，各复选框具体作用如下。

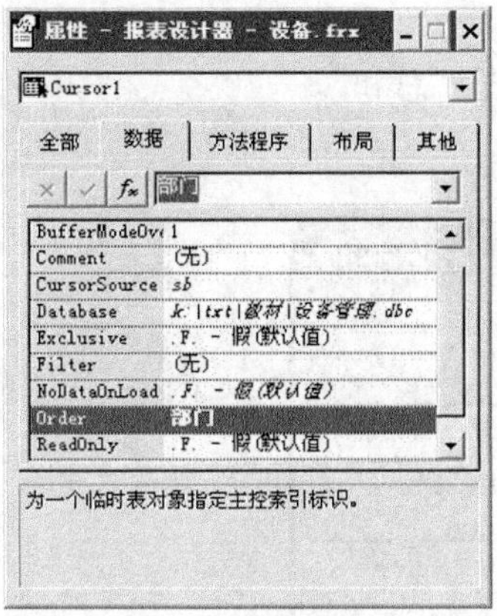

图 9-37　报表“属性”设置对话框

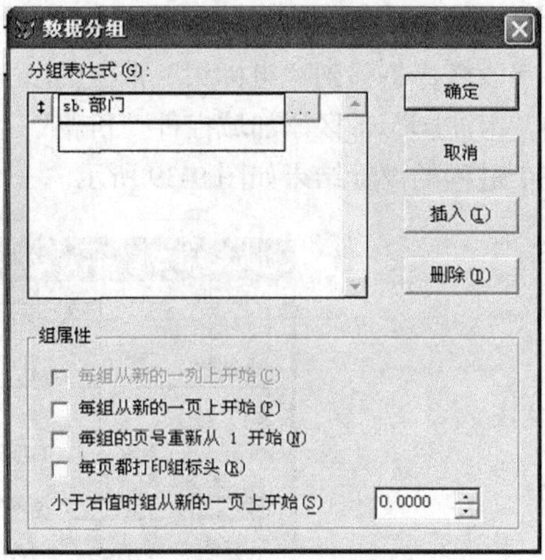

图 9-38　数据分组设置对话框

a.“每组从新的一列上开始”复选框，表示当组的内容改变时，是否打印到下一列上。

b.“每组从新的一页上开始”复选框，表示当组的内容改变时，是否打印到下一页上。

c.“每组的页号重新从 1 开始”复选框，表示当组的内容改变时，是否在新的一页上开始打印，并把页号重置为 1。

d.“每页都打印组标头”复选框，表示当组的内容分布在多页上时，是否每一页都打印组标头。

设置组标头距页面底部的最小距离可以避免孤立的组标头出现。有时因页面剩余的行数较少在页面上只打印了组标头而未打印组内容，这样就会在页面上出现孤立的组标头，在设计报表时应当避免出现这样的情况。可以在“小于右值时组从新的一页上开始”中输入一个数值，该数值就是在打印组标头时组标头距页面底部的最小距离，应当包括组标头和至少一行记录及页脚的距离。

④ 选择“确定”按钮。分组之后，报表布局就有了“组标头”和“组注脚”带区，可以向其中放置任意需要的控件。通常，把分组所用的域控件从“细节”带区复制或移动到“组标头”带区。也可以添加线条、矩形、圆角矩形等希望出现在组内第一条记录之前的任何标签。“组注脚”带区通常包含组总计和其他组总结性信息。

【例 9-2】设计一个各部门设备一览表的报表文件 sbylb.frx。

① 新建报表文件 sbylb.frx。

② 添加数据源 sb.dbf。

③ 建立快速报表，选择除通用型字段“商标”外的所有字段。

④ 添加“页标头”、“页注脚”两个带区，在“页标头”处加入标签“各部门设备一览表”，并设置字形、字号，页注脚添入域控件系统日期。

⑤ 设置按“部门”建立的索引有效。

⑥ 添加数据分组。

单击第一个“分组表达式”框右侧的对话按钮，在“表达式生成器”对话框中选择“部门”作为分组依据。单击“确定”按钮，报表设计器中就添加了“组标头：部门”和“组注脚：部门”两个带区。

⑦ 添加控件。把“部门”字段域控件从“细节”带区移到“组标头”带区的左部，把“页标头”带区的“部门”字段名标签控件移到本带区的最左面。相应地移动“页标头”带区的其他标

签控件和“细节”带区的其他域控件，使它们分别上下对齐，并具有相同高度。把“页标头”带区的各字段名标签移到“组标头”带区的下方。

向“组注脚”带区添加域控件“价格”，“计算”选项选择“总和”。

整个过程的设置结果如图 9-39 所示。

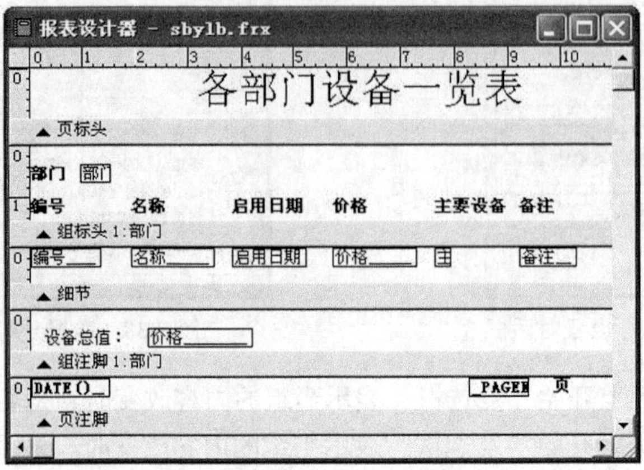

图 9-39 sbylb.frx 的设计窗口

⑧ 单击“常用”工具栏上的“保存”按钮，保存对 sbylb.frx 文件所做的修改。

预览效果如图 9-40 所示。

图 9-40 sbylb.frx 的预览效果

3. 设计多级数据分组报表

Visual FoxPro 6.0 允许在报表内最多可以有 20 级数据分组，嵌套分组有助于组织不同层次的数据和总计表达式，但在实际应用中往往只用到 3 级分组。在设计多级数据分组报表时，需要注意分组的级与多重索引的关系。

（1）多个数据分组基于多重索引

多级数据分组报表的数据源必须可以分出级别来，例如，一个表中有“地区”和“城市”字段，要使同一地区的记录集中在一起显示或打印，只需建立以“地区”字段为关键字的索引，此时只能设计单级分组的报表。如果要使同一地区中同一城市的记录也连续显示或打印，表必须建立基于关键字表达式的多重索引，例如：索引关键字为“地区+城市”。

又如，一个表中有“部门”、“职称”和“性别”字段，可以按关键字表达式“部门+职称+性别”建立索引，或者按关键字表达式“职称+部门+性别”来建立索引。如何建立索引，应根据实际应用需要而定。

（2）分组层次

一个数据分组对应于一组“组标头”和“组注脚”带区。数据分组将按照在“报表设计器”中创建的顺序在报表中编号，编号越大的数据分组离“细节”带区越近。也就是说，分组的级别越细，分组的编号越大。

在设计报表过程中，可以更改组的顺序，更改或删除组带区。

（3）设计多级数据分组报表

设计多级数据分组报表操作方法的前面步骤与设计单级分组报表相同。在打开“数据分组”对话框时，输入或生成第一个“分组表达式”之后，接着输入或生成下一个“分组表达式”即可。单击“插入”按钮可在当前分组表达式之前插入一个分组表达式。对于每一个分组表达式，“数据分组”对话框下方的组属性可以分别设置。最后单击“确定”按钮即可。

系统将按照分组表达式创建的顺序在“数据分组”列表中编号。在“报表设计器”内，组带区的名字包含该组的序号和一个缩短了的分组表达式。最大编号的“组标头”和“组注脚”带区出现在离“细节”带区最近的地方。

（4）更改分组

定义了报表中的组之后，再次从“报表”菜单中选择“数据分组”，或者单击“报表设计器”工具栏上的“数据分组”按钮，或者右击“报表设计器”窗口，从快捷菜单上选择“数据分组”，系统将重新打开“数据分组”对话框。在“数据分组”对话框中显示原来保存的组定义。可以更改分组的表达式和组打印选项、通过组左侧的移动按钮更改组的次序、使用“删除”按钮删除组带区。

当移动组的位置重新排序时，组带区中定义的所有控件都将自动移到新的位置。对组重新排序并不更改以前定义的控件，如框或线条以前是相对于组带区的上部或底部定位的，它们仍将固定在组带区的原位置。

需要特别注意，必须重新指定当前索引才能够正确组织各组的数据。例如，定义了第一组为“部门”，第二组为“主要设备”之后，当前索引必须是以“部门+IIF(主要设备，“t”，“f”)”为索引关键表达式建立的索引。如果重新索引，变成第一组为“主要设备”，第二组为“部门”，必须指定索引关键表达式为“IIF(主要设备，“t”，“f”)+部门”。

组被删除之后，该组带区将从布局中删除。如果该组带区中包含有控件，将提示同时删去控件。

下面通过一个实例介绍创建多级分组的过程。

【例 9-3】以 sb.dbf 为数据源，以“部门”字段作为第一级分组字段，以“主要设备”作为第二级分组字段，建立报表文件 sbzy.frx。

为了正确处理分组数据，须事先对报表文件 sbzy.frx 的数据源 sb.dbf 建立以表达式“部门+IIF(主要设备，“t”，“f”)”为索引键的索引，索引名称为“bmzysb.idx”。

① 新建一个报表文件，另存为 sbzy.frx 文件。

② 打开“数据环境”窗口，添加数据源 sb.dbf，指定索引顺序为 bmzysb.idx。

③ 执行“报表”菜单的快速报表命令，产生一个快速报表。此报表只有 3 个带区：页标头、

细节和页注脚。

④ 执行“报表”菜单下的“标题/总结”命令，添加标题和总结两个带区。在“标题”带区插入标签控件“各部门设备分类一览表”，在“总结”带区插入标签控件“按部门和主要设备分类”。

⑤ 打开数据分组对话框，单击第一个“分组表达式” 右侧的对话框按钮，在“表达式生成器”对话框中选择“部门”。在第二个“分组表达式”框中键入“主要设备”。单击“确定”按钮，报表设计器中就添加了“组标头 1：部门”、“组注脚 1：部门”和“组标头 2：主要设备”、“组注脚 2：主要设备”两对带区。

⑥ 把“页标头”带区的“部门”字段标签控件和“细节”带区的“部门”字段域控件移动到“组标头 1：部门”带区的最左面。单击“报表控件工具栏”上的“标签”按钮，在“部门”标签控件和“部门”域控件上下各输入 16 个“*”。

把“页标头”带区的“主要设备”字段标签控件和“细节”带区的“主要设备”字段域控件移动到“组标头 2：主要设备”带区的最左面。单击“报表控件工具栏”上的“线条”按钮，在“主要设备”标签控件和“主要设备”域控件下面画一条短线。

不要在组注脚带区中放置任何内容，然后将它们向上移动到靠近“细节”带区，避免占用页面空间。

设置状况如图 9-41 所示。

⑦ 单击常用工具栏上的“打印预览”按钮，预览效果如图 9-42 所示。

⑧ 最后单击常用工具栏上的“保存”按钮，保存对报表文件 bmzy.frx 所做的修改。

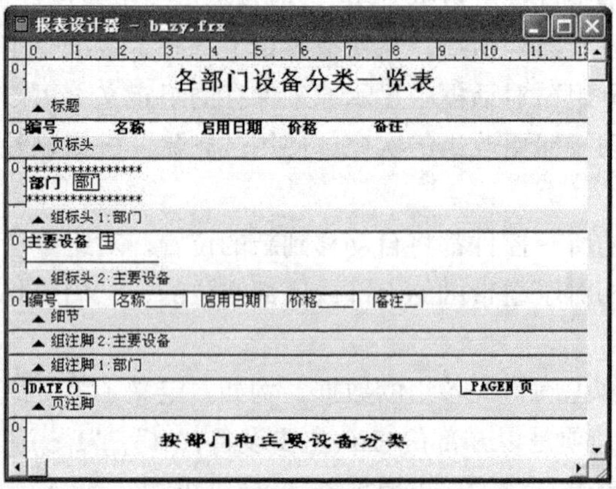

图 9-41 bmzy.frx 的设计窗口

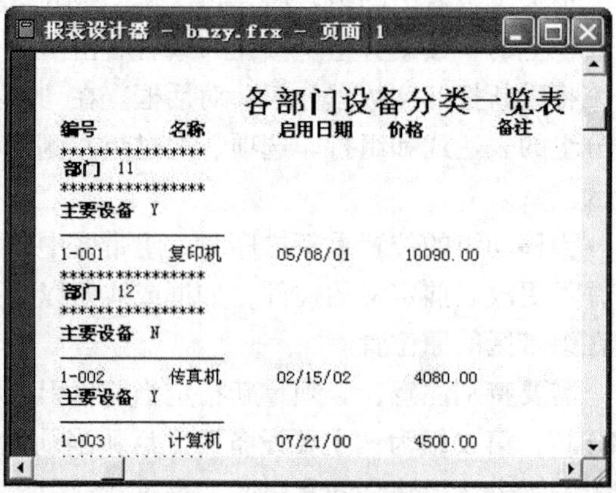

图 9-42 bmzy.frx 预览结果

9.4.2 设计多栏报表

多栏报表是一种分为多个栏目打印输出的报表。如果要打印的内容较少，横向只占用部分页面，设计成多栏报表比较合适。

1. 设置“列标头”和“列注脚”带区

在“报表设计器”处于活动状态时，从“文件”菜单中选择“页面设置”命令，弹出图 9-22 所示的“页面设置”对话框。在“列”区域，把“列数”的值调整为栏目数，例如，设置为 2，则将整个页面平均分成两部分；设置为 3，则将整个页面平均分成三部分。此时单击“确定”按钮，在报表设计器中将添加一个“列标头”带区和一个“列注脚”带区，同时“细节”带区也相应缩短，如图 9-43 所示。

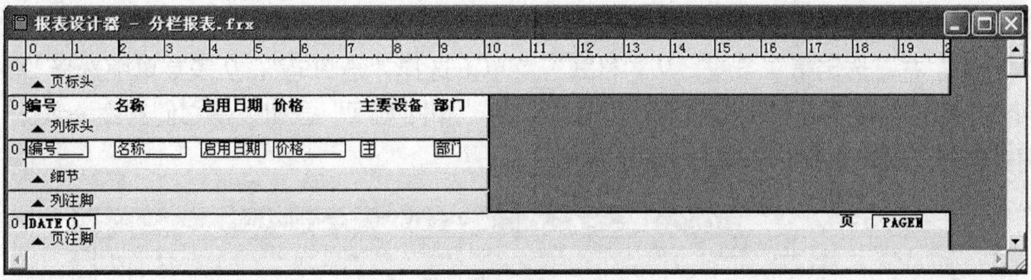

图 9-43 多栏报表设计窗口

在这里，“列”一词指的是页面横向打印的记录的数目，不是单条记录的字段数目。“报表设计器”没有显示这种设置。它仅显示了页边距内的区域，在默认的页面中，整条记录为一行。因此，如果报表中有多列，可以调整列的宽度和间隔。当更改左边距时，列宽将自动更改以显示出新的页边距。

2. 添加控件

在向多栏报表添加控件时，应注意不要超过报表设计器中带区的宽度，否则可能使打印的内容相互重叠。

3. 设置页面

在打印报表时，对“细节”带区中的内容系统默认为执行“自上向下”的打印顺序。这适合于除多栏报表以外的其他报表。对于多栏报表而言，这种打印顺序只能使靠左边距打印一个栏目，页面上其他栏目将空白。为了在页面上真正打印出多个栏目来，需要把打印顺序设置为“自左向右”打印。在“页面设置”对话框中，如图 9-22 所示，单击右面的“自左向右”打印顺序按钮即可。

【例 9-4】以 sb.dbf 为数据源，设计一个设备简表多栏报表。

① 生成空白报表：在“常用”工具栏上单击“新建”按钮，选择“报表”文件类型，单击“新建文件”，或者在命令窗口执行 CREATE REPORT 命令，生成一个空白报表，打开“报表设计器”窗口。

② 设置多栏报表：从“文件”菜单中选择“页面设置”，在“页面设置”对话框中把“列数”微调器的值设置为 3。在报表设计器中将添加占页面三分之一的一对“列标头”带区和 “列注脚”带区。

③ 设置左边距和打印顺序。在“页面设置”对话框的“左页边距”框中输入 2 厘米边距数值，页面布局将按新的页边距显示。单击“自左向右”打印顺序按钮，单击“页面设置”对话框的“确定”按钮，关闭对话框。

④ 设置数据源：在“报表设计器”工具栏上单击“数据环境”按钮，打开“数据环境设计器”窗口，在此窗口右击鼠标，从弹出的快捷菜单中选择“添加”，添加表 sb.dbf 作为数据源。

⑤ 添加控件：在“数据环境设计器”中分别选择 sb.dbf 表中的编号、名称、启用日期和价格 4 个字段，将它们拖曳到报表设计器的“细节”带区，将自动生成字段域控件。调整它们的位置，使之分两行排列，注意不要超过带区宽度。

单击“报表控件”工具栏上的“线条”按钮，在“细节”带区底部画一条线，从“格式”菜单下选择“绘图笔”，从子菜单中选择“点线”。

单击“报表控件”工具栏上的“标签”按钮，在“页标头”带区添加“设备简表”标签。单击“格式”菜单下的“字体”，选择隶书、粗体、三号字，并设置为水平居中和垂直居中。

单击“报表控件”工具栏上的“线条”按钮，在“页标头”带区底部画两条线，长度距离右边界 2 厘米左右，选定第二条线，从“格式”菜单下选择“绘图笔”，从子菜单中选择“4 磅”。然后同时选定这两条线，单击“布局”工具栏上的“相同宽度”按钮，使它们宽度一致。

设计窗口如图 9-44 所示。

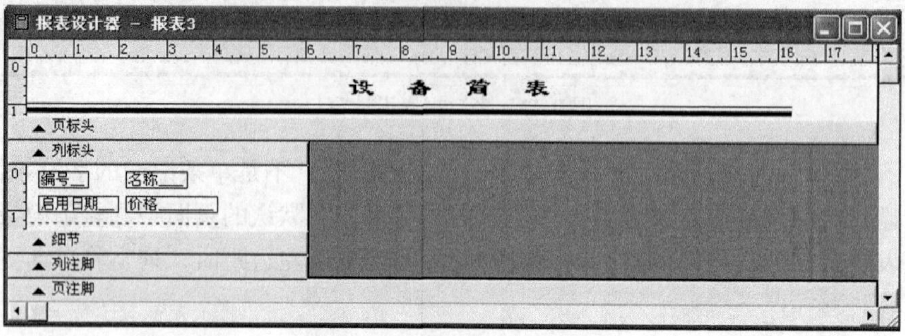

图 9-44　分栏报表的设计窗口

⑥ 预览效果：单击“常用”工具栏上的“打印预览”按钮，效果如图 9-45 所示。

图 9-45　分栏报表的运行结果

⑦ 保存：单击“常用”工具栏上的“保存”按钮，保存为“多栏报表.frx”文件。

9.5　应用程序开发概述

数据库应用系统是在数据库管理系统支持下运行的一类计算机应用系统。对大多数用户来说，其数据库管理系统可能是使用市场上出售的现成软件，不必自己设计。所以开发一个数据库应用系统，实际上包含了数据库的设计和相应的应用程序设计两方面工作。

若要开发一个具有一定规模的程序，尤其是需要和许多位开发人员一起协作，一个完整的开发流程将是必须的。现今许多软件的整个开发过程是在规范化理论和软件工程技术的指导下完成的。一般来说，一个应用软件的开发过程要经历 6 个阶段，分别为：可行性研究、需求分析、系统设计、编程、测试和维护。每个阶段都有明确的任务，并产生一定的文档送给下一阶段，下一阶段在前一阶段所提供文档的基础上继续工作，这 6 个阶段相互衔接，且须顺序执行。

1. 可行性研究

当系统开发人员接受开发任务后，首先要研究开发任务，判断是否有简单明确的解决办法。事实上，许多问题不可能在一定的系统规模之内解决，如果问题没有可行的解决办法，那么花费在这项工程上的任何时间、资源、经费都是无谓的浪费。

可行性研究的目的就是用最小的代价在尽可能短的时间内确定问题是否能够解决。必须记住，可行性研究的目的不是解决问题，而是确定问题是否值得去解决。怎样达到这个目的呢？当然不能靠主观猜想，只能靠客观分析，需要分析几种主要的可能解决方法的利弊。一般来说，至少应该从下述三个方面研究每种解决方法的可行性。

- 技术可行性：利用现有的技术能实现这个系统吗？
- 经济可行性：这个系统的经济效益能超过它的开发成本吗？
- 操作可行性：系统的操作方式在这个用户组织内行得通吗？

2. 需求分析阶段

当可行性分析做出结论——系统具有开发的价值后，开发人员必须首先明确用户的要求，即充分理解用户对软件系统最终能完成的功能及系统可靠性、处理时间、应用范围、简易程度等具体指标要求，并将用户的要求以书面形式表达出来。因此明确用户的要求是分析阶段的基本任务。用户和软件设计人员双方都要有代表参加这一阶段的工作，详细地进行分析，经双方充分地讨论和酝酿后得到用户认可，并签订系统功能协议说明书。

一般可按如下方法进行。

（1）了解用户环境和要求

了解用户的环境就是了解用户的业务活动，了解现行管理系统是如何进行工作的，为什么要这样做。在工作过程中，要了解用户的环境和要求，即需要哪些数据、如何发送、数据的格式是什么、需要保留哪些数据、数据量及数据的增长率有多少等。绘制现行管理系统的工作流程图和数据流程图，并描述出各项工作的功能，数据的传送格式、类型、长度及时间性和完整性的要求，从而对现行管理系统的优缺点做出正确地评价。

在了解用户环境的同时，还要了解用户对计算机管理的要求和设想。在准备建立计算机管理系统时，各级管理人员将会提出各种要求和今后的发展设想，软件人员必须认真听取他们的意见，要尽量让用户多提要求，使各方面的要求尽量齐全，在这里可以暂时不考虑计算机能否实现。

（2）数据分析

数据分析是数据库开发中一项十分重要的内容，其主要任务是确定目标系统中使用的全部数据，并为它们取名和定义。分析中要为每一数据编写一个数据条目，然后将所有条目合编为数据字典。这样，在随后进行的系统设计中不论有多少人参加，大家都可以把数据字典作为统一的依据，不必担心不一致而出现矛盾和混乱。

（3）功能分析

在了解用户要求的基础上，下一步工作就是确定新系统的功能，即根据用户要求，确定计算机究竟应该做哪些工作。在确定系统功能时，开发人员和用户双方都必须十分谨慎，要全面考虑并进行多次分析和讨论，一旦系统功能确定之后，一般情况下不能再改动，以免影响后期工作。

3. 系统设计阶段

在明确了系统“做什么”之后，接下来就要考虑“怎样做”，该设计阶段就是要解决这个问题。这个阶段的基本任务就是在系统说明的基础上建立软件系统的结构，包括数据结构和模块结构，并说明每个模块的输入、输出以及应完成的功能，编写数据结构说明书给出程序所用到的数据结构。

系统设计阶段通常分以下两个步骤进行。

（1）数据库设计

数据库设计，就是设计程序所需的数据的类型、格式、长度和组织方式。因为数据库应用系统主要是处理大量的数据，所以，数据库的设计也上升为一项独立的开发活动，成为数据库应用系统中最受关注的中心问题。数据库设计性能的优劣，将直接影响整个数据库应用系统的性能和执行效率。

数据库的设计过程如图 9-46 所示。

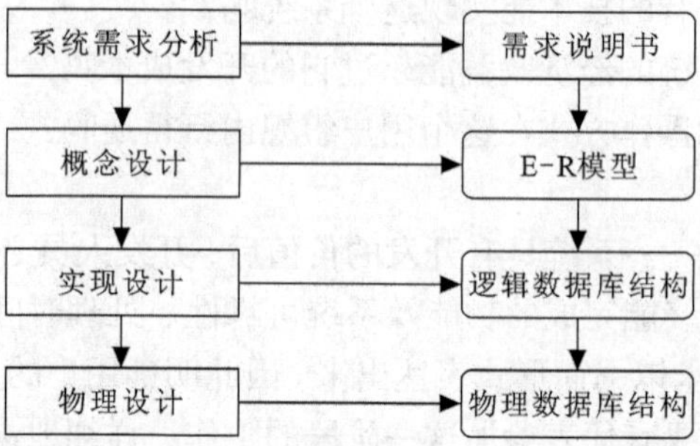

图 9-46　数据库的设计过程和每步产生的文档

① 系统需求分析。这一步的主要任务是从数据库的所有用户那里收集对数据的需求和对数据处理的需求，并把这些需求写成用户和设计人员都能接受的需求说明书。

② 概念设计。概念设计的目的是将需求说明书中有关数据的需求，综合为一个统一的概念模型。为此，可先根据单个应用的需求，画出能够反映每一应用需求的局部 E-R 图。然后把这些 E-R 图合并起来，消除冗余和可能存在的矛盾，得出系统总体 E-R 模型。

③ 实现设计。实现设计的目的是将前一步得出的 E-R 模型转换为某一种特定的 DBMS 能够接受的逻辑模式。在这一步中，首先要选择一种适当的数据模型，然后按照相应的转换规则，将 E-R 模型转换为所选定 DBMS 可以接受的数据库逻辑结构。注意 Visual FoxPro 6.0 只支持关系型数据模型。

④ 物理设计。物理设计的目的在于确定数据库文件的数据库组成，数据、表、数据表之间的联系，数据字段类型与长度，关键字，索引等。

（2）总体设计

数据库设计完成后，就可以设计应用程序了。按照传统的软件开发方法，开发一个应用程序应该遵循 “分析——设计——编码——测试”等步骤。分析的任务是弄清让程序“做什么”，即明确程序的需求。设计是为了实现 “怎样做”，它可以分为两步走：第一步称为概要设计，用以确定程序的总体结构，第二步称为详细设计，目的是决定每个模块的内部逻辑过程。编码阶段的任务是使设计的内容能够通过某种计算机语言在机器上实现。最后是测试，以保证程序的质量。

4. 实现阶段

实现阶段的任务是将前一阶段的需求和构想用 Windows 下具体的程序来实现。它可具体分为以下几个步骤。

（1）菜单设计。

（2）界面设计。

（3）控件属性设计。

5. 测试运行阶段

测试阶段的任务是验证编写的程序是否满足系统的要求，同时发现程序中存在的各种错误并排除这些错误。因此，测试的过程也是查找错误和排除错误的过程。测试分为模块测试和联合测试两个阶段。

9.6 编译应用程序

本节将介绍如何最终建立一个典型的 Visual FoxPro 6.0 应用程序。一般来讲，应用程序的建立需要以下步骤：

① 构造应用程序框架；

② 将文件添加到项目中；

③ 连编应用程序。

9.6.1 构造应用程序框架

一个典型的数据库应用程序由数据结构、用户界面、查询选项和报表等组成。在设计应用程序时，应仔细考虑每个组件将提供的功能以及它们与其他组件之间的关系。

一个经过良好组织的 Visual FoxPro 6.0 应用程序一般需要为用户提供菜单，提供一个或多个表单供数据输入并显示，同时还需要添加某些事件响应代码，提供特定的功能，保证数据的完整性和安全性。此外，还需要提供查询和报表，允许用户从数据库中选取信息。

在建立应用程序时，需要考虑如下任务：

- 设置应用程序的起始点；
- 初始化环境；
- 显示初始的用户界面；
- 控制事件循环；
- 退出应用程序时，恢复初始的开发环境。

1. 设置起始点

首先将各个组件链接在一起，并使用主文件为应用程序设置一个起始点。主文件作为应用程序执行的起始点，可以包含一个程序或者表单。当用户运行应用程序时，Visual FoxPro 6.0 将为应用程序启动主文件，然后主文件再依次调用所需要的应用程序及其他组件。所有应用程序必须包含一个主文件。一般来讲，最好的方法是为应用程序建立一个主程序。但是，使用一个表单作为主程序，可以将主程序的功能和初始的用户界面集成在一起。

2. 初始化环境

主文件或主应用程序对象必须做的第一件事情，就是对应用程序的环境进行初始化。在打开 Visual FoxPro 6.0 时，默认的 Visual FoxPro 6.0 开发环境将建立 SET 命令和系统变量的值。但是，对应用程序来说，这些值并非最合适。

对于用户的应用程序来说，初始化环境的理想方法是将初始的环境设置保存起来，在启动代码中为程序建立特定的环境设置。

3. 显示初始用户界面

初始用户界面可以是菜单，也可以是一个表单或其他用户组件。通常，在显示已打开的菜单或表单之前，应用程序会出现一个启动屏幕或注册对话框。

4. 控制事件循环

应用程序的环境建立之后，将显示出初始用户界面，这时，需要建立一个事件循环来等待用户的交互动作。

若要控制事件循环，执行 READ EVENTS 命令，该命令使 Visual FoxPro 6.0 开始处理用户事件。如鼠标单击、击键等。

5. 将程序组织为一个主文件

如果在应用程序中使用一个程序文件（.prg）作为主文件，必须保证该程序中包含一些必要的命令，这些命令可控制与应用程序的主要任务相关的任务。在主文件中，没有必要直接包含执行所有任务的命令。一些常用的方法是调用过程或者函数来控制某些任务。

9.6.2 将文件加入到项目中

1. 向一个项目中添加文件

一个 Visual FoxPro 6.0 项目包含若干独立的组件，这些组件可用单独的文件保存。例如，简单的项目可以包括表单（.scx）、报表（.frx 文件）和程序(.prg 和.fxp 文件)。除此之外，一个项目经常包含一个或者多个数据库（.dbc 文件）、表（保存在 .dbf 和.fpt 文件中）及索引（.cdx 和.idx 文件）。一个文件若要被包含在一个应用程序中，必须添加到项目中。这样，在编译应用程序时，Visual FoxPro 6.0 会在最终的产品中将该文件作为组件包含进来。

2. 引用可修改的文件

当将一个项目编译成一个应用程序时，所有项目包含的文件将组合成一个单一的应用程序文件。在项目连编之后，那些在项目中标记为“包含”的文件变为只读。

作为项目的部分文件，可能经常需要修改，在这种情况下，应该将这些文件添加到项目中，并将文件标为 “排除”。被排除的文件仍然是应用程序的一部分，因此 Visual FoxPro 6.0 仍可跟踪，将它们看成项目的一部分。

但是这些文件没有在应用程序的文件中编译，所以用户可以更新它们（Visual FoxPro 6.0 假设表在应用程序中可以被修改，所以默认表为“排除”）。

9.6.3 连编项目和应用程序

对项目进行测试的目的是为了对程序中的引用进行校验，同时检查所有的程序组件是否可用。通过重新连编项目 Visual FoxPro 6.0 会分析文件的引用，然后重新编译过期的文件。

1. 连编项目

连编项目首先是让 Visual FoxPro 6.0 系统对项目的整体性进行联合测试，此过程的最终结果是将所有在项目中引用的文件，除了那些标记为排除的文件以外，合成为一个应用程序文件。最后需要将应用程序文件、数据文件以及其他排除的项目文件一起交给最终用户使用。项目连编可以在项目管理器中进行，具体步骤如下。

① 选中设置为主程序的文件，单击“连编”按钮，将弹出如图 9-47(a)所示的“连编选项”对话框。

② 在“连编选项”对话框中，选择“重新连编项目”单选按钮。

③ 如果选择了“显示错误”复选框，可以立刻查看错误文件，如图 9-47(b)所示。这些错误被收集在当前目录的一个<项目名称>.err 文件中。编译错误的数量显示在状态栏中。

④ 如果没有在“连编选项”对话框中选择“重新编译全部文件”复选框，只会重新编译上次连编后修改过的文件。当向项目中添加组件后，应该重复项目的连编。

⑤ 选择了所需的选项后，单击“确定”按钮即可。

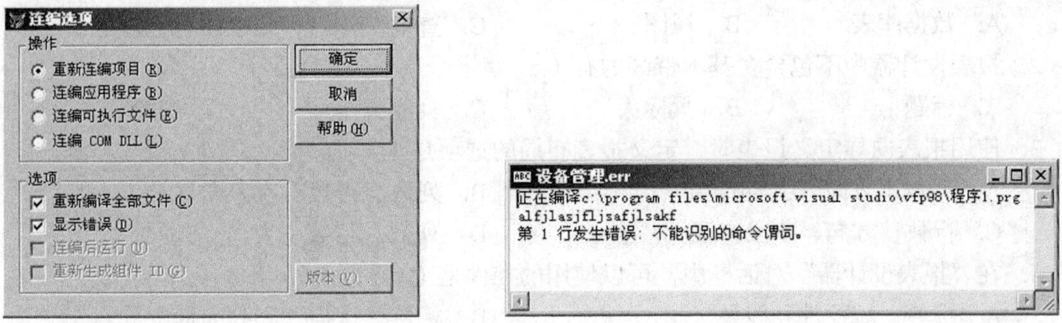

（a）　　　　　　　　　　（b）

图 9-47　重新连编项目

2. 连编应用程序

连编项目获得成功之后，在建立应用程序之前应该试着运行该项目。可以在“项目管理器”中选中主程序，然后选择“运行”。

（1）连编成一个应用程序文件

应用程序文件包括项目中所有“包含”文件，应用程序连编结果有两种文件形式。

① 应用程序文件（.app）：需要在 Visual FoxPro 6.0 中运行。

② 可执行文件(.exe)：可以在 Windows 下运行。

连编应用程序的操作步骤如下。

① 在“项目管理器”中，选择“连编”按钮。

② 如果在“连编选项”对话框中选择“连编应用程序”复选框，则生成一个 .app 文件；若选择“连编可执行文件”复选框，则生成一个.exe 文件。

③ 选择所需的其他选项并单击“确定”按钮即可。

（2）运行应用程序

当为项目建立了一个最终的应用程序文件之后，就可以运行它了。

① 运行.app 应用程序

运行.app 文件需要首先启动 Visual FoxPro 6.0 ，然后从“程序”菜单中选择“运行”。

② 运行要执行.exe 文件

生成的.exe 应用程序文件既可以像执行.app 文件一样在 Visual FoxPro 6.0 中运行，也可以在 Windows 中双击该.exe 文件的图标运行。

（3）打包应用程序

程序设计的最后一步是用安装向导创建一个可发布的应用程序包。建立一个新的文件夹，将连编好的可执行文件、数据文件以及没有编译为可执行文件的其他文件置于该文件夹下，选择发布的介质和途径，执行发布即可。

习 题 九

一、选择题

1. 不能作为报表数据源的是（　　）。

A. 数据库表　　B. 视图　　C. 查询　　D. 自由表

2. 报表设计器中不包含在基本带区的有（　　）。

A. 标题　　B. 页标头　　C. 页注脚　　D. 细节

3. 使用报表向导定义报表时，定义报表布局的选项是（　　）。

A. 列数、方向、字段布局　　B. 列数、行数、字段布局

C. 行数、方向、字段布局　　D. 列数、行数、方向

4. 在“报表设计器”对话框中，可以使用的控件是（　　）。

A. 标签、域控件和线条　　B. 标签、域控件和列表框

C. 标签、文本框和列表框　　D. 布局和数据源

5. 为了在报表中打印当前日期，这时应该插入一个（　　）。

A. 表达式控件　　B. 标签控件　　C. 域控件　　D. 文件控件

6. 在 Visual FoxPro 6.0 的报表设计中，为报表添加标题的正确操作是（　　）。

A. 在页标头带区添加一标签控件

B. 在细节带区中添加一标签控件

C. 在组标头带区添加一标签控件

D. 从菜单选择“标题/总结”命令项添加一标题带区，再在其中加一标签控件

7. 如果要创建一个数据 3 级分组报表，第一个分组表达式是“部门”，第二个分组表达式是“性别”，第三个分组表达式是“基本工资”，当前索引的索引表达式应当是（　　）。

A. 部门+性别+基本工资　　B. 部门+性别+STR(基本工资)

C. STR(基本工资)+性别+部门　　D. 性别+部门+STR(基本工资)

8. 报表文件.FRX 中保存的是（　　）。

A. 打印报表的预览格式　　B. 已经生成的完整报表

C. 报表的格式和数据　　D. 报表设计格式的定义

9. 在 Visual FoxPro 6.0 报表设计中，设置报表的标题使用的控件是（　　）。

A. 标签控件　　B. 线条

C. 域控件　　D. 图片/ActiveX 绑定控件

二、填空题

1. 设计报表通常包括两部分内容：__________和__________。

2. 在“项目管理器”下为项目建立一个新报表，应该使用的选项卡是__________。

3. 如果已经设定了对报表分组，报表中将包含__________和__________带区。

4. 调用报表格式文件 myreport 预览报表的命令是__________。

5. 多栏报表的栏目数可以通过__________来设置。

三、操作题

建立一个自由表，使用报表向导为其建立一个简单报表，要求如下：

① 建立一个客户表 Customer.dbf，其结构为：客户号 C(8)，姓名 C(6)，性别 l(1)，单位 C(8)，电话 C(12)，向表中添加 6 条记录。

② 使用报表向导建立一个简单报表。要求选择客户表 Customer 中的所有字段；记录不分组；报表样式为随意式；列数为 1，字段布局为列，方向为纵向；排序字段为“客户号”，升序；报表标题为“客户信息一览表”；报表文件名为 creport。